Wolfram Luther
Martin Ohsmann

Mathematische Grundlagen der Computergraphik

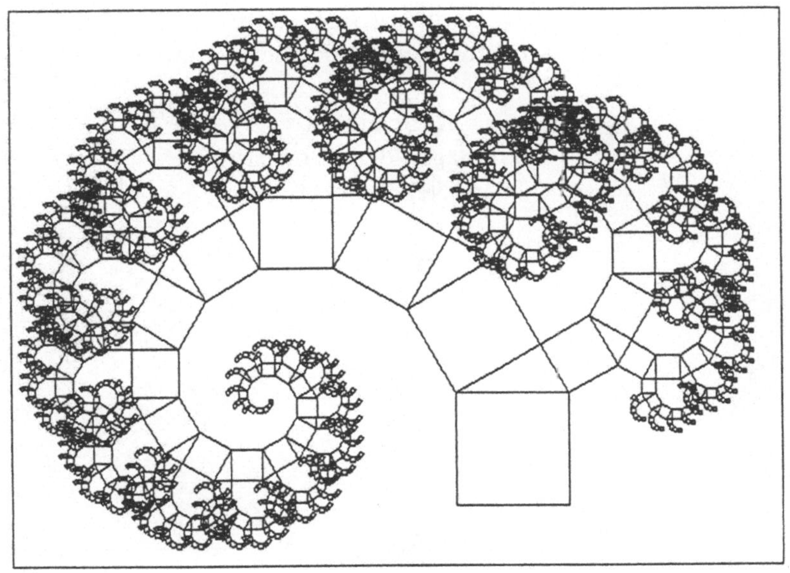

Wolfram Luther
Martin Ohsmann

Mathematische Grundlagen der Computergraphik

2., verbesserte Auflage

Friedr. Vieweg & Sohn   Braunschweig / Wiesbaden

CIP-Titelaufnahme der Deutschen Bibliothek

Luther, Wolfram:
Mathematische Grundlagen der Computergraphik /
Wolfram Luther; Martin Ohsmann. – 2., verb. Aufl. –
Braunschweig; Wiesbaden: Vieweg, 1989
ISBN-13: 978-3-528-16302-0 e-ISBN-13: 978-3-322-83856-8
DOI: 10.1007/978-3-322-83856-8
NE: Ohsmann, Martin:

Quellenhinweis
Figur 10.3 (Seite 161) aus
Dürer, A.: Underweysung der messung mit dem zirckel und richtscheyt in linien ebnen und corporen. Nürnberg 1525.
Germanisches Nationalmuseum, Nürnberg

Das in diesem Buch enthaltene Programm-Material ist mit keiner Verpflichtung oder Garantie irgendeiner Art verbunden. Der Autor und der Verlag übernehmen infolgedessen keine Verantwortung und werden keine daraus folgende oder sonstige Haftung übernehmen, die auf irgendeine Art aus der Benutzung dieses Programm-Materials oder Teilen davon entsteht.

1. Auflage 1988
2., verbesserte Auflage 1989

Der Verlag Vieweg ist ein Unternehmen der Verlagsgruppe Bertelsmann.

ISBN-13: 978-3-528-16302-0

Vorwort

Als zu Beginn der achtziger Jahre die ersten 64K Computer mit hochauflösender Bildschirmgraphik ihren Einzug in die mathematischen Institute und die Arbeitszimmer der Studenten nahmen, konnte man nur ahnen, welch unentbehrliches Hilfsmittel hier entstanden war, um mathematische und naturwissenschaftliche Phänomene graphisch sichtbar zu machen und ihre Strukturen aufzudecken. Wenn in Windeseile ein Funktionsgraph oder das Drahtmodell eines Körpers am Bildschirm erscheint, verschoben, gedreht oder vergrößert wird, Kurven oder Flächen in ein Gitternetz eingepaßt oder Datenmengen in Bildern veranschaulicht werden, dann liegen in allen Fällen mathematische Algorithmen zugrunde, deren Verständnis für ein sinnvolles Arbeiten mit fertigen oder selbsterstellten Programmen der Computergraphik eine große Hilfe ist. So verfolgt dieses Buch mehrere Ziele. Zum einen sollen einige wichtige Algorithmen zur Erzeugung der graphischen Grundelemente vorgestellt und exemplarisch in Prozeduren einer Standard-Hochsprache umgesetzt werden. Die mathematischen Grundlagen, die zum großen Teil aus der linearen Algebra, Analysis und Geometrie stammen, werden im Text mitentwickelt oder zitiert. So wendet sich das Buch an Studierende der Angewandten Mathematik, Informatik und der Ingenieurwissenschaften, ist aber auch dem interessierten Laien zugänglich. Andererseits haben wir besonderes Gewicht auf die vielfältigen Einsatzmöglichkeiten der Graphik zur Veranschaulichung von Kurvenverläufen, Oberflächenformen und Bewegungsabläufen aus den Bereichen der Ingenieurwissenschaften gelegt, die in den Grundkursen der Höheren Mathematik abgedeckt werden. Die gewählten Beispiele stammen zum großen Teil aus Veranstaltungen, die von den Autoren an der RWTH Aachen gehalten wurden. Ganz bewußt haben wir darauf verzichtet, ausgefeilte Industriegraphiken aus spezialisierten Computerzentren einzubeziehen. Alle Figuren wurden auf gängigen Mikrocomputern erstellt, die auch den Studenten zur Verfügung stehen. Dabei ziehen wir es vor, daß der Leser einen Anreiz erhält, am eigenen graphischen Arbeitsplatz bessere Routinen und Graphiken zu erreichen, als voll Resignation eine perfekte Graphik zu betrachten. Gerade eine am häuslichen Bildschirm in wenigen Minuten erstellte Skizze, die ein großes Maß an Abstraktionsvermögen zu ihrer Interpretation verlangt und bei der Auflösung und Rechenleistung der Zentraleinheit in einem vernünftigen Verhältnis zueinander stehen, vermittelt oft mehr, als stundenlanges Herumexperimentieren mit einem teuren, nicht dokumentierten Programmpaket an einer großen Anlage, die mit vielen anderen Benutzern zu geregelten Zeiten geteilt werden muß.

Der vorgestellte Stoff ist im allgemeinen in einer einsemestrigen Vorlesung zu bewältigen. Im ersten Teil des Buches sind ebene Probleme, im zweiten dreidimensionale Grundstrukturen besprochen. Übungsaufgaben dienen dazu, die mathematischen und algorithmischen Grundlagen zu vertiefen. Auf die Darstellung technischer Aspekte der Computergraphik haben wir wegen des schnellen Wandels im Hardwarebereich weitgehend verzichtet. Struktogramme wurden nicht erstellt. Dafür sind die wichtigsten Routinen im Text oder Anhang als *TURBO PASCAL* Source aufgeführt. Die vollständigen Programme sind bei den Autoren erhältlich. Einige Farbtafeln beschließen das Buch.

Unser Dank gilt Herrn Prof. Dr. Oberschelp für die freundliche Unterstützung, Herrn Prof. Dr. Niemeyer, dessen Vorlesungen für Ingenieur- und Physikstudenten an vielen Stellen eingeflossen sind, Herrn Dipl.-Math. Brakhage und den kritischen Studenten für die vielen Verbesserungsvorschläge, die sie während einer Vorlesung über Computergraphik gemacht haben, und dem Verlag mit Frau Schmickler-Hirzebruch für die angenehme Zusammenarbeit und die gute Ausstattung des Buchs.

Aachen, im Sommer 1988

Die Autoren

Inhaltsverzeichnis

Symbolverzeichnis

$>$ $\geq$	größer, größer oder gleich
$<$ $\leq$	kleiner, kleiner oder gleich
$<>$	ungleich
$>>$ $<<$	sehr groß (klein) gegen
$\approx$	ungefähr gleich
$\{x \mid \ldots\}$	Menge aller x, für die gilt
ε	Element von
A U B	Vereinigungsmenge
A ∩ B	Durchschnittsmenge
A \ B	A ohne B
N	Menge der natürlichen Zahlen
$n!$	n Fakultät, $1 \cdot 2 \cdot \ldots \cdot n$
Z	Menge der ganzen Zahlen
Q	Menge der rationalen Zahlen, p/q, p, q ε **Z**, $q <> 0$
R	Menge der reellen Zahlen
$\mathbf{R}^n$	n-dimensionaler reeller euklidischer Raum
C	Menge der komplexen Zahlen
$[a,b]$	abgeschlossenes Intervall von a bis b, $a \leq b$
$(a,b]$	halboffenes Intervall, links offen, $a < b$
$[a,b)$	halboffenes Intervall, rechts offen, $a < b$
(a,b)	offenes Intervall
arg z	Argument von z, z ε **C**
Re z	Realteil von z, z ε **C**
Im z	Imaginärteil von z, z ε **C**
$\|z\|$	Betrag von $z = x + \mathrm{i}\, y$, $(=\sqrt{x^2+y^2})$
i	imaginäre Einheit, $\mathrm{i}^2 = -1$
$\sum_{i=1}^{n} a_i$	$a_1 + a_2 + \ldots + a_n$
$\lim_{k \to \infty} a_k$	Limes von a_k für $k \to \infty$
$f : D \to \mathbf{R}$	reellwertige Funktion definiert auf der Menge D
f', f'', $f^{(n)}$	erste, zweite,..., n-te Ableitung
sqrt, $\sqrt{\ }$	Wurzelfunktion
exp, **ln**	Exponential- und Umkehrfunktion
(x,y)	geordnetes Paar
$(x_1, x_2, \ldots, x_n)$	n-Tupel
$\underline{0}$	Nullvektor
$\underline{a}$, $\underline{b}$, $\underline{x}$	Vektoren
$\underline{n}$	Normalenvektor
$(\ldots)^T$	transponiert
A, B, X	Matrizen, A = (a_{ik})
det A, $\|a_{ik}\|$	Determinante von A
$(\underline{a},\underline{b})$, $\underline{a} \cdot \underline{b}$	Skalarprodukt: $a_1 \cdot b_1 + a_2 \cdot b_2 + a_3 \cdot b_3$
$\underline{a}$ **X** $\underline{b}$	$(a_2 \cdot b_3 - a_3 \cdot b_2,\ a_3 \cdot b_1 - a_1 \cdot b_3,\ a_1 \cdot b_2 - a_2 \cdot b_1)^T$, Vektorprodukt
E	Einheitsmatrix
I	Matrix mit ausschließlich Eins-Einträgen
[A..]	siehe Literaturverzeichnis unter [A]

Kapitel 1

Graphischer Arbeitsplatz

In diesem Kapitel wollen wir einige Geräte besprechen, die die wesentlichen Bestandteile eines graphischen Arbeitsplatzes bilden. Im Gegensatz zu den Anfangsjahren der Computergraphik, als die Behandlung graphischer Aufgabenstellungen mit dem Computer den Benutzern von Großrechnern vorbehalten war, ist heutzutage bereits auf den meisten Personal-Computern eine durchaus leistungsfähige Graphik realisierbar. Da sich dieses Buch vorwiegend an die Benutzer solcher Systeme wendet und die Behandlung von Großrechnern nebst zugehöriger Software bewußt ausschließt, sollen an dieser Stelle kurz die Grundkomponenten eines Mikrocomputer-Systems und die Grundfragestellungen der folgenden Kapitel erwähnt werden. Der Benutzer wird darüber hinaus ermutigt, in einer Vielzahl von Aufgaben sein eigenes System kennenzulernen und seine Kenntnisse zu prüfen. Die Antworten auf viele der aufgeworfenen Fragen sind den folgenden Kapiteln vorbehalten.

1.1 Komponenten eines Personal-Computers

Die wesentlichen Komponenten, über die beinahe jedes Computersystem verfügt, sind [E-S], [N-S]:

1) Alphanumerische Tastatur,

2) Zentraleinheit (Mikroprozessor, mathematischer Coprozessor, ...),

3) Arbeitsspeicher,

4) alphanumerisches Sichtgerät,

5) Drucker,

6) nichtflüchtiger Speicher (Disketten, Festplatte etc.).

Die alphanumerische Tastatur dient dabei gleichermaßen zur Eingabe von Programmen und Daten. Programme werden als Text-Dateien in einer höheren Programmiersprache erstellt (Quellprogramme). Häufig verwendete Sprachen sind z. b. *PASCAL, C, BASIC* [F1], [S1], [R3].

Wird von bestimmten Programmteilen eine sehr hohe Ausführungsgeschwindigkeit verlangt, werden diese manchmal auch in der sogenannten *Assembler-Sprache* des speziellen Computers codiert. Sie ist maschinenabhängig und erlaubt dem Programmierer durch die direkte Verwendung von Maschinenbefehlen einen sehr effektiven Zugriff auf die Hardwareressourcen (Register, Akkumulator, Speicher, Arithmetikprozessor,...). Gerade bei der Erstellung elementarer Graphikroutinen kann durch die (aufwendige) Assemblerprogrammierung oft ein hoher Geschwindigkeitsgewinn erzielt werden.

Die Quellprogramme werden unabhängig von der Sprache, in der sie formuliert wurden, anschließend in lauffähige Objektprogramme übersetzt (compiliert, assembliert, ggf. auch interpretiert). Die Zentraleinheit führt diese Objektprogramme aus, nachdem sie in den Arbeitsspeicher geladen sind.

Quellprogramme, Objektprogramme und andere Dateien werden auf Disketten oder der Festplatte dauerhaft gespeichert. Die Ausgabe von Zahlen und Text geschieht über das alphanumerische Sichtgerät bzw. den Drucker. Auf diesen Geräten gelangt auch der Inhalt von Dateien in lesbarer Form zur Ausgabe.

1.2 Komponenten eines Graphik-Platzes

Nach dieser kurzen Darstellung des Aufbaus eines Computersystems werden wir nun diejenigen Geräte und Erweiterungen behandeln, die notwendig sind, um ein Arbeiten auf dem Gebiet der Computergraphik zu ermöglichen. Wie im vorhergehenden Abschnitt kann man auch die Komponenten eines graphischen Arbeitsplatzes in die verschiedene Kategorien, wie

* Eingabe,

* Verarbeitung,

* Ausgabe,

einteilen (Figur 1.1). Ziel der Computergrapik ist dabei immer die Ausgabe einer Darstellung auf einem geeigneten Ausgabemedium. Da seine Wahl oft einen entscheidenden Einfluß auf die Verfahren zur Verarbeitung hat, wollen wir zuerst die Geräte behandeln, die zur *graphischen Ausgabe* benutzt werden.

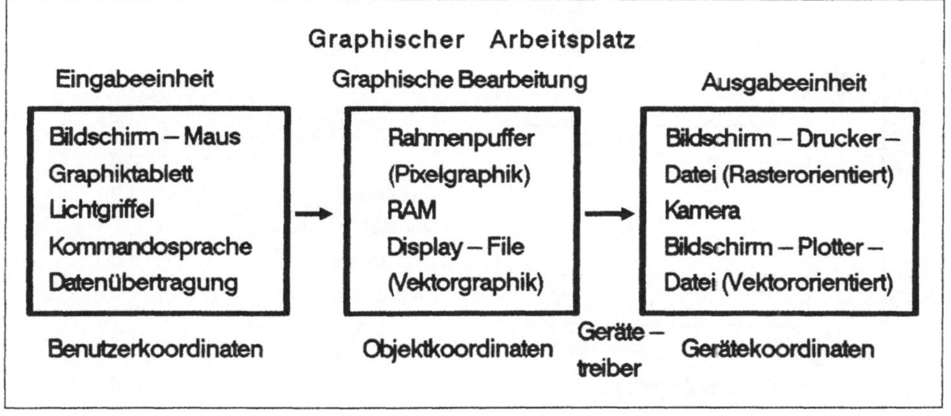

Figur 1.1

1.3 Graphik-Bildschirm

Das wohl am häufigsten innerhalb der Computergraphik anzutreffende Ausgabegerät ist ein *graphischer Bildschirm*. In den meisten Fällen dient dabei der bereits zur alphanumerischen Ausgabe vorhandene Monitor als physikalisches Ausgabemedium.

Viele Computer verfügen dazu über zwei Anzeigemodi, den *Text*- und den *Graphikmodus*. Schaltet man das Sichtgerät (mit speziellen Befehlen) in den Graphikmodus um, so können auf dem Bildschirm nicht nur Buchstaben ausgegeben werden, sondern man kann die Helligkeit (bzw. Farbe) einzelner Bildpunkte *(Pixel)* auf dem Bildschirm vorgeben. Jede graphische Darstellung wird aus diesen einzelnen Bildpunkten zusammengesetzt. Da die Pixel in einem rechteckigen Raster auf dem Bildschirm abgebildet werden, spricht man in diesem Fall auch von einer *Rastergraphik.*

Im weiteren wollen wir kurz auf die technische Funktion eines Monitors eingehen. Wichtigstes Bauteil des Monitors ist die *Bildröhre* (Kathodenstrahlröhre, engl. CRT = Cathode-Ray-Tube). In ihr wird ein Strahl von Elektronen erzeugt, der mit hoher Geschwindigkeit auf den eigentlichen Leuchtschirm trifft. Dieser Schirm ist mit einer Leuchtschicht beschichtet, die aufleuchtet, wenn der Strahl auf sie trifft. Der Ort, an welchem der Strahl auf die rechteckige Bildschirmfläche fällt, wird durch die *Horizontal-* und *Vertikalablenkung* beeinflußt.

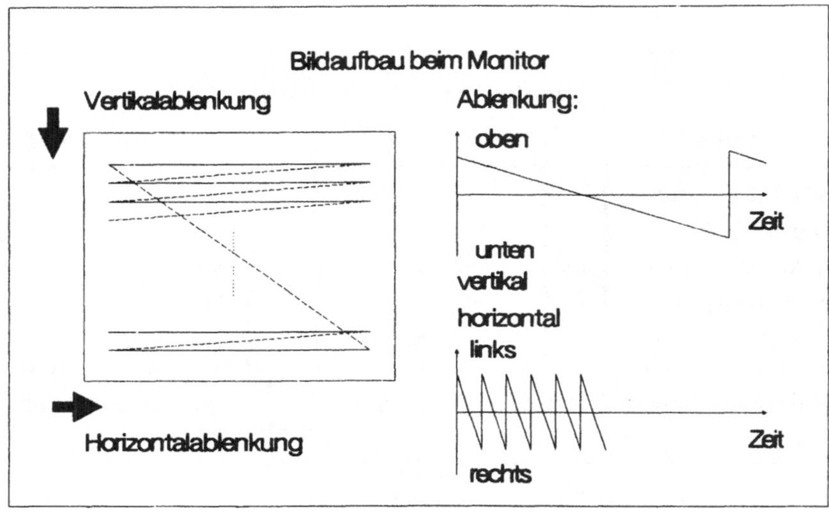

Figur 1.2

In den üblichen Monitoren erfolgt diese Ablenkung des Strahles automatisch mit Hilfe stromdurchflossener Spulen. Ein Bild wird dabei folgendermaßen aufgebaut: Die Vertikalablenkung lenkt den Strahl "langsam" linear von oben nach unten. Währenddessen wird der Strahl durch die Horizontalablenkung schnell von links nach rechts wiederholend abgelenkt. Der Auftreffpunkt auf dem Schirm beschreibt damit den in Figur 1.2 idealisiert dargestellten Linienzug.

In den gestrichelt gezeichneten sogenannten Rücklaufphasen wird der Strahl "ausgeschaltet", so daß der Bildschirm in dieser Zeit nicht aufleuchtet. Während jeder Zeile - das ist ein Durchlauf von links nach rechts - ist die Strahlintensität, und damit die Leuchthelligkeit, durch den Computer steuerbar. Wenn alle Zeilen geschrieben sind, wiederholt sich der ganze Vorgang von vorn. Innerhalb von einem *Vertikalablenkungszyklus* wird also das gesamte Bild einmal aufgebaut. Die Leuchtschicht des Bildschirms leuchtet, wenn der Strahl sie getroffen hat, noch eine gewisse

Zeit nach. Damit nun das Bild nicht flackert, müssen mindestens 50 Bilder pro Sekunde gezeichnet werden (Fernsehnorm). Erst bei einer Bildwiederholfrequenz von 60 bis 70 Bildern/sec kann das Bild jedoch ohne Ermüdung des Auges betrachtet werden.

Die *Bildwiederholrate* ist daher ein entscheidendes Gütekriterium bei der Beurteilung eines graphischen Bildschirms. Ein Einzelbild setzt sich, wie oben dargestellt, aus einer Reihe einzelner Zeilen zusammen. Einige kleinere Computersysteme lehnen sich dabei an die Fernsehnorm an, so daß die Bildwiederholrate bei 50 Bilder/sec liegt. Es werden somit 15625 Zeilen pro Sekunde geschrieben (sogenannte Horizontalfrequenz, also 15.625 kHz). Ein Bild besteht damit aus 312 Zeilen (ohne Berücksichtigung des Zeilensprungs), und jede Zeile dauert 64 Mikrosekunden. Zur graphischen Darstellung können aufgrund der Randverzerrungen des Schirmes nicht alle Zeilen genutzt werden. Oft sind es nur 200 bzw. 256. Auch die 64 µsec einer Zeile können nicht ganz zur Bilddarstellung herhalten, da für den Zeilenrücklauf ca. 10 µsec benötigt werden. Für eine Zeile verbleiben damit ca. 54 µsec.

Will man in der horizontalen Richtung 512 Punkte darstellen, so kommt auf einen einzelnen Punkt ein Zeitintervall von ca. 0.1 µsec. Eine dichte Aufeinanderfolge schwarzer und weißer Punkte ergibt also etwa 10 Millionen Bildpunkte pro Sekunde. Die Anzahl der Punkte pro Sekunde wird oft auch als *Videofrequenz* bezeichnet. Die maximal darstellbare Videofrequenz ist für einen Monitor ein weiteres entscheidendes Gütekriterium.

Pro Bildpunkt muß die Helligkeits- bzw. Farbinformation an den Monitor in Form einer elektrischen Spannung (Video-Signal) geliefert werden. Eine derartig hohe Informationsrate kann der Computer selbst nicht gewährleisten. Zur Erzeugung dieses Signals werden deshalb spezielle Bausteine, sogenannte *Graphik-Controller*, eingesetzt. Neben der Generierung des Videosignals ist eine weitere Aufgabe des Video-Controllers die Synchronisierung des Monitors.

Durch die Synchronisation wird gewährleistet, daß der Elektronenstrahl immer genau dann ein neues Bild oben links zu schreiben beginnt, wenn die Helligkeitsinformation des oberen linken Bildpunktes geliefert wird (Bild- oder Vertikalsynchronisation). Auch am Beginn jeder Zeile liefert der Controller ein Synchronsignal an den Monitor. Durch dieses Signal fängt der Monitor immer genau dann einen Zeilendurchlauf an, wenn auch im Videosignal die Helligkeitsinformationen für diese neue Zeile geliefert werden. Technisch werden die Synchronimpulse manchmal gemeinsam mit dem Videosignal über eine Leitung übertragen (sogenanntes BAS Signal), oder die Übertragung erfolgt wie oft bei Farbmonitoren auf getrennten Signalwegen.

Aufgabe 1.1
Man stelle Vertikal- und Horizontalfrequenz des eigenen Monitors fest. Aus der Anzahl der Punkte einer Zeile bestimme man die Videofrequenz und vergleiche diese mit der maximal darstellbaren Videofrequenz des eigenen Monitors.

Die Information, welcher Bildpunkt welche Helligkeit bzw. Farbe haben soll, bezieht der Controller aus dem sogenannten *Bildwiederholspeicher* (Refresh Memory). In ihm ist für jeden Punkt die Helligkeit bzw. die Farbe digital gespeichert. Die Aufgabe des Videocontrollers besteht im Grunde nun darin, dem Monitor diesen Wert im richtigen Moment in Form einer Spannung zur Strahlintensitätssteuerung zu liefern. Dazu wird der digital gespeicherte Helligkeitswert mit einem Digital/Analogwandler in eine Spannung umgesetzt. Diese Spannung bildet das Videosignal und gelangt zum Monitor. Wir erhalten damit das in Figur 1.3 dargestellte Funktionsschema für einen Schwarz-Weiß Monitor.

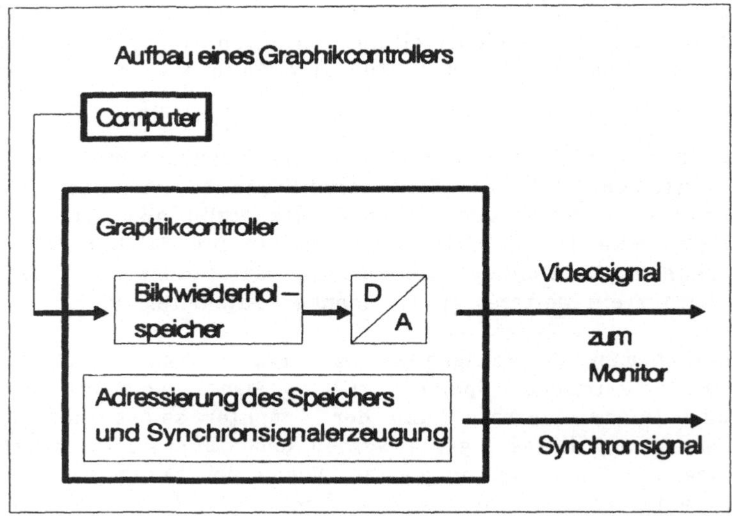

Figur 1.3

Geht man von einer Darstellung von 512 x 256 Punkten und 16 Helligkeitsstufen aus, erfordert die Speicherung des Bildes bereits eine Kapazität von 64 Kbyte. Begnügt man sich mit einer Schwarzweißdarstellung ohne Graustufen, so reichen hingegen bereits 16 Kbyte, und man wird es bei einem Rechner mit 64 Kbyte Arbeitsspeicher so einrichten, daß der Bildwiederholspeicher ein Teil des Arbeitsspeichers ist (memory mapped display).

Damit kann der Rechner den Inhalt dieses Speichers sehr schnell ändern, und eine effektive Graphikprogrammierung wird erleichtert. Allerdings kann man nicht jeden Punkt einzeln adressieren, denn in jedem Byte des Arbeitsspeichers steht die Helligkeitsinformation von 8 Bildpunkten, so daß das Setzen und Löschen einzelner Bildpunkte mit Maskier- und logischen Bitverknüpfungen realisiert werden muß.

Will man bei 512 x 256 Punkten jeden Punkt einzeln adressieren, so benötigt man bereits einen Adreßraum von 128 Kbyte. Ist dann vorgesehen, ihn in den physikalischen Speicher des Prozessors zu integrieren, so muß dieser über einen genügend großen Adreßraum verfügen. Dazu bedarf es meistens 16 bzw. 32 Bit Prozessoren. Auf kleineren 8 Bit Prozessoren ist der Bildwiederholspeicher daher oft nicht in den Arbeitsspeicher integriert, sondern wird über spezielle Ein- und Ausgabekanäle (Ports) angesprochen.

Aufgabe 1.2
Man informiere sich darüber, wie der Bildwiederholspeicher des eigenen Rechners aufgebaut ist und wie man ihn ansprechen kann. Man schreibe ein Programm, das den Inhalt des Bildschirmwiederholspeichers so besetzt, daß auf dem Bildschirm ein schwarzes Rechteck mit weißem Rand dargestellt wird.

Aufgabe 1.3 (für Spezialisten)
Informieren Sie sich über die Arbeitsweise des Graphikcontrollers im eigenen Rechner. Welche Parameter lassen sich beeinflussen und wie? Können Sie durch Verändern dieser Parameter die Lage des Bildes innerhalb des Schirmes beeinflussen?

Anleitung
Man versuche eine Änderung der Lage der Synchronimpulse.

1.4 Farbdarstellung

Bei einem zur Farbdarstellung geeigneten Monitor werden innerhalb der Bildröhre drei Elektronenstrahlen erzeugt. Jedem dieser Strahlen ist eine der Farben Rot (R) , Grün (G) und Blau (B) zugeordnet (RGB Monitor). Die drei Strahlen werden gemeinsam abgelenkt und treffen auf die Leuchtschicht des Schirms. Die Leuchtschicht besteht hier aus drei verschiedenen *Pigmenten*, die jeweils rot, grün bzw. blau leuchten, wenn sie vom Strahl getroffen werden. Die drei Pigmente sind in einem Dreiecks- oder Streifenraster auf dem Bildschirm verteilt, wie in Figur 1.4 dargestellt. Eine Lochmaske vor diesen einzelnen Pigmentpunkten sorgt dafür, daß der betreffende Elektronenstrahl immer nur das entsprechende Pigment treffen kann. Die Pigmentpunkte liegen so dicht nebeneinander, daß unser Auge sie bei normalem Betrachtungsabstand nicht als einzelne Punkte wahrnimmt, sondern die aufleuchtenden Farben *additiv* mischt. Durch diese additive Mischung der Grundfarben Rot, Grün und Blau können so alle Farben gebildet werden. Werden alle drei Pigmente gleich stark zum Leuchten angeregt, nimmt unser Auge beispielsweise das Farbgemisch als weiß bzw. grau wahr. Durch die Lochmaske zusammen mit der punktförmigen Verteilung der Pigmente ist die Farbauflösung begrenzt. Während die Helligkeitsauflösung durch die maximal verarbeitbare Videofrequenz bestimmt wird, ist die Farbauflösung häufig aus diesem Grund viel geringer.

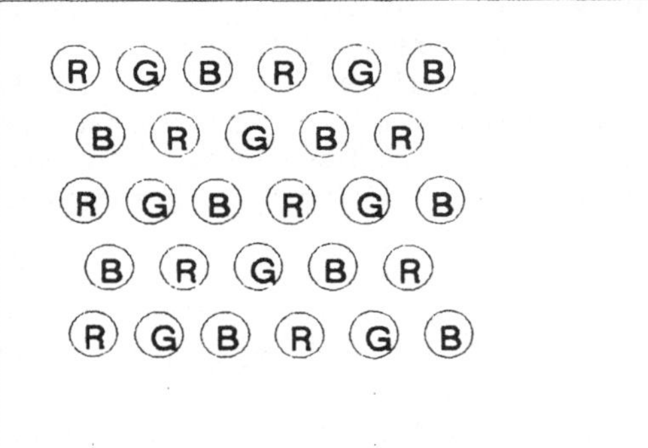

Figur 1.4
Pigmentverteilung auf einem RGB – Bildschirm

Die vorgegebene Rasterung der Farben kann dazu führen, daß weiße Körperkanten oder Linien durch farbige Umrißlinien verwischt werden. Diese entstehen dadurch, daß an der betreffenden Kante zum Beispiel nur rote und grüne Pigmentpunkte liegen.

Aufgabe 1.4
Sofern man über einen Farbmonitor verfügt, stelle man weiße Linien mit verschiedener Steigung auf dem Monitor dar und untersuche, bei welchen Winkeln welche Farbränder auftreten.

Eine Farbdarstellung erfordert neben einem Farbmonitor natürlich auch einen entsprechenden Graphik-Controller. Dieser muß die Helligkeitsinformation für die drei Grundfarben getrennt zur Verfügung stellen. (Figur 1.5a). Entsprechend wird der Bildwiederholspeicher über eine größere Kapazität verfügen. Bei 512 x 256 Bildpunkten ist eine Kapazität von 192 Kbyte nötig, wenn man für jede Grundfarbe 16 Intensitätsstufen vorsieht. Der Speicherplatzbedarf eines einzelnen Bildes ist also sehr groß. Allerdings ermöglicht diese Organisation die Darstellung von 16^3 = 4096 verschiedenen Farben.

Selten wird man in einem Bild so viele verschiedene Farben wirklich verwenden wollen. Um den notwendigen Speicherplatz zu verringern und trotzdem eine große Anzahl möglicher Farben darstellen zu können, verfügen viele Graphikcontroller über einen sogenannten *Farbpalettengenerator* (Figur 1.5b). Im Beispiel der Figur 1.5b kann der Palettengenerator je Grundfarbe sechzehn Intensitätsstufen erzeugen und damit 16^3 = 4096 Farben mischen. Beschränkt man sich auf 16 Farben innerhalb eines Bildes mit 256x512 Punkten, benötigt man einen Bildwiederholspeicher von 64 Kbyte. Jede der sechzehn Farben wird dabei innerhalb dieses Speichers durch eine bestimmte, willkürlich festgelegte 4 Bit-Kombination dargestellt. Für jede dieser 16 möglichen Kombinationen ist im Palettengenerator das Mischungsverhältnis der Grundfarben gespeichert. Dazu werden 16·4·3 Bit = 24 Byte benötigt.

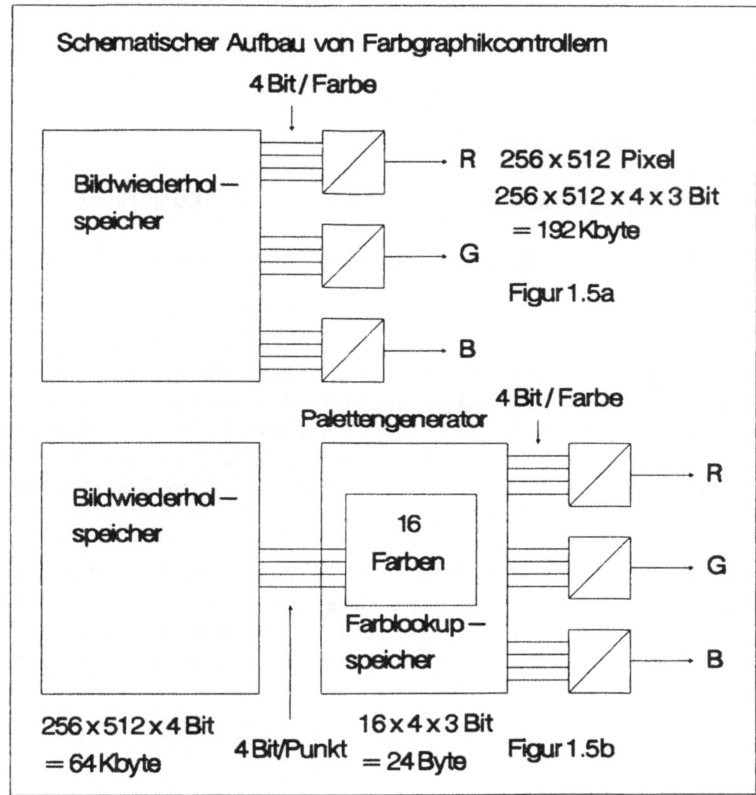

Figur 1.5

Den Inhalt dieses Farbmischspeichers bestimmt der Benutzer zu Beginn der Arbeit an einem Bild und legt dadurch fest, welche 16 Farben der 4096 möglichen vorkommen können und durch welche 4 Bit-Kombination im Bildwiederholspeicher sie kodiert werden. Durch diese Vorgehensweise kann bei kleinem Speicheraufwand eine hohe Farbvielfalt erreicht werden.

Viele Graphikcontroller erlauben eine *Umschaltung* der Auflösung. Oft kann beispielsweise die Auflösung erhöht werden, wenn man eine geringere Anzahl darstellbarer Farben oder Graustufen in Kauf nimmt. Für beide Optionen wird jeweils der gleiche Bildwiederholspeicher benutzt. Die vorhandenen Gerätekonzepte unterscheiden sich in Hinsicht ihrer Realisierung und Möglichkeiten oft sehr stark, weshalb wir nicht weiter auf Details eingehen wollen.

Wenn der Benutzer die Rastergraphik aus einer höheren Programmiersprache heraus benutzt, braucht er sich im allgemeinen nicht um die Organisation des Bildschirmspeichers zu kümmern. Die Graphiksoftware des benutzten Computers stellt ihm einige Grundbefehle zur Verfügung, mit deren Hilfe er seine Graphiken erstellen kann. Befehle, die bei nahezu jedem System zu finden sind, sind etwa:

- **cls** (Clear Screen) - Löschen des Bildschirms,
- **plot** *(x,y)* - Setzen des Punktes *(x,y)*,
- **test** *(x,y)* (oder **getdotcolor**) - Abfrage des Punktes *(x,y)*,
- **draw** *(x1,y1, x2,y2)* - Zeichnen der Linie von *(x1,y1)* nach *(x2,y2)*,
- **color** *n* - Einstellung der Zeichenfarbe.

Mit den Befehlen **plot** und **draw** kann man das Bild aus Punkten und Linien zusammensetzen. Die internen Koordinaten *(x,y)* der Punkte sind dabei Bildschirmkoordinaten. Der Punkt in der oberen linken Ecke hat üblicherweise die Koordinaten (0,0). Der rechte untere Punkt erhält dann die Koordinaten *(xmax,ymax)*, wobei *xmax*+1 und *ymax*+1 die Anzahl der in horizontaler bzw. vertikaler Richtung darstellbaren Punkte ist.

In den meisten Fällen ist die Auflösung *xmax* in horizontaler Richtung wesentlich höher als die vertikale Auflösung *ymax*. Dies bedingt, daß der Abstand der Punkte in den beiden Koordinatenrichtungen unterschiedlich ist. Aus diesem Grund ergibt die Befehlsfolge aus Figur 1.6 auf den meisten Bildschirmen kein Quadrat.

```
color 1
draw(0,0, 100,0)
draw(100,0, 100,100)
draw(100,100, 0,100)
draw(0,100, 0,0)
```

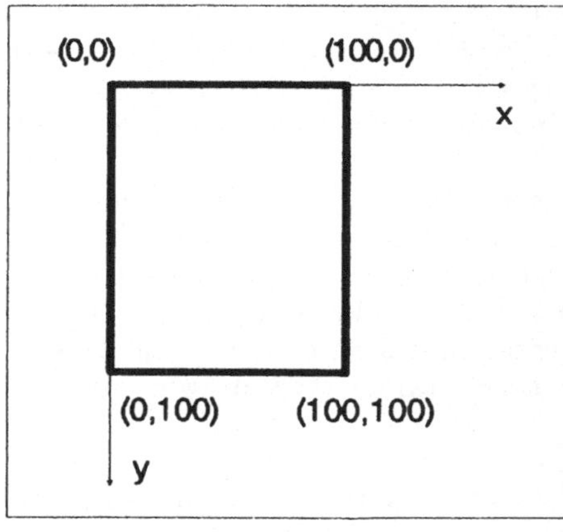

Figur 1.6

Aufgabe 1.5
Man programmiere die Befehlsfolge aus Figur 1.6 (nach Anpassung an den verwendeten Computer). Welches Höhen/Breiten Verhältnis hat das gezeichnete Rechteck? Wie ist die Befehlsfolge abzuwandeln, damit ein Quadrat gezeichnet wird?

Gerade beim Zeichnen von Kreisen und Quadraten, bei dem die mit **color** *n* gewählte Farbe benutzt wird, fällt dieser Effekt auf und muß bei der Programmierung durch eine unterschiedliche Skalierung in beiden Koordinatenachsen berücksichtigt werden. Geben wir einige Beispiele für die Wahl der Farbe:

color 1	weiß
color 0	schwarz
color 2	rot
usw.	

Mit dem Befehl **test** *(x,y)* kann man die Farbe eines Punktes mit den Koordinaten *(x,y)* abfragen. Dieser Befehl wird bei vielen graphischen Aufgabenstellungen benötigt. Ein Beispiel ist das Ausfüllen eines Gebietes mit einem Muster (vgl. Kapitel 3).

Eine Linie wird beim Zeichnen aus einzelnen Punkten zusammengesetzt. Algorithmen, die dies leisten, werden in Kapitel 2 vorgestellt. Selbst wenn einem diese Arbeit im Normalfall von der mitgelieferten Graphiksoftware abgenommen wird, so zeigen die Betrachtungen in Kapitel 12, 13 und 15 doch, daß man in vielen Fällen die vorhandene Routine **draw** nicht benutzen kann. Hier muß man das Zeichnen einer Linie selbst auf das Setzen von Einzelpunkten mit dem Befehl **plot** zurückführen. Geschieht dies in einer Hochsprache, ist das entsprechende Programmsegment oft sehr langsam. Da die Bildschirmkoordinaten ganzzahlige Werte sind, die als INTEGER-Variable gespeichert und verarbeitet werden können, bietet sich daher oft eine Assemblerprogrammierung an.

Entschließt der Benutzer sich zu diesem Schritt, muß er die interne Organisation des Bildschirmspeichers und die Arbeitsweise des Graphikcontrollers sehr genau kennen. Die damit verbundene Mühe wird aber durch einen enormen Geschwindigkeitsgewinn belohnt.

Aufgabe 1.6
Man stelle beim eigenen Computer fest, wie der Bildschirmspeicher organisiert ist und wie der Graphikcontroller arbeitet, und realisiere dann die Routinen **plot** *(x,y, color)* und **test** *(x,y)* unter Benutzung der gewonnenen Kenntnisse mit Hilfe von Befehlen (**peek**, **poke**, **mem** o. ä.), die einen direkten Speicherzugriff ermöglichen.

Aufgabe 1.7 (für Spezialisten)
Man realisiere **plot** und **test** in Assemblersprache.

Anleitung
Leite eine Koordinaten - Adressen Beziehung her. Übergebe die x- und y-Koordinate in den passenden Registern und berechne die zugehörige Bildspeicheradresse sowie die vom Wert von *color* abhängige Bitmaske. Wie kann die Routine beschleunigt werden, wenn ein direkt angrenzendes Pixel gesetzt oder getestet werden soll?

1.5 Graphikfähiger Drucker

Die meisten Benutzer von Kleincomputern verfügen heute auch über einen *Drucker* zur Erstellung von Programmlistings, Briefen und sonstigen Outputs. In der überwiegenden Anzahl der Fälle wird es sich hierbei um einen Matrixdrucker handeln, der die Buchstaben aus einzelnen Punkten zusammensetzt, die matrixförmig angeordnet sind. Es liegt nun nahe, durch Einzelansteuerung der Punkte eine Graphikausgabe zu realisieren. Eine Vielzahl von Druckern verfügt direkt über eine derartige Möglichkeit, in manchen Fällen kann die entsprechende Option nachgerüstet werden.

Bei einem *Nadeldrucker* wird das Druckbild durch eine Anzahl N übereinanderliegender Nadeln, meist 8, 9 oder 24, erzeugt, die durch einen Druckkopf geführt werden. Dieser wird von einem Schrittmotor angetrieben in x-Richtung über das Papier bewegt, und durch das Anschlagen der Nadeln überträgt sich Farbe vom Farbband auf das Papier. Ähnlich wie beim Graphikbildschirm wird also zeilenweise geschrieben, wobei allerdings N Pixel-Zeilen parallel gedruckt werden. Nach dem Drucken einer Zeile wird das Papier von einer Stachelwalze (Traktor) oder einer Gummiwalze (Friktionstrieb) in y-Richtung weiterbewegt.

Aufgabe 1.8
Man informiere sich darüber, über welche verschiedenen graphischen Darstellungsmöglichkeiten und Auflösungen der eigene Drucker verfügt. Dann schreibe man ein Programm, das eine Folge schwarzer Quadrate (!) von 2 x 2 cm^2 Größe druckt (vgl. Figur 1.7).

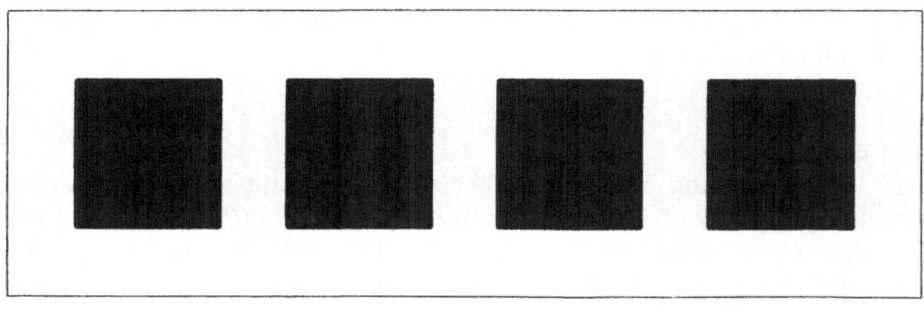

Figur 1.7

Zur Erstellung einer graphischen Ausgabe von Bildern verfügen viele Computer über ein sogenanntes *Hardcopy*-Programm, das eine pixelweise Kopie des Bildschirms auf dem Drucker erstellt. Wie die Verfasser feststellen konnten, arbeiten viele der angebotenen Programme oft nicht zufriedenstellend oder nutzen die Möglichkeiten des Druckers nicht voll aus. Es wird beispielsweise ein Kreis auf dem Bildschirm nicht als Kreis auf dem Drukker wiedergegeben. Wir stellen daher die Aufgabe:

Aufgabe 1.9
Man schreibe selbst ein Hardcopy-Programm, das eine möglichst verzerrungsfreie Hardcopy des Bildschirms erstellt. Dazu wähle man die geeignete Auflösung und überlege, ob ein Ausdruck im Hoch- oder Querformat sinnvoller ist.

Manche Drucker verfügen über eine sehr hohe Auflösung, so daß durch eine Bildschirmhardcopy die vorhandenen Möglichkeiten gar nicht optimal genutzt werden können. In diesem Fall erzeugt man die Rastergraphik dann nicht innerhalb des Bildschirmspeichers, sondern reserviert einen getrennten Bereich des Arbeitsspeichers für diese Aufgabe. Reicht der vorhandene Speicher nicht aus, so kann man das Bild auch auf einer Diskette als Speichermedium realisieren.

1.6 Farbgraphikdrucker

Eine Reihe von Matrixdruckern ist auch mit einer *Farboption* ausgestattet. Zur Darstellung von Farben wird oft ein Farbband mit mehreren Farben benutzt (z.B. Schwarz und die Grundfarben Blau (Cyan), Rot (Magenta) und Gelb). Durch spezielle Befehle kann man dem Drucker mitteilen, in welcher Farbe die nächste Zeile zu drucken ist. Um ein mehrfarbiges Bild zu erzeugen, werden dabei die Einzelfarben hintereinander auf das Papier übertragen. Durch das Übereinanderdrucken der Grundfarben an einer Stelle sind neben den Grundfarben auch Mischfarben darstellbar. Die Grundfarben werden in diesem Fall *subtraktiv* gemischt. Durch Auftragen aller Grundfarben entsteht hier daher nicht weiß, sondern ein mehr oder weniger graues Schwarz. Beim Darstellen von Mischfarben muß man allerdings sehr umsichtig vorgehen, um eine vorzeitige Verschmutzung der Farben des Farbbandes zu vermeiden. Es sollte immer mit der hellsten Farbe beginnend gedruckt werden. Andernfalls gelangt bereits gedruckte dunkle Farbe vom Papier auf die helle Farbe des Farbbandes und verschmutzt es in kürzester Zeit.

1.7 Plotter

Hauptinstrument eines technischen Zeichners ist der Zeichenstift, mit dem er eine Zeichnung zu Papier bringt. Diese Tätigkeit wird mechanisch vom sogenannten *Plotter* nachgebildet. Beim Flachbett-Plotter bewegt sich dazu ein Zeichenstift über ein flach liegendes Blatt Papier. Der Stift, oft ein spezieller Plotterstift, befindet sich in einer Halterung. Diese wird, durch zwei aufeinander senkrecht stehende Schienen geführt, über das Papier bewegt. Zum Zeichnen senkt man den Stift auf das Papier ab. Die bei-

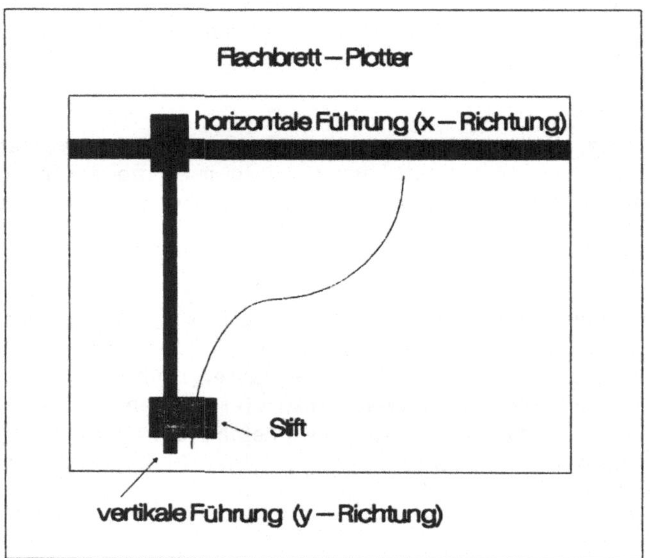

Figur 1.8

den Führungen werden meist durch Schrittmotoren angetrieben. Der eine Motor bewegt den Stift in vertikaler, der andere in horizontaler Richtung. Die Ansteuerung der Schrittmotoren geschieht aufgrund von Steuerbefehlen des Computers. Dazu dienen eine Reihe von *Plotterbefehlen*, die jedoch je nach Gerätetyp sehr verschieden sein können. In den meisten Fällen sind allerdings die beiden folgenden Befehle vorhanden:

move *(x,y),*
draw *(x,y)* (**lineto** *(x,y)*).

Der Befehl **move** *(x,y)* bewirkt dabei die Bewegung des Stiftes zur Position *(x,y)* bei abgehobenem Stift, der Befehl **draw** *(x,y)* das Zeichnen einer geraden Linie zur Position *(x,y)* von dem Punkt aus, an welchem der Stift vor Erteilung des **draw** Befehles stand. Mit diesen beiden Befehlen kann man im Grunde genommen jede Figur zeichnen, indem man die darzustellenden Kurven und Linien durch Geradenstücke approximiert.

Die zur Steuerung verwendeten Koordinaten sind meist ganze Zahlen, die die Lage des Punktes *(x,y)* in sogenannten Gerätekoordinaten angeben. Koordinatenursprung des Koordinatensystems ist bei Plottern meist der untere linke Eckpunkt des Papiers, und die Koordinaten geben den Abstand eines Punktes in *x*- bzw. *y*-Richtung gemessen in 1/10 mm an. Die folgenden Befehle ergeben dann das in Figur 1.9 dargestellte Rechteck:

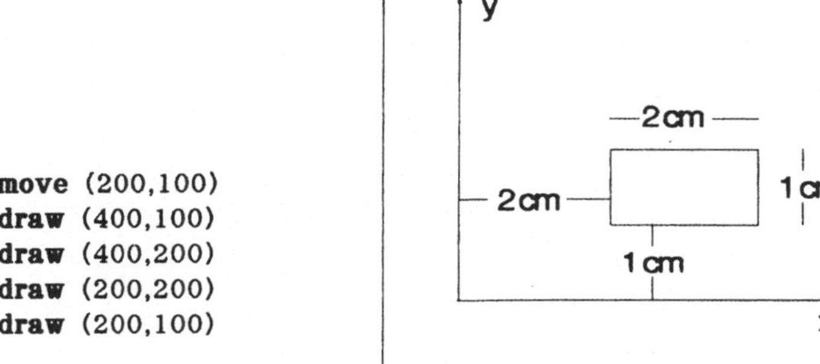

Figur 1.9

Erfolgt der Antrieb des Stiftes durch Schrittmotoren, kann er nicht in beliebig kleinen Schritten bewegt werden. Der kleinste Schritt, der kontrolliert ausgeführt werden kann, wird als *Auflösung* des Plotters bezeichnet. Eine hohe Auflösung ist ein wesentliches Merkmal eines hochwertigen Plotters.

Bewegt man den Zeichenstift im Laufe einer längeren Zeichnung mehrfach hintereinander an einen bestimmten Punkt, so wird dieser Punkt im allgemeinen nicht wieder genau getroffen. Die verbleibende Differenz wird als *Wiederkehrungenauigkeit* bezeichnet. Sie sollte möglichst klein sein. Neben diesen Merkmalen Auflösung und Wiederkehrgenauigkeit ist ein weiteres Leistungsmerkmal die *maximale Zeichengeschwindigkeit*. Daneben unterscheiden sich die Plotter noch in der maximal benutzbaren Papiergröße und dem Umfang des verfügbaren Befehlssatzes. Oft sind beispielsweise Befehle der folgenden Art vorhanden:

* Zeichnen einer Koordinatenachse mit Unterteilungen,
* Zeichnen von Kreisen,
* Zeichnen von verschiedenen Markierungen,
* Beschriftung waagerecht / senkrecht,
* Wechsel des Stiftes.

Da diese Befehle jedoch von Gerät zu Gerät stark variieren, werden wir in diesem Buch nur die Befehle **move** und **draw** verwenden.

Aufgabe 1.10
Man zeichne Figur 1.10 auf einem Plotter mit Hilfe der Befehle **move** und **draw**. Wenn man über keinen Plotter verfügt, schreibe man ein Simulationsprogramm, das die Befehle **move** und **draw** simuliert.

Damit haben wir die wichtigsten Ausgabegeräte besprochen, die bei graphischen Arbeitsplätzen unterer und mittlerer Preisklasse anzutreffen sind.

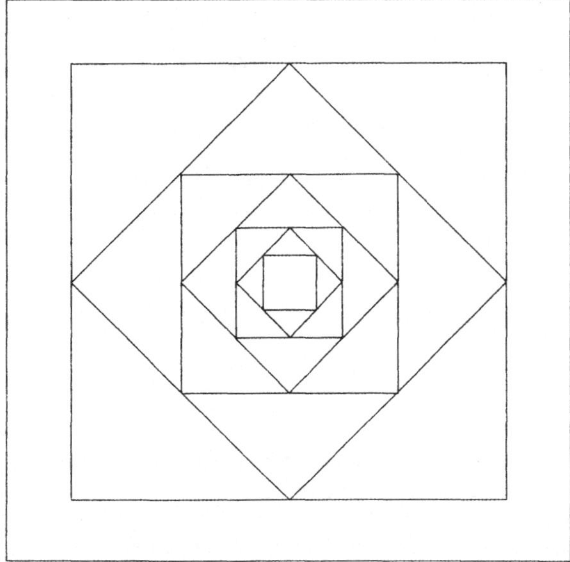

Figur 1.10

1.8 Rechnerinterne Darstellung von Bildern

Bevor eine Graphik auf einem Ausgabegerät ausgegeben wird, wird sie mit Hilfe des Computers erzeugt und gegebenenfalls in mehreren Verarbeitungsschritten modifiziert. Dazu muß man das Bild innerhalb des Rechners beschreiben und speichern. Wie dies geschieht, hängt dabei stark von der zu zeichnenden Figur und dem gewählten Ausgabegerät ab. Häufig werden die folgenden zwei Möglichkeiten verwendet:

1) Punktweise Darstellung innerhalb eines reservierten Speichers.
   (Rahmenpuffer)

2) Objektorientierte Darstellung durch Vektoren, Kreise, Polygone etc.

Bei der zuerst genannten Möglichkeit wird das gesamte Bild aus einzelnen Bildpunkten zusammengesetzt. Naturgemäß ist diese Darstellungsform besonders geeignet, wenn man das Bild später auf einem Rasterbildschirm oder einem Drucker ausgeben will. Oft wird man in diesem Fall direkt den Bildwiederholspeicher zur Darstellung des Bildes benutzen, um nicht weiteren Speicherplatz zu vergeuden. Immerhin ist für jeden Bildpunkt mindestens ein Bit im Speicher zu reservieren. Die Ablage eines Bildes auf einer Diskette oder der Festplatte kann in diesem Fall einfach als Speicherdump des Bildschirmwiederholspeichers ausgeführt werden, nimmt aber entsprechend viel Platz in Anspruch.

Die punktweise Darstellung ist für eine Reihe von graphischen Verarbeitungsalgorithmen besonders gut geeignet. Ein Beispiel ist das Füllen von Bereichen und das Überzeichnen bereits gezeichneter Figuren. Die Ausgabe einer derartigen Pixelgraphik auf einem Plotter ist demhingegen kaum in erlebbarer Zeit zu realisieren. Zielt man daher auf eine Plotter-Ausgabe hin, so ist eine andere Darstellungsform geeigneter, die sogenannte Beschreibung als *Display-File* (vgl. Kapitel 4).

Bei dieser Präsentationsform wird ein Bild als Folge elementarer Objekte und Befehle dargestellt. Dabei sollen diese einzelnen Objekte leicht auf dem Ausgabegerät gezeichnet werden können. Gleichzeitig müssen die verfügbaren Objekte geeignet sein, um das gewünschte Bild aus ihnen zusammenzusetzen.

Beispiel 1.1

Verfügbare Objekte : Strecken im $\mathbb{R}^2$;
Notation : **line** *(x1,y1, x2,y2)*;

Rechnerinterne Darstellung:

type

line = **record**
        x1, y1, x2, y2 : **integer**
        end;

var

displayfile : **array** [1..*n*] **of** *line* ;

line (0,0 , 5,0);
line (0,0 , 0,5);

line (1,1 , 4,1);
line (4,1 , 3,2);
line (3,2 , 1,1);

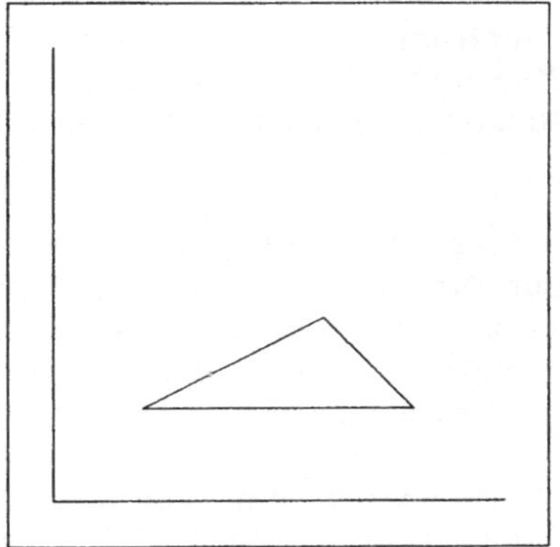

Figur 1.11

Beispiel 1.2

Objekte : Strecken und Kreise im $\mathbb{R}^2$;
Notation : **line** *(x1,y1, x2,y2)* ;
        bzw. **circle** *(x,y, r)*.

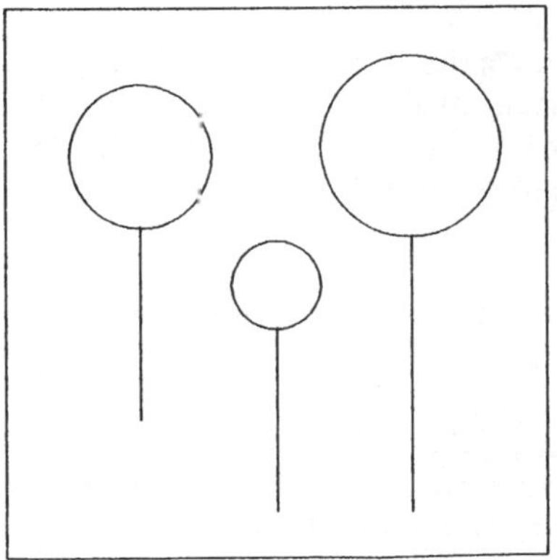

Figur 1.12

Aufgabe 1.11
Man finde eine geeignete Datenstruktur zur Darstellung der Objekte in *PASCAL* und stelle Figur 1.12 durch diese Objekte dar. Man benutze *Records* mit *variantem* Teil.

Beispiel 1.3

Objekte : Polygonzüge;
Notation : **polygon** *(x1,y1 , x2,y2 , x3,y3 , ...)* ;

Aufgabe 1.12
Man stelle Figur 1.11 durch zwei Polygonzüge dar.

Aufgabe 1.13 (vgl. Kapitel 2)
Man entwerfe in *PASCAL* Datenstrukturen zur Darstellung von Polygonzügen. Die Datenstrukturen sollen dabei Polygonzüge mit beliebig vielen Punkten zulassen.

Anleitung
Man stelle den Polygonzug durch eine verkettete Liste von Punkten und den Display-File durch eine verkettete Liste von Polygonzügen dar.

Diese Beispiele zeigen bereits, wieviele verschiedene Möglichkeiten man zur Erzeugung graphischer Strukturen heranziehen kann. Welche Grundobjekte man einer Displayfile-Darstellung zugrunde legt und wie man sie rechnerintern verwirklicht, hängt dabei oft nicht zuletzt vom Geschmack des Programmierers ab.

Die Speicherung von Display-Files ist relativ einfach auszuführen und benötigt oft wesentlich weniger Platz als die Speicherung einer Rastergraphik. Dies ist allerdings nur dann der Fall, wenn die geeigneten Objekte zur Verfügung stehen.

Aufgabe 1.14
Man stelle Figur 1.12 aus Beispiel 1.2 durch die Objekte aus Beispiel 1.1 dar, indem man jeden Kreis durch geeignet viele Geradenstücke approximiert. Wieviele Einzelobjekte benötigt man bei dieser Darstellung?

Nicht nur bei der Speicherung von Bildern kann eine Displayfile-Darstellung vorteilhaft sein. Auch einige graphische Verarbeitungen sind sehr leicht auszuführen:

Aufgabe 1.15
Man entwerfe eine Prozedur *MIRROR*, die bei Verwendung der Displayfile-Darstellung aus Beispiel 1.2 aus einem gegebenen Display-File einen neuen erzeugt, der das an der x-Achse gespiegelte Bild des ursprünglichen Display-Files beschreibt.

Nachdem wir zwei Verfahren zur rechnerinternen Darstellung von Bildern kennengelernt haben, wollen wir uns nun damit beschäftigen, wie die Eingabe von Daten, aufgrund derer Bilder erstellt werden, in den Computer geschieht.

1.9 Eingabehilfsmittel

Eine Vielzahl von Aufgabenstellungen, die wir in diesem Buch behandeln werden, hat die graphische Darstellung von Gebilden zum Ziel, die (zumindest stückweise) durch Funktionen beschrieben werden können. Dabei liegen diese Funktionen entweder als Berechnungsvorschrift vor, oder man verfügt über eine gewisse Anzahl von Wertepaaren bzw. n-Tupeln.

Im ersten Fall geschieht die Eingabe der Funktion häufig in der Weise, daß man in das eigentliche Graphikprogramm einen Teil (Unterprogramm, Prozedur, Funktion) einbindet, der die gegebene Funktion berechnet. Es handelt sich um eine sehr universelle Möglichkeit, da so nahezu beliebig komplizierte Funktionszusammenhänge dargestellt werden können. Ein Nachteil besteht allerdings darin, daß das Programmsegment zur Funktionsberechnung jeweils neu übersetzt und in das Graphikprogramm eingebracht werden muß, wenn man einen neue Funktion darstellen will.

Um diese zeitaufwendige und unkomfortable Vorgehensweise zu umgehen, gestatten einige Programme eine *interaktive Eingabe* von Funktionen in Form von kurzen Formeln. Auf diese Weise können häufig allerdings nur sehr einfache Funktionen eingeführt werden. Die eingegebene Formel wird vom Graphikprogramm dann mit Hilfe eines *Formelinterpreters* ausgewertet. Da seine Programmierung sehr aufwendig ist und das eigentliche Graphikprogramm stark vergrößert und verlangsamt, wollen wir im weiteren von dieser Vorgehensweise absehen und von einer Funktionsdarstellung durch ein Unterprogramm ausgehen.

Häufig liegen Funktionen auch in graphischer Form als Meßkurven vor und müssen in eine rechnerinterne Form überführt werden (Digitalisierung). Ein geeignetes Hilfsmittel dazu bildet das sogenannte *Graphiktablett*. Es besteht aus einer tablettartigen Platte, auf welcher ein Fadenkreuz von Hand bewegt werden kann. An dem Fadenkreuz befinden sich oft in einem kleinen Gehäuse noch einige Drucktasten. Betätigt man eine der Drucktasten, so wird die Position des Fadenkreuzes auf dem Tablett bestimmt und an den Rechner weitergeleitet. Die Koordinaten des Punktes werden dabei ausgehend von einem rechtwinkligen Koordinatensystem innerhalb des Tabletts gemessen (Gerätekoordinaten).

Bei einem bestimmten Gerätetyp befinden sich dazu unterhalb des Tabletts dicht nebeneinanderliegende Drähte in waagerechter und senkrechter Richtung. Sie sind von einem Strom durchflossen, dessen Form von Draht zu Draht variiert. Im Fadenkreuz befindet sich eine kleine Empfangsspule, die das Magnetfeld, welches sich um die Drähte bildet, registriert. Aus der Form des aufgenommenen Signals kann nun die Nummer des Drahtes bestimmt werden, über welchem sich das Fadenkreuz befindet. Die Anzahl der Drähte

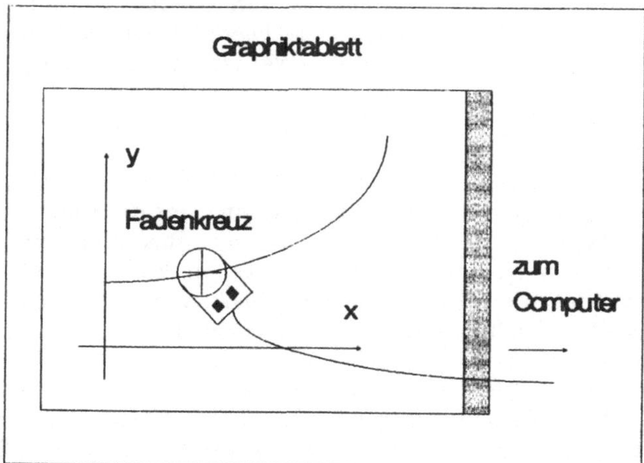

Figur 1.13

in horizontaler bzw. vertikaler Richtung pro cm bestimmt dabei die Auflösung, mit der die Lage des Fadenkreuzes festgestellt werden kann.

Zur Digitalisierung einer Kurve legt man nun das Blatt mit der Kurve auf das Tablett und fährt die Kurve mit dem Fadenkreuz nach, wobei mit dem Rechner die fortlaufend gelieferten Punktekoordinaten aufgenommen werden. Um den Bezug zwischen den Gerätekoordinaten des Graphiktabletts und den Originalkoordinaten der Meßkurve herstellen zu können, werden anschließend noch einige Punkte mit bekannten Originalkoordinaten digitalisiert. Anhand dieser Punkte kann man durch Rotation, Translation und Streckung (vgl. Kapitel 4) aus den gelieferten Gerätekoordinaten die Originalkoordinaten der Kurve bestimmen. Die Kurve liegt damit innerhalb des Rechners in Form von Wertepaaren vor.

Auch durch eine Meßwerterfassung mit Hilfe von *Analog/Digitalwandlern* gelangt man oft zu dieser Form der rechnerinternen Darstellung von funktionalen Zusammenhängen. Die so gespeicherten Daten bilden einen Teil der Eingabe eines Graphikprogramms, und ihre Erfassung erfolgt, bevor das eigentliche Graphikprogramm gestartet wird (Offline). Neben dieser Offline-Eingabe wird man innerhalb der graphischen Verarbeitung oft noch eine interaktive Eingabe von Daten ausführen wollen. Beispiele solcher Eingaben sind z.B. Parameter, die die Bilddarstellung beeinflussen, wie:

1) Auswahl des Bildausschnitts,

2) Rotation der Darstellung um eine Achse,

3) Markieren von Punkten,

4) Füllen von Flächen.

Allen diesen Eingaben ist gemeinsam, daß sie durch wenige Zahlen (Koordinaten von Punkten, Winkel etc.) beschrieben werden. Daher kann man diese Parameter oft direkt über die alphanumerische Tastatur eingeben.

Möchte man interaktiv Veränderungen an einem Bild vornehmen, benötigt man sehr häufig die Koordinaten von bestimmten Punkten, an denen diese Veränderungen vorgenommen werden sollen. Beispielsweise kann man einen rechteckigen Bildausschnitt durch vier Eckpunkte festlegen. Die Eingabe solcher Koordinaten über die Tastatur ist dabei sehr mühevoll, da man dazu die Zahlenwerte aus der Zeichnung auf dem Bildschirm ablesen muß. Um dies zu umgehen, verwendet man zur Eingabe häufig einen *Cursor*.

Der Cursor ist ein spezielles graphisches Symbol, beispielsweise ein Pfeil oder ein Fadenkreuz, das neben dem eigentlichen Bild auf dem Bildschirm dargestellt wird. Die Position des Cursors auf dem Schirm kann man mit den folgenden Hilfsmitteln verändern:

1) Cursortasten,

2) Joystick,

3) Maus,

4) Lichtgriffel.

Unabhängig von der gewählten Methode zur Cursorpositionierung kann man die aktuelle Cursorposition durch eine Routine abfragen und innerhalb eines Graphikprogramms verwenden. Zum Markieren von Punkten bewegt man den Cursor an die gewünschte Stelle und betätigt anschließend eine Taste, wodurch dem Computer mitgeteilt wird, daß dieser Punkt markiert werden soll.

Aufgabe 1.16
Man schreibe ein Programm, welches die Cursorposition bestimmt und auf Tastendruck in dezimaler Form ausgibt.

Bei der Cursorpositionierung mittels Cursortasten verfügt die alphanumerische Tastatur über zusätzliche Funktionstasten, mit denen man dan Cursor in kleinen Schritten nach oben, unten, links oder rechts bewegen kann. Zur seiner Bewegung über größere Strecken sind oft sehr viele Tastendrücke notwendig, weshalb man diese Methode kaum als komfortabel bezeichnen kann.

Eleganter ist die Bewegung des Cursors mit Hilfe eines *Joysticks*. Ein Joystick ist dem Steuerknüppel eines Flugzeugs vergleichbar. Durch die Bewegung eines Stiftes, der in einem Kugelgelenk gelagert ist, nach vorne bzw. hinten kann man den Cursor nach oben oder unten verschieben. Genauso ist eine links/rechtswärts Positionierung möglich. Man verfolgt die Cursorposition am Bildschirm und bewegt den Cursor genau an die gewünschte Stelle.

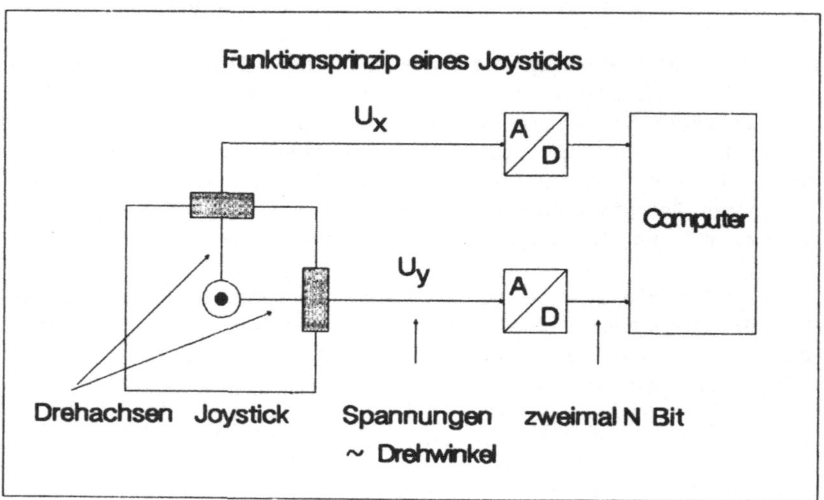

Figur 1.14

Technisch gesehen besteht ein solcher Joystick aus einem Stift, der um zwei Achsen drehbar gelagert ist. Der Drehwinkel der beiden Achsen wird mit Potentiometern in eine elektrische Spannung umgesetzt, durch Analog/Digitalwandler in eine Binärzahl umgewandelt und in dieser Form an den Computer weitergeleitet. Die beiden Binärzahlen geben dabei dann genau den Drehwinkel der beiden Achsen wieder.

Die verwendeten Analog/Digitalwandler verfügen meist über eine Auflösung von 8 bis 14 Bit, das heißt, der analoge Spannungswert wird in eine 8 bzw. 14-stellige Binärzahl umgewandelt. Bei einer Auflösung von 12 Bit sind damit 2^{12}=4096 verschiedene Werte darstellbar, und der Winkel des Joysticks kann entsprechend genau vom Computer erfaßt werden.

Durch den Joystick kann der Cursor sehr schnell über große Strecken bewegt, aber trotzdem feinfühlig und genau positioniert werden, wenn die Auflösung hoch genug ist. (Ein derartiger Joystick ist natürlich nicht mit den einfachen Joysticks vieler Videospiele zu verwechseln, die im Grunde nur die Cursortasten simulieren.)

Bei der Cursorpositionierung mit der *Maus* wird ein kleines Kästchen - daher der Name Maus -, welches über ein Kabel mit dem Rechner verbunden ist, von Hand über den Schreibtisch oder eine spezielle Unterlage bewegt. Die Relativbewegung der Maus gegenüber der Unterlage wird über das Kabel in Form zweier Signale an den Computer geschickt. Das erste Signal dient zur Übermittlung der Vorwärts- bzw. Rückwärtsbewegung der Maus, während das zweite Signal die Information über eine Seitwärtsbewegung überträgt. Diese Signale werden direkt zur Cursorsteuerung verwendet. Wie beim Joystick verfolgt der Benutzer die aktuelle Cursorposition innerhalb des Bildschirms mit dem Auge und bewegt die Maus solange, bis der Cursor sich an der gewünschten Stelle befindet (visuelle Rückkopplung).

Technisch basieren "Mäuse" auf verschiedenen Prinzipien. Häufig angewandt ist die Übertragung der Bewegung der Maus mittels einer Kugel auf zwei senkrecht angeordnete Reibräder. Die Bewegung der Maus nach vorne führt zu einer Rotation des einen Rades, die Seitwärtsbewegung bewegt das andere Rad. Die Rotation der Räder wird durch Lichtschranken in eine Impulsfolge umgesetzt. Dabei wird jeweils ein Impuls abgegeben, wenn sich die Maus ein kleines Stück bewegt hat, wobei man anhand der Impulse noch entscheiden kann, ob die Bewegung nach vorne oder hinten, bzw. links oder rechts, erfolgte. Der Computer zählt nun diese Impulse und verwendet ihre Anzahl zur Cursorsteuerung.

Als letzte Hilfsmittel zur Eingabe von Bildschirmkoordinaten wollen wir den *Lichtgriffel* (Lightpen) behandeln. Er sieht aus wie ein Bleistift, der mit einem Kabel mit dem Computer verbunden ist. Hält man seine Spitze auf einen Punkt des Bildschirms, kann man die Koordinaten dieses Punktes per Programm abfragen und den Cursor an diese Stelle bewegen.

Technisch gesehen besteht die Spitze des Lichtgriffels aus einer Linse und einem dahinter angeordneten lichtempfindlichen Detektor. In dem Moment, in dem der Elektronenstrahl des Monitors an der Stelle ist, an die man den Lichtgriffel hält, gibt der Detektor einen Impuls an den Computer ab. Aus der zeitlichen Lage des Impulses relativ zum Bild- und Zeilenanfang berechnet der Computer die Bildschirmkoordinaten dieses Punktes.

Damit haben wir die wichtigsten Verfahren und Hilfsmittel zur Erfassung, Speicherung und Ausgabe graphischer Daten behandelt.

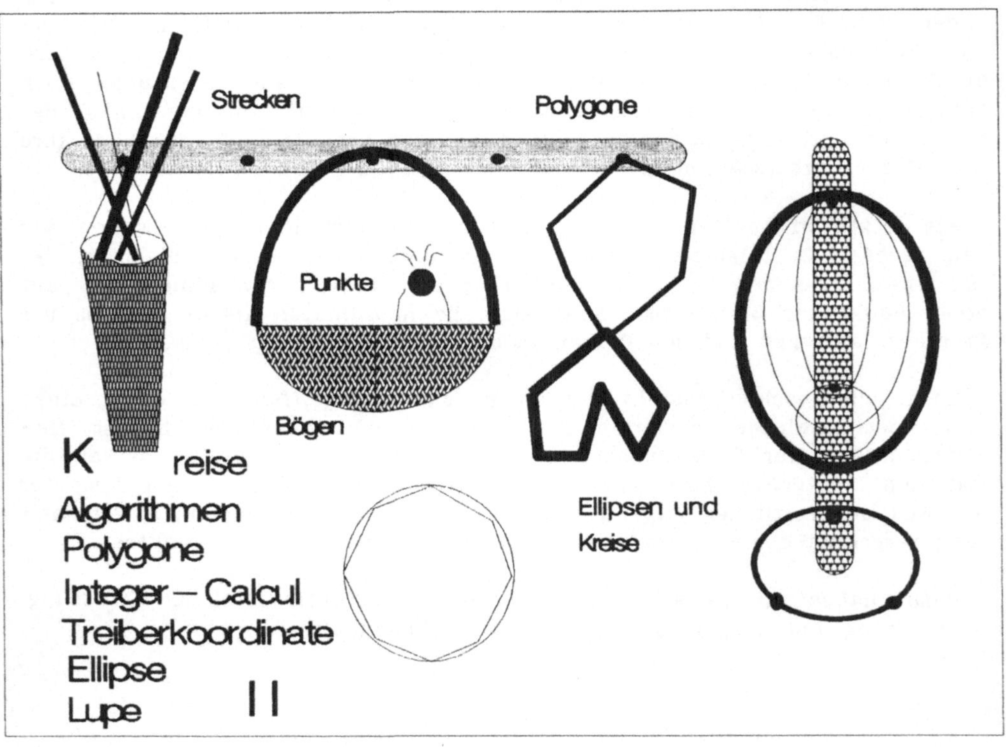
Strecken
Polygone
Punkte
Bögen
K reise
Algorithmen
Polygone
Integer – Calcul
Treiberkoordinate
Ellipse
Lupe
Ellipsen und
Kreise

Kapitel 2

Grundelemente der Rastergraphik

Das zweite Kapitel diskutiert Algorithmen zur Realisierung einfacher graphischer Elemente wie Punkt, Strecke, Polygonzug, Kreis und Ellipse auf punktgraphischen Ausgabegeräten. Im Vordergrund stehen dabei der Kathodenstrahl-Rasterbildschirm (CRT-Display) und der Matrixdrucker. Die mathematischen Grundlagen sind in den Kapiteln 4 und 5 entwickelt.

2.1 Ausgabegeräte

An graphischen Arbeitsplätzen unterscheidet man zwischen *linienschreibenden* und *punktschreibenden* Ausgabegeräten. Bei ersteren wird in rascher Wiederholung eine Datei zur Erzeugung von graphischen Elementen abgearbeitet. Jede dieser Figuren besteht aus einer Folge von Linienzügen. Die Datei enthält Positionierungsbefehle, Vektor- und Textzeichnungsanweisungen, Routinen zur Kreation von Bögen und Kurven sowie Angaben zur Farbe und Intensität der Strecken. Zusätzlich können Transformationsmerkmale wie Anweisungen zur Translation, Drehung, Scherung und Spiegelung eines Elements angefügt sein. Hat man Zugriffskonflikte zwischen der CPU und dem Displaycontroller ausgeschlossen, so kann die Datei vom Benutzer interaktiv modifiziert werden. Dabei werden einzelne Elemente angefügt oder gelöscht, vertauscht und ihre Transformationsmerkmale geändert. So entsteht am Ausgabegerät der realistische Eindruck einer bewegten Graphik. Da eine vorgegebene Bildwiederholfrequenz von fünfzig Bildern pro Sekunde nicht unterschritten werden darf, um Flimmern und diskontinuierliche Bildfolgen zu vermeiden, sind der Komplexität des Bildes Grenzen gesetzt. In [N-S] ist als Orientierungsgröße die Rede von fünftausend Vektoren. Zusätzlich ist der Aufbau eines *Vektordisplays* ausführlich erläutert. Hochleistungsbildschirme, bei denen Linien-, Text- und Kurvengenerierung sowie eine Ausschnittsbildung hardwaremäßig verwirklicht sind, können verständlicherweise nicht gerade preiswert sein.

Daher haben heute *Rasterbildschirme* und Punktmatrixausgabegeräte einen hervorragenden Platz erorbert. Sie erlauben die Ausgabe einer gewissen Anzahl von Punkten in der horizontalen x- und der vertikalen y-Richtung. Farb- und Schwarz-Weiß Monitore mit einer Auflösung von 640h x 400v Punkten sind inzwischen Standard, höhere Auflösungen von 1024h x 768v nicht selten, Ganzseitenbildschirme erscheinen mehr und mehr am Markt. Bei Matrix- und Laserdruckern ist eine Auflösung von bis zu 360h x 360v Punkten pro Quadratzoll üblich. Ein Zoll entspricht dabei 25.4 mm. Für jeden Bildschirmpunkt *(Pixel)* müssen Farb- und Intensitätswert in einem Rahmenpufferspeicher gehalten werden. Die Organisation dieses Speichers ist von Gerät zu Gerät verschieden. Im einfachsten Fall entsprechen je einem Byte acht Pixel. Ein gesetztes Bit steht für einen erleuchteten Punkt, und der Speicher ist sequentiell organisiert: Jede Bildschirmzeile ist durch eine Folge aufsteigender Adressen repräsentiert. Leider erweist sich die Zuordnung in den meisten Fällen hardwarebedingt als viel verwickelter, und es muß eine mathematische Beziehung (vgl. Kapitel 1.3)

Pixel mit den Koordinaten (x,y) <-> Adresse und Bitnummer 0 bis 7

hergestellt werden. Das graphische Grundelement **plot**(x,y) kann so direkt durch möglichst ökonomischen Zugriff auf die Speicheradresse und Herausmaskieren des Bits verwirklicht werden. In analoger Weise gibt die Grundprozedur **getdotcolor** oder **test** an, ob ein Bit gesetzt ist oder nicht.

Oft sind auch mehrere Bits pro Pixel reserviert, um verschiedene Farben und Intensitäten zu ermöglichen. Dazu wird der Speicher, der in mehreren

Ebenen organisiert sein kann, selektiert und vom Benutzer, wie schon in Kapitel 1 erklärt, über die CPU manipuliert. Auch hier sind Konflikte mit dem zugreifenden Graphikcontroller auszuschließen. Letzterer liest die Speicherwerte bis zu siebzig Mal pro Sekunde aus und dirigiert den Kathodenstrahlverlauf am Bildschirm im Rahmen der vorgegebenen horizontalen und vertikalen Ablenkfrequenzen und der entsprechenden Zeilen- und Spaltenzahlen der Punktmatrix. Der Benutzer konfiguriert die genannten Merkmale per Programm zu Beginn einer Arbeitssitzung.

Es ist somit naheliegend, ein diskretes dreidimensionales *(x,y,c)* Koordinatensystem vorzugeben, dessen Komponenten ganzzahlig sind. Der Ursprung (0,0,.) befindet sich meistens am oberen linken Rand des Ausgabegeräts, die Abszisse *x* wird in der Waagerechten, die Ordinate *y* in der Senkrechten abgetragen, und *c* bestimmt den Farbwert des Punktes mit den Koordinaten *(x,y)*. Sind im Hintergrundspeicher *n* Bits pro Pixel vorgesehen, so kann *c* alle ganzen Zahlen von Null bis 2^n-1 annehmen. Natürlich genötigt man für das Halten einer pixelorientierten Schwarzweiß- bzw. Farbgraphik im Hintergrund wesentlich mehr Speicherplatz als für einen Display-File, nämlich $(xmax + 1) \cdot (ymax + 1) \cdot n / 8$ Bytes. Zudem ist die Manipulierbarkeit der Bildelemente stark eingeschränkt, da sie im Speicher ihren Elementcharakter verloren haben.

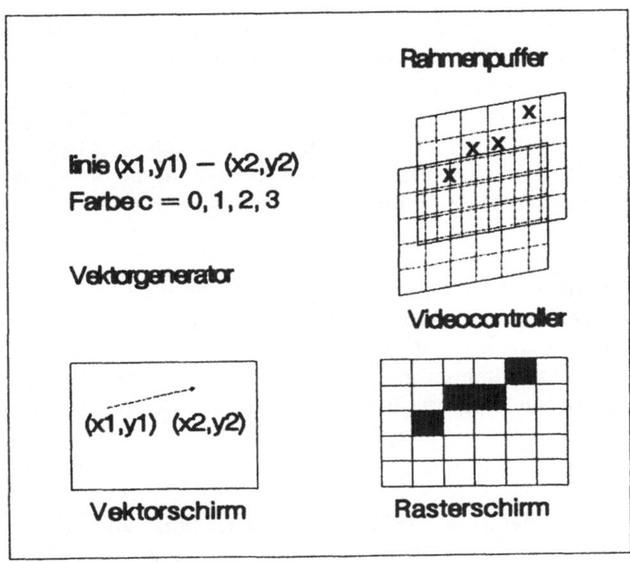

Figur 2.1

Graphische Grundgröße ist demnach der Gitterpunkt. Grundroutinen müssen es erlauben, Punkte mit den Koordinaten *(x,y,c)* zu zeichnen und den Farbwert *c* des Punktes mit den Ortskoordinaten *(x,y)* zu ermitteln. Davon ausgehend können dann Prozeduren zur Erzeugung von Linien, Kurven und berandeten Flächen sowie zum Ausfüllen mit Mustern entwickelt werden. Text und seine Grundgrößen, die Buchstaben, werden nicht mehr als Streckenzüge mit Ausfüllanweisung, sondern als Pixelmuster in einer Fontmatrix gespeichert. Unser diskretes Koordinatensystem hat den Vorteil, daß nunmehr beim Entwurf graphischer Algorithmen schnelle Festkommaarithmetik mit 32 Bit Wörtern zur Anwendung gelangen kann. Allerdings muß das Benutzerkoordinatensystem oder aber das interne System auf unser diskretes System umgerechnet werden. Dabei sind Rundungsoperationen unumgänglich, da nur Gitterpunkte möglich sind. Diesen Vorgang nennt man *Rasterkonvertierung*. Das gleiche Problem stellt sich auch in entgegengesetzter Richtung, wenn der Bildschirm per Maus als Eingabegerät benutzt wird. Sorgfältig ist darauf zu achten, daß Rundungsfehler nicht kumulieren und ein sinnvolles Fehlermaß für die Abweichung des Näherungspunktes auf dem Gitter vom wahren Punkt Anwendung findet. Eine Pixel-Gerade sollte einer "kontinuierlichen" Geraden möglichst nahe kommen, das gleiche gilt auch für alle anderen graphischen Grundelemente. Zu große Unterschiede in den Auflösungsmöglichkeiten von externem und internem Koordinatensystem sind zu vermeiden. Andernfalls wird es unmöglich, Schnittpunkte von mehreren graphischen Grundelementen zu konstruieren.

Ein weiteres Problem ergibt sich aus dem Fenstercharakter eines Bildschirms oder Plotters. Während beim Drucker wenigstens bei der Verwendung von Endlospapier in vertikaler Richtung keine Begrenzung besteht, muß ein überschießendes Bild am Schirm gekappt werden, überstehende Linien sind abzuschneiden. Dazu werden wir *Clipping*-Algorithmen untersuchen. Dagegen bietet der Monitor den Vorteil, daß man Bilder nicht von oben nach unten abarbeiten muß und gesetzte Punkte wieder löschen oder überschreiben kann.

Alle diese Probleme sollen zunächst nur in den zwei Dimensionen der Ebene angegriffen werden, so daß Projektionen nicht erforderlich sind. Allerdings sind die Algorithmen gleich mit Blick auf ihre Verallgemeinerungsfähigkeit für höhere Dimensionen ausgewählt und beschrieben. Vertiefende Informationen befinden sich in den Monographien [E1], [E-S] und [R3].

Aufgabe 2.1
Ein Schwarz-Weiß Bildschirm besitze eine Auflösung von 640h x 200v Punkten, und der Punkt in der linken oberen Ecke habe die Koordinaten (0,0). Für die Linien mit gerader Koordinate stehen in aufsteigender Reihenfolge die Offsetadressen $0000 - $1F3F (hexadezimal) zur Verfügung, für die ungeraden die Adressen $2000 - $3F3F. Man gebe eine mathematische Beschreibung der Beziehung Pixel *(x,y)* <-> Speicheradresse + Bitnummer, zeige, daß (309, 75) auf Bit 2 der Adresse $2BB6 führt und realisiere eine **plot**-Prozedur.

2.2 Schnelle Geraden und Kreise

Ausgehend von den beiden unbedingt notwendigen primitiven Funktionen eines Rastergraphikpaketes **plot** und **getdotcolor**, die es erlauben, einen Punkt zu setzen, seine Farbe festzustellen und ihn wieder zu löschen, wird man als erstes drei weitere Routinen entwickeln, einen *Geraden-* und *Ellipsengenerator* sowie eine *Füllprozedur*, die eine umrandete Fläche mit einem Muster gänzlich ausfüllt.

Wir wollen uns zunächst dem Streckengenerator zuwenden und einige Forderungen zu seiner Verwirklichung aufstellen. Folgende Punkte sind von Wichtigkeit:

- Der Algorithmus soll so formuliert sein, daß er in Maschinen- wie Hochsprache zu implementieren ist. Fließpunktrechnungen, Divisionen und Multiplikationen sind nach Möglichkeit weitgehend zu vermeiden.

- Die Pixeldichte soll möglichst unabhängig von der Steigung der Geraden und den Halbachsen der Ellipse sein. Mehrfache Überschreibungen sind bei Ausgabegeräten wie Plotter und Drucker zu umgehen, da sie zu ungleichen Schwärzungen führen. Häufungen wie in Figur 2.2 sind auszuschließen.

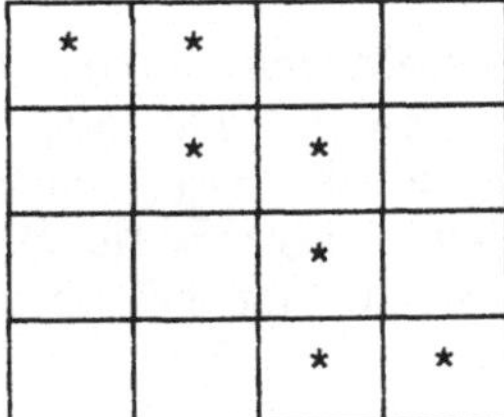

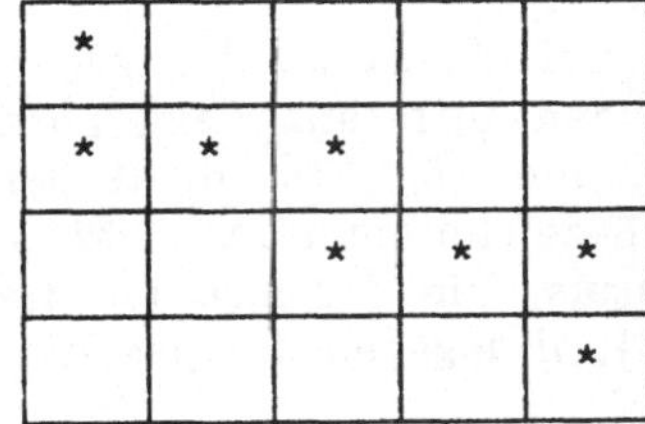

Figur 2.2

- Anfangs- und Endpunkt der Geraden oder Ellipse sollten exakt angenommen werden. Eine nicht geschlossene Ellipse wirkt grotesk, und bei einem Linienzug könnten unschöne Lücken auftreten, Rechenfehler kumulieren.

- Oftmals ist die relative Adressierung eines Punktes schneller zu implementieren als die absolute. Daher muß abgewogen werden, ob es günstiger ist, die Kurve an "einem Stück" zu zeichnen und nur abwechsend x und y zu inkrementieren oder dekrementieren, oder die Symmetrieeigenschaften der Kurve auszunutzen, was absolute Adressierung unumgänglich macht.

- Die gesetzten Pixel sollten einen von der wahren Kurve möglichst geringen Abstand haben und sie gleichmäßig verteilt umlagern, d. h. bei der Rasterkonvertierung soll der Punkt von seiner wahren Position an einen möglichst nahen Gitterpunkt des Rasters, den *Alias - Punkt*, verschoben werden. Möglichkeiten, unschöne Treppenzugeffekte zu vermeiden (*Antialiasierung* [R3]), sind zu prüfen.

Zunächst ist man geneigt, die Strecke in Parameterdarstellung

$$(x(t),\ y(t)) := (x0,\ y0) + t\cdot(x1 - x0,\ y1 - y0),\ 0 \le t \le 1, \qquad (2.1)$$

anzunehmen. Dabei kann zum Beispiel bei $(x1,y1) <> (x0,y0)$ der Parameter t die rationalen Werte $n/(|x1-x0|+|y1-y0|)$, $n = 0, 1, \ldots, |x1-x0|+|y1-y0|$, durchlaufen. Sodann werden die Werte $(x(t),y(t))$ zu (xp,yp) gerundet. Das Ergebnis ist jedoch wenig zufriedenstellend, die Pixel liegen zu dicht, häufen sich, und der Bereich der ganzen Zahlen wird verlassen.

Ein einfacher Algorithmus, der im Bereich der ganzen Zahlen arbeitet, kann nach *Bresenham* etwa in folgender Form formuliert werden:

Man vertausche die Koordinaten x und y sowie Anfangspunkt $(x0,y0)$ und Endpunkt $(x1,y1)$ so, daß die Strecke in den neuen Koordinaten (t,u) von $(t0,u0)$ nach $(t1,u1)$ verläuft, $t1 > t0$ gilt und $dt := t1 - t0 \ge$ **abs**$(du) :=$ **abs**$(u1 - u0)$ ist. Die Geradengleichung lautet dann

$$dt\cdot(u - u0) - du\cdot(t - t0) = 0. \qquad (2.2)$$

Der Grundgedanke des Algorithmus besteht nun darin, den Wert der links stehenden Differenz beim Fortschreiten von $(t0,u0)$ nach $(t1,u1)$ zu analysieren und möglichst dicht bei Null zu halten. Daher rührt auch die englische Bezeichnung DDA *(Digital Difference Analyzer)* für diesen Typ von Algorithmus. Die t-Achse ist die treibende mit der größeren Schreibgeschwindigkeit, u dagegen die passive Achse.

Bezeichne dann *sig* das Vorzeichen von *du* und *abweichung* := *dt* **div** *2* den halben Fehler, der entsteht, wenn man vom Startpunkt einen Schritt in Richtung *du* geht. Zu Beginn markiert man den Punkt $(t0,u0)$ und wird $t0$ solange inkrementieren und die Variable *abweichung* um **abs**(*du*) erhöhen, bis *abweichung* den Wert von *dt* übertrifft. Zugleich mit dem letzten Schritt geht die passive Koordinate $u0$ in $u0 + sig$ über und *abweichung* wird um *dt* zurückgesetzt. Der Prozeß setzt sich fort, bis schließlich $t = t1$ gilt und der Endpunkt der Strecke erreicht ist. Will man die Größe *abweichung* nur auf das Vorzeichen prüfen, so sollte man bei −(*dt* **shr** 1) beginnen. Eine Bereichsüberprüfung kann zur Entscheidung, ob der Punkt im sichtbaren Bildschirmfenster liegt, unmittelbar in die Routine einbezogen werden. Bei alledem gilt für jeden gezeichneten Punkt (tp,up):

$$\mathbf{abs}[dt\cdot(up - u0) - du\cdot(tp - t0)] \le dt/2.$$

Wir geben in Kapitel 9 ein vollständiges Programm für den Fall dreier Dimensionen und verzichten dabei auf die Voraussetzung $t1 > t0$. Das hat den Vorteil, daß man mehrere Strecken nacheinander durchlaufen kann ohne abzusetzen. In [B6] sind die Erfahrungen mit DDA's ausführlich dargelegt.

Aufgabe 2.2
Man programmiere den Bresenham-Algorithmus (vgl. Programm A.4) und gebe die Punktfolge der Strecke mit Anfangspunkt (0,0) und Endpunkt (10,5) an.

Anleitung
Man mache eine Skizze und vergleiche das Ergebnis mit der wahren Strecke.

Aufgabe 2.3
Verfügt man anstelle der beiden Intensitätsstufen 0 und 1 über mehrere Zwischenwerte zur Einfärbung eines Bildschirmpunktes, so kann man den Treppeneffekt bei der Rasterkonvertierung einer Strecke abschwächen, indem man die Intensität des betrachteten Pixels mit der Variablen *abweichung* steuert: Je weiter man sich vom Mittelwert entfernt, umso mehr wird die Intensität in Richtung der treibenden Achse zurückgenommen und auf das in Richtung der passiven Achse angrenzende Pixel übertragen. Man modifiziere den Linienalgorithmus entsprechend.

In etwas einfacherer Form kann der Algorithmus so formuliert werden:

```
procedure line(x0, y0, x1, y1, farbe : integer);
var x, y, xstep, ystep, abweichung : integer;
begin
x := x0; y := y0; dy := abs(y1 - y0);
dx := abs(x1 - x0); abweichung := dx - dy;
plot(x, y, farbe);
if x1 > x0 then xstep := 1 else xstep := -1;
if y1 > y0 then ystep := 1 else ystep := -1;
while (x <> x1) or (y <> y1) do
  begin
  if abweichung >= 0 then
  begin x := x + xstep; abweichung := abweichung - dy end;
  if abweichung < 0 then
  begin y := y + ystep; abweichung := abweichung + dx end;
  plot(x, y, farbe);
  end;
end;
```

Algorithmus 2.3

Der Nachteil dieser sehr ökonomischen Routine besteht darin, daß sich bisweilen **line**(*x0,y0,x1,y1,farbe*) <> **line**(*x1,y1,x0,y0,farbe*) ergibt, wobei dann die eine Gerade um ein Pixel unterhalb der zweiten verläuft. Ansonsten ist der Algorithmus wegen der ausschließlichen Verwendung der Integerarithmetik sehr schnell, läßt sich jedoch schwerlich auf den Fall dreier Dimensionen übertragen.

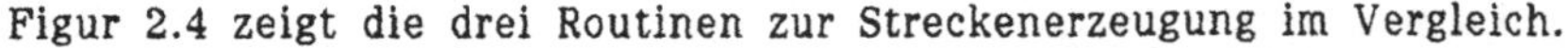

Figur 2.4 zeigt die drei Routinen zur Streckenerzeugung im Vergleich.

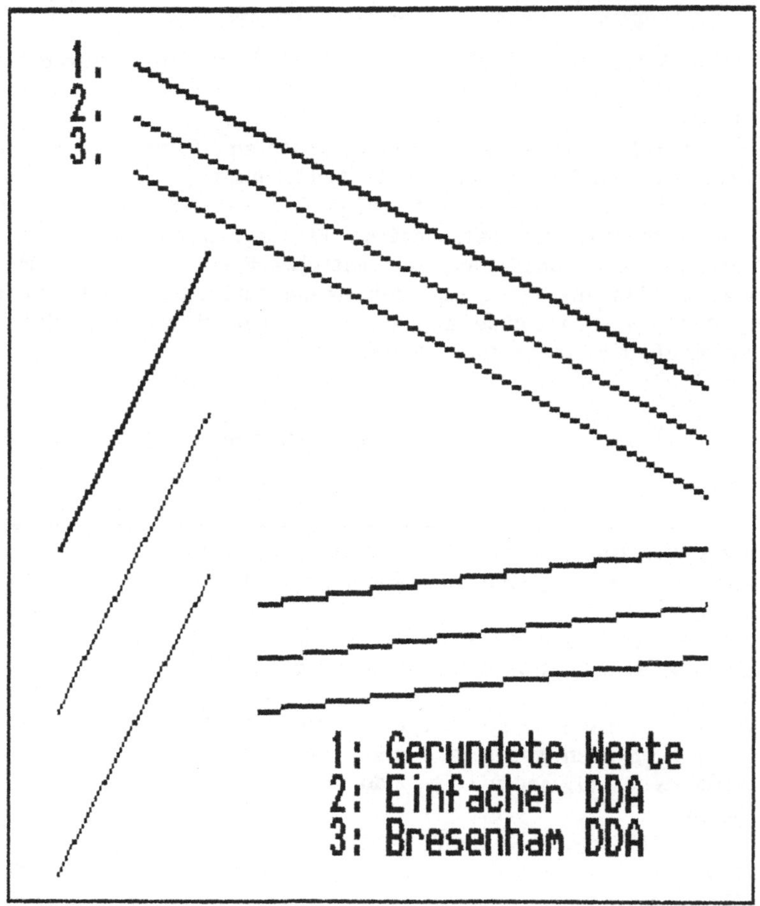

Figur 2.4

Aufgabe 2.4
Man überlege sich im Falle $(x1,y1) <> (x0,y0)$ Verbesserungen des Rundungsalgorithmus zu (2.1), indem man anders parametrisiert, z. B. durch $t = n/M$ mit $M := \mathbf{max}(|x1-x0|,|y1-y0|)$ oder $t = n \cdot 2^{-k}$, mit $2^{k-1} < M \leq 2^k$, $n = 0, 1, \ldots, 2^k$. Zur Berechnung der Inkremente kann dann ein Rechtsshiftbefehl eingesetzt werden.

Aufgabe 2.5
Man zeige für den Algorithmus 2.3, daß der erste Schritt immer in Richtung der treibenden Achse gemacht wird und daß $y1$ erst im letzten Schritt erreicht wird. Welche Unsymmetrie ergibt sich dadurch für die Lage der Strekke?

Anleitung
Man beweise, daß die Variable *abweichung* zu Beginn in $(x0,y0)$ den gleichen Wert wie beim Erreichen des Endpunkts $(x1,y1)$ besitzt, und schließe daraus auf den letzten Schritt.

Kommen wir nun zu dem *Ellipsengenerator*, dem eigentlich das gleiche Konstruktionsprinzip zugrunde liegt. Wir gehen von der Gleichung der *Ellipse* mit Mittelpunkt (0,0) und den Halbachsen a und b aus,

$$x^2/a^2 + y^2/b^2 = 1 \text{ oder } b^2x^2 + a^2y^2 = a^2b^2, \tag{2.3}$$

wollen noch nicht Drehungen miteinbeziehen und starten im Punkt $(0,b)$, der der Gleichung von vorneherein genügt. Setzen wir $d(x,y) := b^2x^2 + a^2y^2 - a^2b^2$ als Maß für die Abweichung eines Punktes (x,y) von der Kurve an, so ergibt sich für den Punkt $(1,b)$ dann $d(1,b) = b^2$. Erniedrigt man dagegen y, so findet man $d(0,b-1) = a^2-2ba^2$. Daher initialisieren wir zwei Fehlerzähler zu $fehler1 := b^2$ und $fehler2 := 2ba^2 - a^2$. Wie beim Liniengenerator setzen wir die Variable *abweichung* auf einen Startwert $2ab$ und passen ihren Wert bei einer Inkrementierung von x bzw. einer Dekrementierung von y mit Hilfe der Fehlerzähler *fehler1* und *fehler2* an. Alle Rechnungen können im Longinteger-Bereich $(-2^{31}, 2^{31})$ ausgeführt werden. Es ist jedoch zu berücksichtigen, daß sich *fehler1* bei einem Schritt in x-Richtung gemäß der Formel $d(x+1,y) - d(x,y) = (2x+1)b^2$ um $2b^2$ erhöht, *fehler2* aber um $2a^2$ zu reduzieren ist wegen $d(x,y) - d(x,y-1) = (2y-1)a^2$. Die Entscheidung, ob x erhöht oder y erniedrigt wird, kann man so treffen, daß der Wert von *abweichung* möglichst nahe an Null liegt. Natürlich reicht es, den Ellipsenbogen

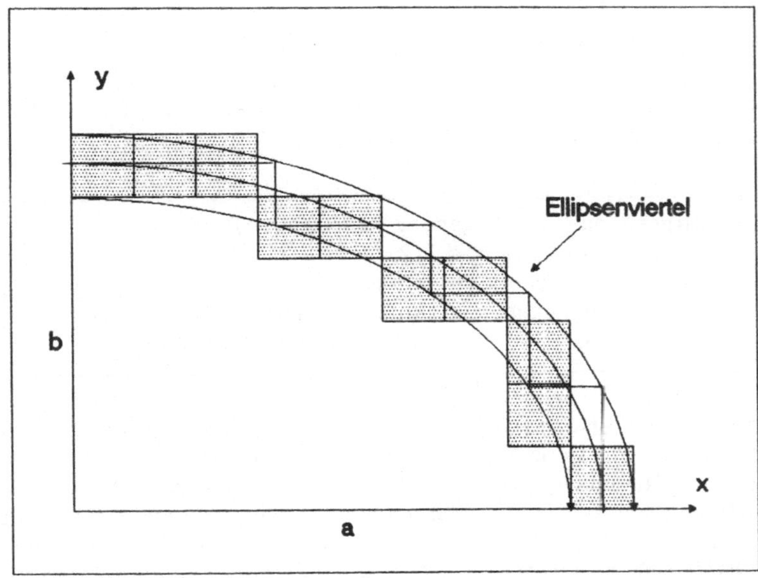

Figur 2.5

nur im ersten Quadranten zu berechnen. Die Achsensymmetrie erlaubt, die fehlenden anderen drei Teilbögen mitzuzeichnen (vgl. Figur 2.5). Im Programm **ellipse1** ist die entsprechende Routine in *TURBO BASIC* realisiert. Der Initialisierungswert von *abweichung* hat sich als tragfähig auch im Falle sehr unterschiedlicher oder kleiner Halbachsen herausgestellt. Man kann die Routine verbessern und symmetrisch gestalten, indem man im Fall $b > a$ die Halbachsen mit **swap** *(a,b)* vertauscht, einen *flag* setzt und dann **call zeichnen** *(y,-x)* aufruft.

Ein zweiter Algorithmus stützt sich auf die Darstellung der Ellipse in *elliptischen Polarkoordinaten* $x = a \cos t$ und $y = b \sin t$. Beim Übergang von t nach $t + dt$ folgt

$$\begin{aligned} xn &= a \cos(t+dt) = a \cos t \cos dt - a \sin t \sin dt, \\ yn &= b \sin(t+dt) = b \sin t \cos dt + b \cos t \sin dt. \end{aligned} \tag{2.4}$$

Bei vorgegebener Fehlergenauigkeit werden die Größen $\cos dt$ und $\sin dt$ einmalig berechnet, und (2.4) stellt dann einen genauen Schrittalgorithmus dar, wie er so in vielen Programmen verwirklicht ist. Man kann (2.4) noch vereinfachen. $\delta := \sin dt$ ist eine infinitesimale Größe. Vernachläßigt man daher die Terme der Ordnung δ^2, so findet man

$$xn = x - y \cdot a\delta/b \quad \text{und} \quad yn = x \cdot b\delta/a + y. \tag{2.5}$$

Rechentechnisch und auch theoretisch ist es günstiger, da es sich im Kreisfall $a = b$ bei der Transformationsmatrix in Wirklichkeit um eine "Drehmatrix" (vgl. Kapitel 4) mit Eigenwerten vom Betrag 1 handelt, mit einer abgewandelten Formel zu arbeiten, die diese Eigenschaft erhält:

$$xn = x - y \cdot a\delta/b, \quad yn = xn \cdot b\delta/a + y. \tag{2.6}$$

Befindet sich der Punkt (0,0) oben links am Bildschirm, so finden wir mit (2.6) folgende algorithmische Formulierung:

Ein Ellipsenbögen erzeugender Schrittalgorithmus:
a, b : Halbachsen; $\delta < 2/(a + b)$
$\delta 1 := a \cdot \delta/b;\ \delta 2 := b \cdot \delta/a;$
Durchlaufe den Bogen vom Anfangs- zum Endpunkt mittels
$x := x + \delta 1 \cdot y;\ y := y - \delta 2 \cdot x;$ **plot(round**(x)**,round**(y)**)**

Der Algorithmus erweist sich besonders dann als günstig, wenn eine schnelle relative Adressierung hardwaremäßig implementiert ist, - es muß ja nur immer ein Nachbarpunkt gesetzt und seine Adresse und Maske entsprechend modifiziert werden -, oder wenn man einen Ellipsenbogen zu zeichnen hat (vgl. Routine **ellipse2**). Er ist in dieser Form für den Kreis in der *Microsoft Basic* 6502 Assembler-Version verwirklicht. In einer Hochsprachenformulierung kann der Vorteil leider nicht genutzt werden.

Die effektivste Methode besteht wohl darin, eine Tabelle von z. B. zehn Sinuswerten zwischen 0 und 1 abzulegen und die vier symmetrischen Ellipsenbögen durch einen Polygonzug anzunähern wie im Programm **ellipse3**. Allerdings ist die Dimension der Tabelle von der Feinheit des approximierenden Streckenzuges bestimmt, die wiederum mit der Auflösung am Bildschirm zusammenhängt (vgl. Aufgabe 1.14). In Anwendung der Methoden aus Kapitel 4 können nun auch Ellipsen gezeichnet werden, die sich nicht in Normallage befinden, indem man den Polygonzug mit den vierzig Ecken dreht.

Ein DDA-Algorithmus kann auch für andere Kurven und Flächen zweiter Ordnung in der Weise, wie oben gezeigt, verwendet werden. Hier bieten sich Hyperbeln, Parabeln und Ellipsoide an. Verfolgt man beispielsweise eine Strahlgerade im Raum, so wird man ihren Ortsvektor $(x,y,z)^T$ in die Gleichung des Ellipsoids $d(x,y,z) := x^2 \cdot b^2 c^2 + y^2 \cdot a^2 c^2 + z^2 \cdot a^2 b^2 - (abc)^2 = 0$ einsetzen. Beim Durchtritt durch die Oberfläche wechselt d sein Vorzeichen. Entscheidend ist nun die Differenz beim Übergang von (x,y,z) nach $(x+Dx,y+Dy,z+Dz)$. Wir finden

$$d(x+Dx,y+Dy,z+Dz)-d(x,y,z) = (2Dx+Dx^2)b^2c^2+(2Dy+Dy^2)a^2c^2+(2Dz+Dz^2)a^2b^2.$$

Nehmen wir weiter $Dx = \pm 1$, $Dy = \pm 1$, $Dz = \pm 1$ an, so ändert sich d bei jedem Schritt nur um eine feste additive Größe. Im Longinteger-Bereich reichen daher Additionen und Subtraktionen zur Aktualisierung von d.

```
program ellipse1
deflng a-g :' long integer
defint x-y :' integer

sub zeichnen (x,y)
  pset(x,y) : pset(x,-y)
  pset(-x,y) : pset(-x-y)
end sub

sub ellipse (a,b) 'Mittelpunkt (0,0)
local abweichung,fehler1,fehler2,x,y
x=0 : y=b : a2=2*a*a : b2=2*b*b
fehler1=b*b : fehler2=a2*b-a*a
abweichung=2*a*b
do while (y>=0) and (x<=a)
  call zeichnen (x,y)
  if abweichung >= 0 then
  abweichung=abweichung-fehler1
  fehler1=fehler1+b2
  incr x : end if
  if abweichung < 0 then
  abweichung=abweichung+fehler2
  fehler2=fehler2-a2
  decr y : end if
loop
x=a : do while y>=0
  call zeichnen (x,y) : decr y
loop
end sub

'Hauptprogramm

do until a*b>0
  input "Achsen a,b: ";a,b
loop
'Bildschirmkreis: b=5*a/6
input"Zentrum: "; x0,y0
'-160≤x0<160, -100≤y0<100
screen 1,0
'modus CGA, 320x200 Punkte
window(-160-x0,100-y0)
        -(159-x0,-99-y0)
'Mittelpunkt -> (0,0)
call ellipse (a,b)
end
```

```
program ellipse2
defint a-v

sub ellipse (a,b) ' a,b > 0
local u,v,x,y,un,vn,xn,yn,z,z1,z2
shared a1,b1 'globale Variablen
'Anfangspunkt auf kurzer Achse
x=a1 : y=b1 : u=x : v=y
pset (u,v) : un=0 : vn=0 : z=1
do while ((a+b)*z)>2.0)
  z=z/2
loop
z1=a*z/b : z2=b*z/a
do until (vn=b1) and (un=a1)
  xn=x+z1*y : yn=y-z2*xn
  un=cint(xn) : vn=cint(yn)
  line -(un,vn)
  x=xn : y=yn
loop
end sub

'Hauptprogramm

input"Achsen a,b: ";a,b
if a>=b then a1=0 : b1=b else
                       a1=a : b1=0
input"Zentrum x0,y0: ";x0,y0
.....
.....
```

```
program ellipse3
defing a-v :' long integer
defint x-z
sub ellipse (a,b)
local x,y,xn,yn,z
shared c() 'Sinustabelle
x=a : y=0
for z=1 to 10
  yn=cint((b*c(z))/1024) 'shr 10
  xn=cint((a*c(10-z))/1024)
  line (x,y)-(xn,yn)
  line (-x,y)-(-xn,yn)
  line (-x,-y)-(-xn,-yn)
  line (x,-y)-(xn,-yn)
  x=xn : y=yn
next
end sub

'Hauptprogramm

  c(0)=0: c(1)=160: c(2)=316
  c(3)=465: c(4)=602: c(5)=724
  c(6)=828: c(7)=912: c(8)=974
  c(9)=1011: c(10)=1024

input"Achsen a,b: ";a,b
input"Zentrum x0,y0: ";x0,y0
........
........
```

2.3 Polygone

Ausgehend vom Grundelement der Strecke kann man nun durch Aneinanderreihung einen *Streckenzug* erzeugen. Dieser ist dann durch Angabe der Liste L der Streckenendpunkte wohldefiniert: $L := \{(x_1,y_1), \ldots, (x_N,y_N)\}$. Gilt $(x_1,y_1) = (x_N,y_N)$, sind alle weiteren Punkte verschieden und schneiden sich die Verbindungsstrecken der N Punkte nicht, so spricht man von einem einfach geschlossenen *Polygon*. Die Punkte der Liste heiβen *Ecken*, die Strecken *Kanten* des Polygons. Ein einfach geschlossenes Polygon zerlegt nach *Jordan* die Ebene in ein beschränktes Innengebiet und ein unbeschränktes Auβengebiet, deren Rand der Streckenzug selbst ist. Treffen die Verbindungsstrecken zwischen zwei beliebigen Ecken des Polygons das Auβengebiet nicht, so spricht man von einem *konvexen* Polygon. Es dient als approximierende Kurve für Kreise, Ellipsen etc., Polygonflächen als Bausteine von Körpern im Raum wie Quader, Parallelepiped und Pyramide. Allgemein heiβen aus Polygonflächen zusammengesetzte Körper *Polyeder*. Wir werden sie in Kapitel 11 noch näher untersuchen. Das folgende kleine *PASCAL*-Programm erzeugt ein Polygon am Bildschirm (vgl. Beispiel 1.3, [F1]):

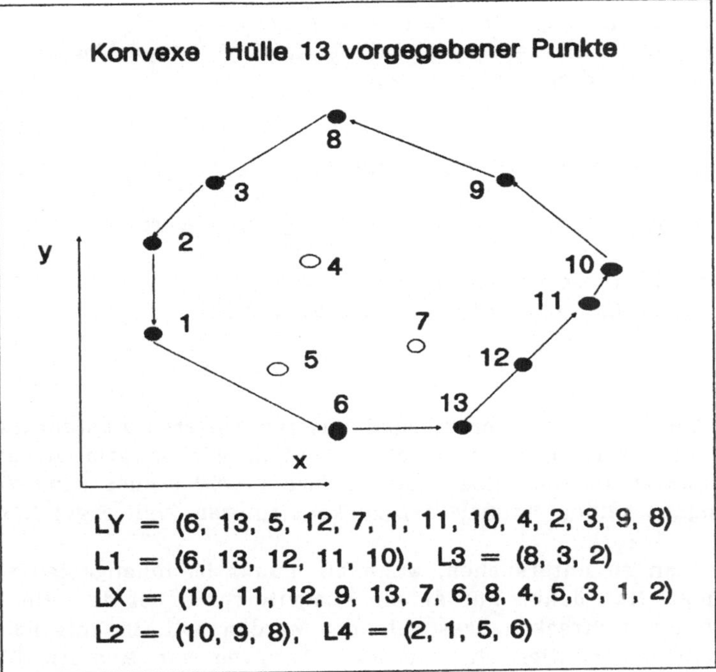

Figur 2.6

```
program polygon;

type
   ptr = ^punkt;
   punkt = record
              x, y : integer;
              vorp : ptr
           end;


var
  fertig : boolean;
  ch : char;
  p, spitze : ptr;

(* Hauptprogramm : Polygon erstellen - die eingegebenen Punkte müssen in
   der Durchlaufreihenfolge den Ecken entsprechen *)
begin
clrscr ; fertig := false ; spitze := nil;
while not fertig do
```

```
  begin
  new(p) ; write('punkt (x,y): ') ; read(p^.x, p^.y) ;
  p^.vorp := spitze; spitze := p; writeln(' fertig (j/n)'); read(kbd,ch);
  if upcase(ch) = 'J'  then fertig := true ;
  end ;
(*zeichnen *)
hires ; p := spitze ; while p^.vorp <> nil do
   begin
   draw(p^.x, p^.y, p^.vorp^.x, p^.vorp^.y, 1) ; p := p^.vorp ;
   end ;
p^.vorp := spitze ; (* Verketten *)
draw(p^.x, p^.y, spitze^.x, spitze^.y, 1) ; read(kbd,ch)
end.
```

Zwei Aufgaben stehen im Vordergrund unserer weiteren Ausführungen. Zunächst soll ein Algorithmus beschrieben werden, der es erlaubt, aus einer Menge von Punkten in einer Ebene ein einfach geschlossenes konvexes Polygon durch Angabe seiner Punktliste L zu konstruieren (vgl. Figur 2.6).

Weiter ist dann zu untersuchen, wann ein Punkt im Innengebiet eines Polygonzuges liegt. Man denke nur an ein Computerspiel, bei dem ein Flugkörper innerhalb eines Streckenzuges gelandet werden soll. Im folgenden Kapitel besprechen wir schließlich, wie man Polygone mit Mustern füllt oder schraffiert.

2.4 Algorithmus zur Konstruktion der konvexen Hülle aus N vorgegebenen Punkten des R^2

1) Gegeben seien N Punkte (Xk,Yk), $k = 1, \dots, N$, in der Ebene. Es soll die konvexe Hülle H dieser Punkte bestimmt werden. Der Rand ist dann ein Polgonzug, dessen Ecken von einer Untermenge der N Punkte gebildet werden. Die verbleibenden Punkte liegen nicht im Äußeren. Verbindet man je zwei Punkte aus H durch eine Strecke, so verläuft die gesamte Strecke innerhalb oder auf dem Rand von H.

2) Zunächst ordnet man die Punkte (Xk,Yk) in einer Liste LY[1..N] *lexikographisch* bezüglich der zweiten Koordinate Yk und Xk an, d. h. es gilt $Yk > Yi$ für $k > i$ und $Xk > Xi$, wenn $Yk = Yi$. Sodann vertauscht man (Xk,Yk) in $(Yk,-Xk)$ und bringt diese dann nach denselben Kriterien lexikographisch geordnet in der Liste LX[1..N] ein.

3) Die beiden Listen LY und LX werden nunmehr nach folgenden Kriterien in je zwei Listen umgewandelt:

L1 entsteht aus LY und L2 aus LX, indem man nur Punkte mit größerer erster Koordinate, als der Vorgänger sie besitzt, beläßt und alle anderen eliminiert. L3 und L4 bestehen aus Punkten mit kleinerer erster Koordinate als der Nachfolger. Man beginnt also beim Aussortieren der Punkte von hinten.

4) Auf alle vier Listen L1 bis L4 kann nun die folgende Prozedur angewendet werden:

a) Man startet im ersten Punkt (xp,yp) der vorliegenden Liste.

b) Es erfolgt Eintrag von (xp,yp) in die Liste L der Randpunkte des Polygons, wenn der Punkt vom Vorgänger in L verschieden ist.

c) Man bildet der Reihe nach die Quotienten $(y-yp)/(x-xp)$ für alle weiteren Punkte (x,y) der betrachteten Liste. Sie sind nach der Konstruktionsvorschrift aus Punkt 2 und 3 alle nicht-negativ.

d) Der nächste Randpunkt des konvexen Polygons ist dann der Punkt, der als letzter der Liste den kleinsten Quotienten besitzt.

e) Ist der Randpunkt der letzte Punkt der Liste, so ist die Prozedur beendet, ansonsten wird der gefundene Punkt zu (xp,yp) und man beginnt wieder bei b).

Aus der Abarbeitung aller vier Listen L1 bis L4 resultiert eine vollständige Liste L der Randpunkte des Polygons, dessen Umlaufsinn entgegen dem Uhrzeiger angenommen ist. Dabei ist der Anfangspunkt natürlich gleich dem Endpunkt.

2.5 Algorithmus zur Bestimmung der Lage eines Punktes bezüglich eines einfach geschlossenen Polygons

Eine weitere wichtige Aufgabe im Zusammmenhang mit einfach geschlossenen Polygonzügen besteht darin festzustellen, ob ein Punkt P mit den Koordinaten (xp,yp) im Inneren, auf oder außerhalb des Kurvenzuges liegt. Dieser möge durch seine Eckenliste $L : \{(x[i],y[i]),\ i = 0, \ldots ,n\}$ festgelegt sein, die so durchlaufen werde, daß das Innengebiet links liegt. Es gelte dann noch $(x[0],y[0]) = (x[n],y[n])$. Mittels einer Translation $x[i] \rightarrow x[i] - xp,\ y[i] \rightarrow y[i] - yp$ wird der Punkt P in den Ursprung des Koordinatensystems verlegt. Sodann stellt man für jede Kante i fest,

- ob der Punkt auf der Kante liegt,
- ob und von welcher Seite her die Kante die negative y-Achse durchstößt oder
- ob die Kante die negative y-Achse nur erreicht oder wieder verläßt.

Im ersten Fall wird die Nummer der Kante direkt ausgegeben, ansonsten ein Zähler um zwei erhöht oder erniedrigt, wenn die Kante von links bzw.

rechts die negative y-Achse durchstößt. Im dritten Fall wird der Zählerwert je nach Richtung jedoch nur um eins verändert. Ist am Ende die Zählerdifferenz positiv, so liegt der Punkt im Inneren. Wir geben den Kern des Algorithmus, der auch bei nicht einfach geschlossenen Polygonen arbeitet, in *PASCAL* an:

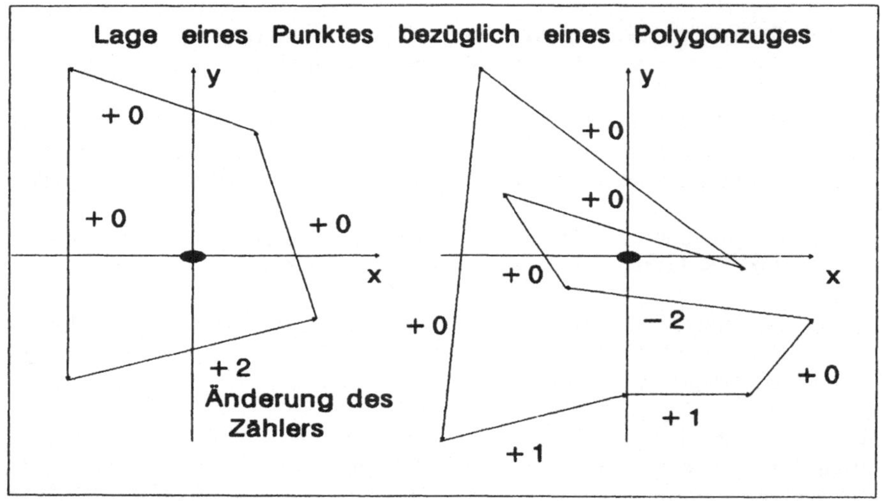

Figur 2.8

```
program punkt_in_polygon;
var
.......
procedure polygon_und_punkt;
.......

begin
polygon_und_punkt;
(* Polygonecken (x[i], y[i]) und Punkt (xp,yp) eingeben *)
i := 0 ;  zaehler := 0 ; rand := false ;(* Startindex *)
repeat
  dx := x[i+1] - x[i] ; dy := y[i+1] - y[i] ;
  dx1 := xp - x[i] ; dx2 := x[i+1] - xp ;
  dy1 := yp - y[i] ; dy2 := y[i+1] - yp ; { Koordinatenverschiebung }
  sgnx := 1; if dx < 0 then sgnx := -1 else if dx = 0 then sgnx := 0;
  sgny := 1; if dy < 0 then sgny := -1 else if dy = 0 then sgny := 0;
  if sgnx = 0 then (* Kante senkrecht *)
     begin
     if (dx1=0) and (dy1*sgny>=0) and (dy2*sgny>=0) then  rand:=true
     end
```

```
      else  (* Kante nicht senkrecht *)
       if (dx1*sgnx>=0) and (dx2*sgnx>=0) then
         begin
         d := sgnx*(dx*dy1 - dy*dx1) ;
         if d = 0 then rand:=true ;
         if d > 0 then
            begin
            if dx1*dx2 > 0 then zaehler := zaehler + 2*sgnx
              else zaehler := zaehler + sgnx
            end
         end ;
    i:=i + 1
  until rand or (i=n) ;
  if rand then write('der Punkt liegt auf der ',i,' ten Kante ')
          else if zaehler > 0 then write('der Punkt liegt im Inneren ')
                 else write('der Punkt liegt im Äußeren ')
  end.
```

Algorithmus 2.7

Das genaue Vorgehen wird noch einmal in Figur 2.8 verdeutlicht. Im ersten Fall haben wir ein konvexes Polygon vorliegen, das entgegen dem Uhrzeigersinn durchlaufen wird. Das beschränkte Innengebiet liegt beim Durchlauf immer links. Die Gesamtänderung des Zählers beträgt zwei, der Punkt liegt im Inneren. Im rechten Teil der Figur ist zweitens ein nicht-konvexes Polygon gewählt, das den Punkt umgeht. Die Gesamtsumme des Zählers verschwindet.

2.6 Konstruktion einer Ellipse durch drei Punkte

Problemstellung:

Vorgegeben seien die drei Punkte $(X1,Y1)$, $(X2,Y2)$ und $(X3,Y3)$ sowie der Mittelpunkt (M,N). Die Ellipsengleichung sei in Normallage durch

$$B^2 \cdot (X - M)^2 + A^2 \cdot (Y - N)^2 = A^2 \cdot B^2 \tag{2.7}$$

mit den Hauptachsen A und B bestimmt. Gegeben ist der Faktor A/B, gesucht sind A, M und N.

Lösung:

Wir stellen insgesamt drei Bestimmungsgleichungen auf. Zunächst setzen wir $X=-U+X1$, $Y=-V+Y1$ und finden die neue Beziehung

$$B^2 \cdot (U-(X1-M))^2 + A^2 \cdot (V-(Y1-N))^2 = A^2 \cdot B^2$$

oder

$$B^2 \cdot (U^2+2 \cdot U \cdot (M-X1)) + A^2 \cdot (V^2+2 \cdot V \cdot (N-Y1)) = 0.$$

Wählen wir zuerst für U und V die Größen $X1-X2$ bzw. $Y1-Y2$. Einsetzen ergibt

$$B^2 \cdot (X2^2+2 \cdot M \cdot (X1-X2)) + A^2 \cdot (Y2^2+2 \cdot N \cdot (Y1-Y2)) = B^2 \cdot X1^2+A^2 \cdot Y1^2$$

und

$$M \cdot (X1-X2) \cdot 2 \cdot B^2 + N \cdot (Y1-Y2) \cdot 2 \cdot A^2 = B^2 \cdot (X1^2-X2^2)+A^2 \cdot (Y1^2-Y2^2).$$

Setzen wir dagegen $X1-X3$ und $Y1-Y3$ ein, so finden wir

$$M \cdot (X1-X3) \cdot 2 \cdot B^2 + N \cdot (Y1-Y3) \cdot 2 \cdot A^2 = B^2 \cdot (X1^2-X3^2)+A^2 \cdot (Y1^2-Y3^2).$$

In den beiden Gleichungen taucht nach Division durch B^2 noch der Faktor $(A/B)^2$ auf, der aber bekannt ist. Kürzen wir sie ab zu

$$M \cdot R1 + N \cdot S1 = T1 \text{ und } M \cdot R2 + N \cdot S2 = T2,$$

so ist ihre Lösung durch

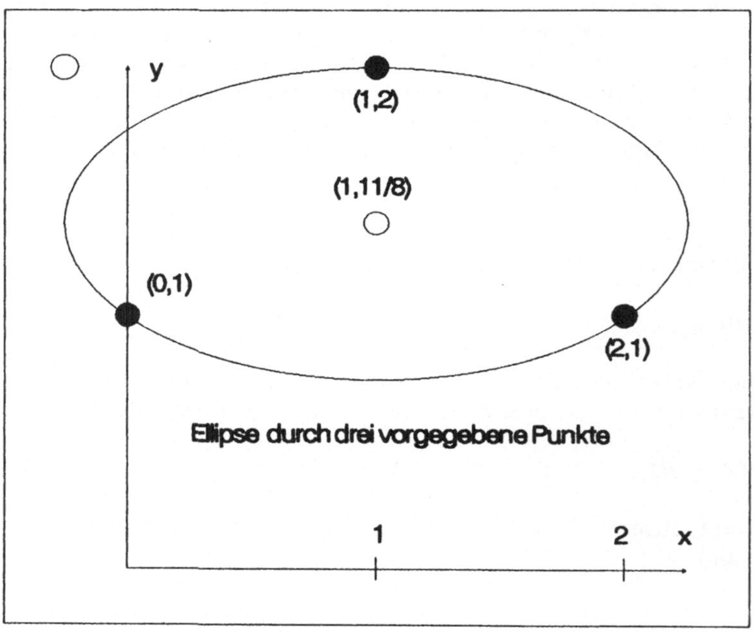

Figur 2.9

$$M = (T1 \cdot S2-T2 \cdot S1)/(R1 \cdot S2-R2 \cdot S1) \text{ , } N = (R1 \cdot T2-R2 \cdot T1)/(R1 \cdot S2-R2 \cdot S1)$$

gegeben, und wir haben den Mittelpunkt gefunden. A^2 erhalten wir aus der Beziehung

$$A^2 = (X1-M)^2 + (A/B)^2 \cdot (Y1-N)^2.$$

Rechenbeispiel:

Seien die drei Punkte (2,1), (1,2), (0,1) gegeben und gelte $A^2/B^2 = 4$. Dann folgt:

$$R1 = 2,\ S1 = -8,\ T1 = 3+4\cdot(-3) = -9,\ R2 = 4,\ S2 = 0,\ T2 = 4.$$

Mit der Lösungsformel ergibt sich:

$$M = (0+32)/(0+32) = 1,\ N = (8+36)/32 = 11/8,\ A^2 = 1+4\cdot 9/64 = 25/16,\ A = 5/4,\ B = 5/8.$$

Die Ellipsengleichung nach (2.7) lautet somit

$$16\cdot(X - 1)^2 + (8\cdot Y - 11)^2 = 25.$$

Konstruktionshinweis:

Zur Konstruktion mit der GEM-Software geht man beispielsweise so vor: Man klickt das *Ellipsensymbol* an und führt den Mauszeiger auf den Punkt $(M-A,N+B) = (-1/5,2)$. Sodann fährt man bei festgehaltener Taste bis zum Punkte $(M+A,N+B) = (2.2,2)$ und zum Öffnen der Ellipse senkrecht nach unten, bis sie durch die drei Punkte geht, wie Figur 2.9 zeigt.

In diesem Zusammenhang seien zwei wichtige Konstruktionselemente der Graphiksoftware erläutert, die *Suchautomatik* und die *Gummibandfunktion*. Um das Auffinden von Koordinatenpunkten zu erleichtern, können ein Punktraster dem bekannten Millimeterpapier vergleichbar und ein Lineal eingeblendet werden. Zudem ist die Skalierung des Rasters vorwählbar von beispielsweise 1 mm bis zu 1 cm je nach den Konstruktionsvorgaben. Ist nun die Suchoption eingeschaltet, so kommen als Anfangspunkte von Konstruktionselementen wie Linie und Kurvenstück nur die markierten Gitterpunkte infrage, das Fadenkreuz wird automatisch zum nächstliegenden geführt. So kann auch bei mittelmäßiger Auflösung am Bildschirm eine hohe Konstruktionsgenauigkeit erreicht werden, da intern die exakten rationalen Koordinatenwerte Verwendung finden. Sind dagegen Schnittpunkte zu konstruieren, die nicht auf dem Gitter liegen, muß man die Suchoption abschalten. Bekanntlich treten bei den klassischen geometrischen Konstruktionen mit Zirkel und Lineal Quadratwurzeln auf. So ist in der Regel die Suchoption nur zu Beginn einer Konstruktionszeichnung verwendbar. Später wird man versuchen, durch Ausschnittsvergrößerungen mit der *Lupenfunktion* die verlangte Präzision zu erreichen. Hier kann man bei vier- bis achtfacher Vergrößerung bis auf ein zehntel Millimeter genau positionieren. Allerdings müssen große Objekte zusammengestückelt werden, da der Bildausschnitt zu klein geworden ist.

Eine weitere Hilfe bei der Einpassung neuer Elemente bietet die Gummibandfunktion. Hat man beispielsweise den Anfangspunkt eines Rechtecks gewählt und fährt bei gedrückter Maustaste mit dem Mauszeiger in Richtung des gegenüberliegenden Punktes, so dehnt sich das Rechteck gummibandförmig aus. Manchmal wird durch Blinken der provisorische Eindruck unterstrichen. Hat man den "Endpunkt" erreicht und gefällt einem die Lage des neuen Elements, so läßt man die Maustaste los, und das Rechteck ist positioniert.

Bei einer vektororientierten Software wird das Element in den Display-File, bei einer pixelorientierten Graphik in den Hintergrundspeicher aufgenommen. Zu Ende der Sitzung kann die entsprechend aufbereitete Datei in eventuell komprimierter Form abgespeichert werden und steht für eine Ausgabe vermittels eines geeigneten Treibers zur Verfügung.

Aufgabe 2.6
Man optimiere den Algorithmus aus 2.4 zur Erzeugung der konvexen Hülle aus N Punkten und programmiere ihn. Sind alle Sortiervorgänge erforderlich? Sollte das Löschen überzähliger Punkte ausgeführt werden, und wie kann man die Division der Differenzen umgehen?

Aufgabe 2.7
Man modifiziere den Ellipsengenerator nach *Bresenham* für eine um den Winkel Φ gedrehte Ellipse mit Mittelpunkt (0,0) und Halbachsen a und b.

Anleitung
Ausgehend von den Parametern a, b, Φ und der Aspektratio r des Bildschirms runde man die Koordinaten der Scheitelpunkte $x_0 = a \cos \Phi$, $y_0 = r\, a \sin \Phi$, $x_1 = -b \sin \Phi$, $y_1 = r\, b \cos \Phi$. Die Ellipsengleichung geht dann über in

$$d := (y_1^2 + y_0^2)x^2 - 2(x_1y_1 + x_0y_0)xy + (x_1^2 + x_0^2)y^2 - a^2b^2 = 0.$$

Man berechne nun die Änderung von d beim Übergang von (x,y) nach $(x\pm1, y\pm1)$, nutze die Symmetrie zur Hauptachse a, betrachte die Bereiche zwischen den Scheiteln, Achsen und Winkelhalbierenden einzeln und ermittle den nächsten Schritt nach Aktualisierung des Wertes von d durch Additionen und Subtraktionen im Longinteger-Bereich. Experimentiere mit Startwerten für d.

Kapitel 3

Clippen und Füllen

In Kapitel 3 geht es um das Kappen von Linien und Polygonen am Bildschirm- oder Fensterrand. Weiter werden direkte und rekursive Algorithmen zum Füllen und Schraffieren von Polygongebieten vorgestellt und die Erzeugung von Mustern erklärt.

3.1 Koordinatensysteme

Ein rechteckiger Ausschnitt aus dem $\mathbf{R}^2$ heißt *Fenster* F mit

$$F := \{ \underline{x} = (x,y)^T \in \mathbf{R}^2 \mid a \leq x \leq b,\ c \leq y \leq d \} \tag{3.1}$$

und den *Weltkoordinaten* (x,y). Fenster können nach Umrechnung auf Gerätekoordinaten (X,Y) in einem *Sichtrahmen* (Viewport) am Ausgabegerät dargestellt werden. Dabei entsprechen im allgemeinen die Randkoordinaten einander:

$$a <-> Xmin,\ b <-> Xmax,\ c <-> Ymin,\ d <-> Ymax,\ x <-> X,\ y <-> Y.$$

Es kommt jedoch auch vor, daß am Schirm der Punkt (0,0) in der linken oberen Ecke liegt. Dann gilt

$$d <-> Ymin,\ c <-> Ymax,$$

und unsere folgende Betrachtung muß modifiziert werden. Geht man davon aus, daß X und Y ganzzahlig sind, so gilt

$$X = \mathbf{round}(Xmin + (Xmax - Xmin)\cdot(x - a)/(b - a)),$$
$$Y = \mathbf{round}(Ymin + (Ymax - Ymin)\cdot(y - c)/(d - c)). \tag{3.2}$$

Die beiden Verhältnisgrößen

$$Punkte\_pro\_Einheit\_x := (Xmax - Xmin)/(b - a)$$
$$Punkte\_pro\_Einheit\_y := (Ymax - Ymin)/(d - c) \tag{3.3}$$

sind konstant und werden im Treiberprogramm festgehalten. Am Bildschirm kann man zum Beispiel $a = c = Xmin = Ymin = 0$ und für b und d die Breite und Höhe des sichtbaren Bildausschnitts in Mikrometern setzen. $Xmax$ ist die Anzahl der Pixel in der Horizontalen, $Ymax$ in der Vertikalen. Befindet sich der Nullpunkt $(X,Y) = (0,0)$ allerdings in der oberen linken Ecke des Schirms, so ist vorher y noch durch eine Transformation in $d - y$ zu überführen. (3.2) lautet dann $Y = \mathbf{round}(Ymin + (Ymax - Ymin)\cdot(d - y)/(d - c))$. Trägt man im Treiberprogramm die Werte $Xmax$, $Ymax$ und die Verhältnisgrößen oder ihre Kehrwerte ein, so kann im Graphikprogramm dann ein genaues Lineal zur Bemessung eingeblendet werden (vgl. Figur 3.1).

Es sind aber auch andere Wahlmöglichkeiten für die Konstanten von Interesse, z. B. $b = d = 1$ und Werte für $Xmin$, $Xmax$, $Ymin$, $Ymax$, die ein kleineres Bildschirmfenster definieren. Bei jeder Wahl ist es erforderlich, graphische Konstruktionen auf den Schirmausschnitt zu begrenzen.

Aufgabe 3.1
Man bestimme die Umrechnungstransformation (3.2) des Fensters F : (−1,−1) − (1,−1) − (1,1) − (−1,1) auf den quadratischen Bildschirmausschnitt V : (150,300) − (400,300) − (400,50) − (150,50).

Da Linien und Polygonzüge die wichtigsten Grundelemente jeder Graphik sind, wollen nun wir Algorithmen zu ihrer Begrenzung und Kappung diskutieren.

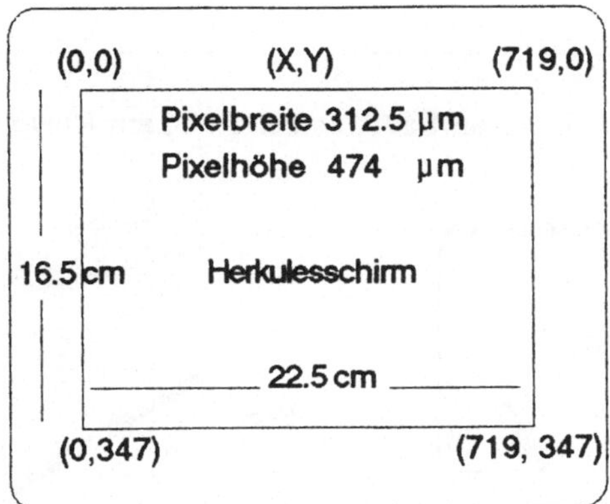

Figur 3.1

3.2 Ein Linienbegrenzungsalgorithmus

Nehmen wir also einen Bildschirmausschnitt an, der durch Geraden, wie zum Beispiel

$$X = Xmin, \ Y = Ymin, \ X = Xmax, \ Y = Ymax$$

begrenzt ist. Linien innerhalb des Fensters können wir unbesorgt zeichnen, Linien außerhalb lassen wir einfach weg und diejenigen, die Schnittpunkte mit dem Rand haben, kappen *(clippen)* wir nach der richtigen Seite. Dabei geht es darum, vom Anfangspunkt der Strecke ausgehend die Linie entlang zu schreiten und eventuelle Schnittpunkte mit dem Rand zu ermitteln. Die Rechnungen können in Welt- oder Schirmkoordinaten vorgenommen werden. Bei letzteren ist allerdings zum Schluß zu runden. Wir setzen die Gleichung der Geraden, die unsere Strecke und eine Seite des Randes enthalten, in allgemeiner Form (vgl. (4.7))

$$a \cdot x + b \cdot y - c = 0, \quad a1 \cdot x + b1 \cdot y - c1 = 0$$

an. *(a1,b1)* ist der unnormierte *Normalenvektor*, der auf der Seite k des

Fensterrandes senkrecht steht und in dasselbe hinein zeigt. Den Schnittpunkt kann zum Beispiel mit der *Cramerschen Regel* ermitteln. Ist die Determinante $det := a \cdot b1 - b \cdot a1$ der Matrix des Gleichungssystems von Null verschieden, so ist $x = (c \cdot b1 - c1 \cdot b)/det$, $y = (a \cdot c1 - a1 \cdot c)/det$ der gesuchte Punkt (vgl. Figur 3.2).

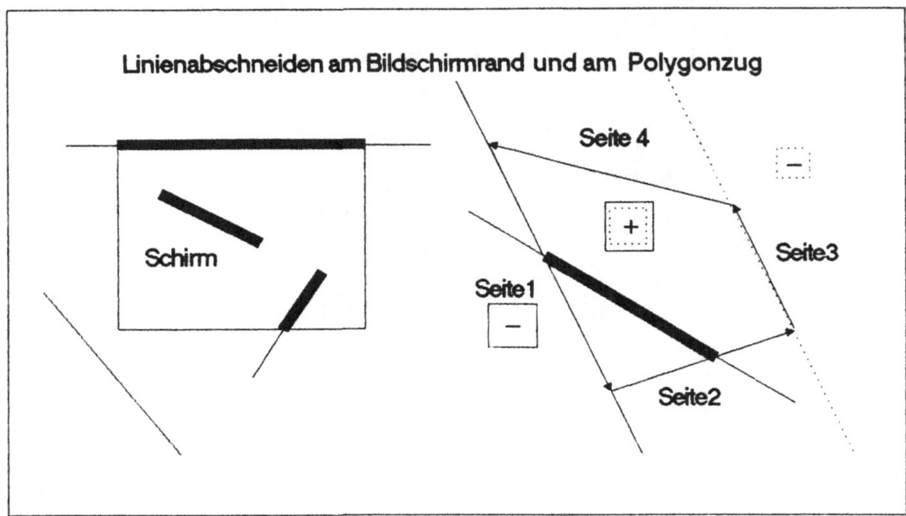

Figur 3.2

Beim Durchgang der Koordinaten (x,y) eines Punktes auf der Strecke durch die Seite k wechselt der Ausdruck $a1 \cdot x + b1 \cdot y - c1$ sein Vorzeichen. Bei unserer Wahl des Normalenvektors ist der Ausdruck positiv, wenn wir uns in der Halbebene des Fensters befinden, in der anderen Halbebene negativ. So haben wir uns eine Orientierung in der Ebene geschaffen. Diese Betrachtungen sind in Grundlagenkapitel 4 noch einmal ausführlich erläutert.

Wir wollen das folgende ausführlich kommentierte Programm noch etwas allgemeiner halten und studieren gleich das *Clippingproblem* mit einem konvexen einfach geschlossenen Polygonzug. Da *Turbo Pascal 3.0* nur ganze Zahlen im Bereich von -2^{15} bis 2^{15} vorsieht, haben wir reelle Koordinaten gewählt. Für die Abarbeitungsgeschwindigkeit wäre die Verwendung 32 Bit langer ganzer Zahlen vorzuziehen. Diese Option ist zum Beispiel in *Turbo Pascal 4.0* verwirklicht. Es sei auch bemerkt, daß sich die Schnittpunktprozedur im Fall achsenparalleler Seiten erheblich vereinfachen läßt. Man kann wie im Bresenham-Algorithmus Divisionen vermeiden oder ein Bisektionsverfahren anwenden in Anlehnung an *Sutherland* und *Cohen* [R3].

```
program Linienbegrenzungsalgorithmus_an_Schirmfenster;

const
  kanten = 4;

type
  gerade = array[1..kanten,1..3] of real;

(* Man verwende nach Möglichkeit überall den Zahltyp long integer *)

const

seite : gerade = ((1, -1, 0),
 (* linker Rand: Gerade a1·x + b1·y - c1 = 0, a1 > 0 *)
                  (-1,8, 80),
 (* unterer Rand: Gerade a2·x + b2·y - c2 = 0, b2 > 0 *)
                  (-1, 1, -200),
 (* rechter Rand: Gerade a3·x + b3·y - c3 = 0, a3 < 0 *)
                  (-1, -1, -360));
 (* oberer Rand: Gerade a4·x + b4·y - c4 = 0, b4 < 0 *)

 (* Schirmfenster:
    konvexer Polygonzug gegen den Uhrzeigersinn durchlaufen *)

var
  x1, x2, y1, y2 : real; (* Anfangs- und Endpunkt der Strecke *)


procedure swap(var a, b : real);

var
   c : real;

begin
c := a; a := b; b := c
end;

function seitentest(a, b, c, x, y : real) : boolean;

(* auf welcher Seite liegt der Punkt (x,y) ? *)

begin
if a*x + b*y - c >= 0  then seitentest := true
else seitentest := false
end;

procedure schnittpunkt(a1, b1, c1, a2, b2, c2 : real;
                        var x, y : real);
```

```
var
  det : real;

begin
det := a1*b2 - a2*b1;
x := (c1*b2 - c2*b1)/det;
y := (a1*c2 - a2*c1)/det;
end;

procedure clipping(var x1, y1, x2, y2 : real);

(* liefert den neuen Anfangs- und Endpunkt der Strecke,
   wenn sie sichtbar ist *)

var
  sichtbar : boolean;
  zaehler, k, kv, kn : byte;
  x, y, dx, dy, det1 : real;

begin
sichtbar := false; zaehler := 0;
dx := x2 - x1; dy := y2 - y1; det1 := dy*x1 - dx*y1;
for  k := 1 to kanten do
  begin
  if seite[k,1]*(x2 - x1) + seite[k,2]*(y2 - y1) < 0 then
       begin swap(x1,x2); swap(y1,y2) end;

  (* (x1,y1)  liegt nun "vor" (x2,y2) *)

  if seitentest(seite[k,1], seite[k,2], seite[k,3], x1, y1) then
  zaehler := succ(zaehler)

  (* (x1,y1) liegt für die betrachtete Seite im Inneren *)

    else if seitentest(seite[k,1], seite[k,2], seite[k,3], x2, y2) then
    begin
    schnittpunkt(seite[k,1], seite[k,2], seite[k,3], dy, -dx, det1, x, y);
    kv := pred(k); if kv = 0 then kv := kanten; kn := succ(k);
    if k = kanten then kn := 1;
    (* Lage bezüglich der vorigen und nachfolgenden Seite testen *)

    if (seitentest(seite[kv,1], seite[kv,2], seite[kv,3], x, y) and
        seitentest(seite[kn,1], seite[kn,2], seite[kn,3], x, y)) then
      begin
      x1 := x; y1 := y; sichtbar := true (* neuer Anfangspunkt *)
      end
    end
  end;

  (* alle Kanten durchprobiert *)
```

```
if sichtbar or (zaehler=kanten)(* Strecke lag von Anfang an im Inneren *)
  then draw(round(x1), round(y1), round(x2), round(y2), 1)
end;

(* Test *)
begin
graphmode;

draw(240,40,280,80,1); draw(11,11,240,40,1); draw(180,180,280,80,1);
(* Teil des Rands *)
x1 := 0; x2 := 300; y1 := 0; y2 := 199; clipping(x1, y1, x2, y2);
x1 := 20; x2 := 200; y1 := 180; y2 := 160; clipping(x1, y1, x2, y2);
x1 := 200; y1 := 100; x2 := 0; y2 := 101; clipping(x1, y1, x2, y2);
x1 := 0; x2 := 199; y1 := 0; y2 := 199;
clipping(x2, y2, x1, y1); (* letztes Randstück *)
x1 := 100; x2 := 100; y1 :=0 ; y2 := 199; clipping(x1, y1,  x2, y2);
end.
```

Programmfigur 3.3

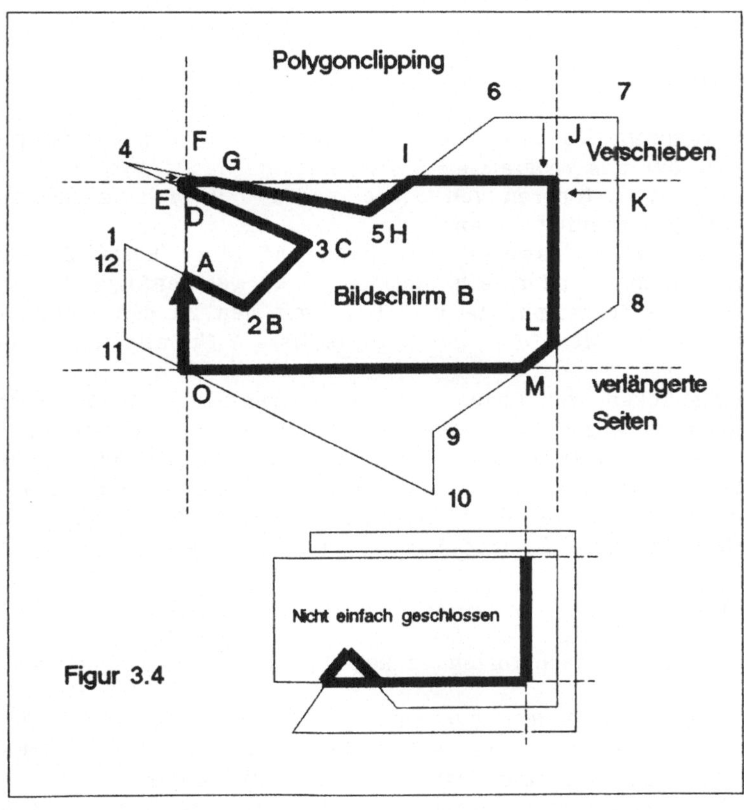

Figur 3.4

Aufgabe 3.2
Vereinfache das Programm 3.3 und die Schnittpunktberechnung für den Fall des achsenparallelen Rechtecks.

3.3 Polygonclipping

Besprechen wir noch den komplizierten Fall, daß ein einfach geschlossenes Polygon P am rechteckigen Bildschirmfenster B mit den vier Seiten B_k gekappt werden muß. Dabei sollen nicht nur die Kanten des Polygons geclippt werden, sondern durch Hinzufügung von Teilen des Bildschirmrandes wieder ein geschlossener Polygonzug entstehen. Ist P konvex, so bietet die im folgenden erläuterte Routine keine großen Verständnisprobleme, andernfalls stellt sich jedoch die Frage, wie außerhalb des Fensters verlaufende Teile des Zugs am Rand nachzubilden sind. (vgl Figur 3.4)

Algorithmus 3.5

* Sei P durch seine Punktliste L : $\{P_1, \ldots, P_N = P_1\}$ gegeben.
* Es wird ein Ausgabepolygon Q mit der Liste L': $\{Q_1, \ldots, Q_M = Q_1\}$ erstellt.

Erster Teil:

1* Durchlaufe für i := 1 bis N−1 unter Benutzung der Schnittpunktprozedur aus Programm 3.3 die Liste L:

2* Liegt P_i im Inneren von B oder auf dem Rand, so nehme man es in eine Zwischenliste Z auf,

3* liegt P_iP_{i+1} teilweise oder ganz auf einer Seite B_k von B, so tue nichts. Andernfalls notiere in der Reihenfolge des Durchlaufes alle Schnittpunkte von P_iP_{i+1} mit den zu den Seiten B_k gehörenden Geraden G_k in der Zwischenliste Z für alle Werte von k.

Benachbarte Ecken, von denen eine im Inneren liegt, können sofort, Ecken auf den Seiten B_k müssen über den Fensterrand verbunden werden. Hier sind prinzipiell zwei Umlaufrichtungen möglich. Unser Algorithmus versucht, den Verlauf des Polygons am Schirmrand weitgehend nachzuahmen. Zunächst müssen die Schnittpunkte auf den verlängerten Seiten G_k außerhalb von B_k in die nächstliegende Ecke E_k oder E_{k+1} zurückgeführt werden.

Zweiter Teil:

Bearbeite die Liste Z nach folgenden Regeln:

1* Führe alle Punkte der Liste Z, die auf verlängerten Bildschirmseiten G_k und nicht auf B liegen, in die nächste Ecke zurück. Dazu muß nur eine Koordinate angepaßt werden.

2* Füge den ersten Punkt am Ende der Liste hinzu und eliminiere alle benachbarten identischen Punkte.

Nach Durchlaufen des zweiten Teils ist die Ausgabeliste komplett, und ihre Punkte dürfen direkt in L' überführt und das Ausgabepolygon Q gezeichnet werden. Ist das Polygon P nicht konvex, so können Teile des Randes doppelt durchlaufen werden. Wünscht man keine Schleifen auf dem Rand, so sind Punktzyklen der Form Q_i, E_j, E_k, E_j, Q_l aus der Liste L' in Q_i, Q_l zu überführen.

Aufgabe 3.3
Man programmiere den Algorithmus 3.5 für den Fall eines konvexen Polygons.

Hinweis:
Hier brauchen nur innere Punkte und Schnittpunkte mit B in die Liste Z aufgenommen zu werden. Randpunkte sind über die Ecken E_k in Umlaufsinn des Polygons P zu verbinden.

3.4 Füllalgorithmen der Rastergraphik

Wir wollen Algorithmen untersuchen, die es erlauben, beliebig umrandete Bildschirmgebiete mit einer Farbe oder einem Farbmuster auszufüllen. Zwei grundverschiedene Lösungsansätze sind denkbar.

Man kann sich ins Innere der Fläche begeben und nach einem wohldefinierten Verfahren beginnen, die Punkte ringsherum einzufärben. Die Schwierigkeit dabei besteht darin, nach einem Füllen in einer Richtung die noch freien Teilflächen auf den anderen Seiten der schon ausgefüllten Bestandteile des Gebiets wiederzufinden.

Eine andere Methode bestimmt Bildschirmzeile für Bildschirmzeile die Randpunkte des Gebietes, dessen Rand als Polygonzug angenommen wird, gruppiert sie paarweise der Größe des Abszissenwertes nach und verbindet die Randpunkte durch eine Strecke in der Füllfarbe oder in einem vorgegebenen Muster. Dabei sind Eckpunkte des Randes einer Sonderbehandlung zu unterziehen. Ein derartiger *Polygonfüllalgorithmus* kann auch zum Schraffieren einer Fläche benutzt werden.

Kommen wir zurück zum ersten Lösungsansatz und notieren einen einfachen rekursiven Algorithmus, wie ihn *Newman* und *Sproull* [N-S] vorschlagen:

Algorithmus 3.6

```
procedure fill_rekursiv (x,y :coordinate; farbe, sperrfarbe :byte);
begin
if not (dot (x,y) in [farbe, sperrfarbe]) then begin
        plot (x,y,farbe);
        fill_rekursiv (pred(x), y, farbe, sperrfarbe);
        fill_rekursiv (succ(x), y, farbe, sperrfarbe);
        fill_rekursiv (x, pred(y), farbe, sperrfarbe);
        fill_rekursiv (x, succ(y), farbe, sperrfarbe)
```

```
        end
    end;
```

Man wird jedoch leicht feststellen, daß es bei einer etwas größeren Fläche sehr schnell zu einer Überlastung des Stacks kommt: Pro Prozeduraufruf sind die Koordinaten des Punktes *(x,y)* und die Rücksprungadresse abzuspeichern. Außerdem ist die Ausführungsgeschwindigkeit niedrig, der Algorithmus in dieser Form daher unbrauchbar. Es muß die Rekursionstiefe entscheidend verringert werden. Ein verbesserter Algorithmus könnte etwa so aussehen [I1]:

Algorithmus 3.7

```
procedure fill_rekursiv (xl, xr, y : coordinate; dir : richtung);
var
   xlm,ylm : coordinate;
   luecke : boolean;

begin
luecke := false;
repeat
if (dot (xl,y) in [farbe,sperrfarbe]) then
         xl := succ(xl) else luecke := true
until (xl > xr) or luecke;
if xl <= xr then begin (* Lücke gefunden *)
   xlm := xl; xrm := succ(xl); (* Lücke markieren *)
   while not (dot (xrm,y) in [farbe, sperrfarbe]) do begin
   plot (xrm,y,farbe); xrm := succ(xrm) end; (*nach rechts füllen*)
   while not (dot (xlm,y) in [farbe, sperrfarbe]) do begin
   plot (xlm,y,farbe); xlm := pred(xlm) end; (* nach links füllen*)
   if xrm <= xlm then fill_rekursiv (xrm, xr, y, dir)
                                    (* nächste rechte Lücke *)
     else fill_rekursiv (xr, pred(xrm), y + dir ,-dir);
    (* sonst nach oben (unten) weiter und Rückkehr markieren *)
   if xlm < xl then fill_rekursiv (succ(xlm), xl, y + dir, -dir);
    (* oben (unten) am linken Rand der Lücke schauen *)
   fill_rekursiv (succ(xlm), pred(xrm), y - dir, dir)
    (* unter der Lücke füllen *)
   end
end;
```

Will man nicht jedem Punkt innerhalb des auszufüllenden Gebiets dieselbe Farbe geben, so kann man mit Hilfe zahlentheoretischer Funktionen leicht eine große Anzahl verschiedener Muster definieren. Verfügt man beispielsweise über zwei Farbtöne, so sind mit der folgenden Teilprozedur 3.9 acht gut unterscheidbare Muster zu erzeugen (vgl. Figur 3.8).

Figur 3.8

Teilprozedur 3.9

```
case muster of
   0: plot (x, y, farbe1);
   1: if odd(x) and odd(y) then plot (x, y, farbe1)
                           else plot (x, y, farbe2);
   2: if x mod 4 = 0 then plot (x, y, farbe2)
                      else plot (x, y, farbe1);
   3: if odd(y) then plot (x, y, farbe2) else plot (x, y, farbe1);
   4: if odd(x + y) then plot (x, y, farbe1)
                    else plot (x, y, farbe2);
   5: if y mod 3 = 0 then plot (x, y, farbe1)
                      else plot (x, y, farbe2);
   6: if (x + y) mod 4 = 0 then plot (x, y, farbe1)
                           else plot (x, y, farbe2);
   7: plot (x, y, farbe2)
end;
```

Schnellere Ausführungszeiten versprechen nicht-rekursive Routinen. Da beim Füllvorgang automatisch nicht zusammenhängende freie Teilgebiete entstehen, wird ein dynamischer Stapel eingerichtet, auf dem noch nicht bearbeitete Koordinaten abgelegt werden können. Die Füllroutine startet in einem inneren Punkt des Gebiets. Hat dieser Punkt nicht die Farbe des Hintergrundes, so kehrt man zum Hauptprogramm zurück. Anderenfalls wird nach links Punkt für Punkt mittels der Funktion **getdotcolor** die Farbe geprüft. Stößt man auf einen Punkt, der wiederum nicht die Farbe des Hintergrundes hat, so ist ein Randpunkt oder ein eingefärbter Punkt gefunden, und die Routine füllt nun die rechtsliegenden Punkte auf bis zum Rand. Dabei wird jedoch während des Zeichenvorgangs oberhalb und unterhalb der gerade bearbeiteten Linie nachgeschaut, ob Rand- oder eingefärbte Punkte vorliegen. In diesem Falle löscht man jeweils ein Flag für die angrenzende Linie, und die Koordinaten des nächsten ungefärbten Punktes legt man unter Setzen des Flags auf den Stapel. An dieser Stelle wird die Routine das Füllen wieder aufnehmen. Zugleich löscht man die beiden Flags vor Beginn des Färbens jeder neuen Zeile, damit auch die ersten freien Punkte ober- und unterhalb, die dem Rande benachbart sind, abgelegt werden. Am Ende einer Linie holt man die obersten Koordinaten vom Stapel. Hier beginnt die Routine ihre Arbeit für eine neue Zeile und sucht wieder den linken Rand. Ist der Stapel leer, so ist die ganze Fläche gefüllt. In Figur 3.10 haben wir das Vorge-

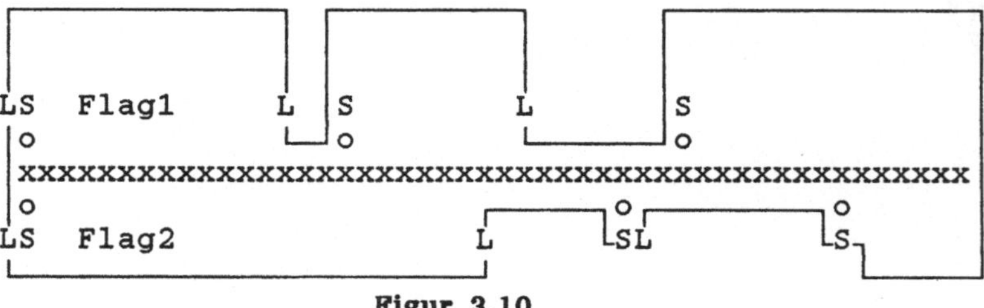

Figur 3.10

hen noch einmal veranschaulicht. Die mit "o" markierten Punkte wandern auf den Stapel. Ein vollständiges *TURBO PASCAL*-Programm befindet sich zum Beispiel in [B-L2].

Zur Beschleunigung des Programms sollten mehrere Aspekte beachtet werden: Das Prüfen und Einfärben eines jeden Punktes der Fläche kostet viel Zeit, zumal diese beiden Funktionen zumeist absolut adressieren. So müssen die physikalischen Koordinaten (x,y) immer in Speicheradresse und Maske des zugehörigen Schirmpunktes umgerechnet werden. Dabei wird von der "Nachbarschaft" der bearbeiteten Punkte überhaupt kein Gebrauch gemacht. Eine relative Adressierung oder direktes Ansprechen des Speichers spart hier Zeit. Es könnte auch beim Füllen der Linien zunächst byteweise geprüft werden, ob nicht alle Punkte des Bytes gefärbt werden müssen. Das könnte dann auf einen Schlag geschehen. Geht es um Muster, so sollte man anders als in Teilprozedur 3.9 zu Beginn des Programms Masken definieren und die Punkte dann im Speicher durch Überschieben der Maske direkt ausmaskieren und setzen. In jedem Fall ist aber ein Assemblerprogramm einer Hochsprachenimplementierung vorzuziehen.

Kommen wir nun zu einer ganz anderen Aufgabe, dem Füllen oder Schraffieren eines geschlossenen Polygonzuges, der durch die Angabe seiner Ecken in der Reihenfolge ihres Durchlaufens bestimmt sei. Dabei liegt der Gedanke zugrunde, daß man ja für jede Bildschirmzeile die Schnittpunkte mit dem Rand des Polygonzuges berechnen kann. Ordnet man sie dann der Größe nach in Paaren an, so braucht man nur die Strecken zwischen jedem Paar von Eckpunkten zu ziehen. Dabei tritt jedoch ein Problem der Zuordnung auf, wenn eine Ecke oder Spitze des Randes auf einer Bildschirmzeile liegt. Ein derartiger Punkt muß eventuell doppelt gezählt werden. Der Algorithmus gliedert sich demnach in vier Teile:

- Erstellung einer Liste der aufsteigenden Kanten.
- Sortieren der Liste für jede Zeile nach dem Abszissenwert.
- Füllen zwischen den Schnittpunkten der Zeile mit den Kanten des Polygonzuges.
- Aktualisierung der Liste für die nächste Bildschirmzeile.

Bei der Erstellung der Liste werden der Reihe nach in jedem Eckpunkt nur die aufsteigenden Kanten berücksichtigt und in eine Liste aufgenommen. Dabei wird ihr Startpunkt (x,y) notiert, eine reelle Variable xr in Ergänzung zu den folgenden ganzzahligen Ordinaten der Kante eingerichtet, die Endordinate $ymax$ mit $ymax > y$ und die reziproke Steigung $d = dx/dy$ aufgenommen. Endet im betrachteten Eckpunkt eine aufsteigende oder horizontale Kante, so wird zur Vermeidung eines doppelten Füllens bei einer in der gleichen Ecke startenden aufsteigenden Kante statt (x,y) der nächsthöhere Punkt eingetragen, der sich zu (**round** $(x + dx/dy)$, $y + 1$) ergibt. Die nicht aufsteigende Kante bleibt außer acht. Ein beispielhafter Polygonzug mit seiner Ecken- und Kantenzuordnung ist in Figur 3.11 dargestellt.

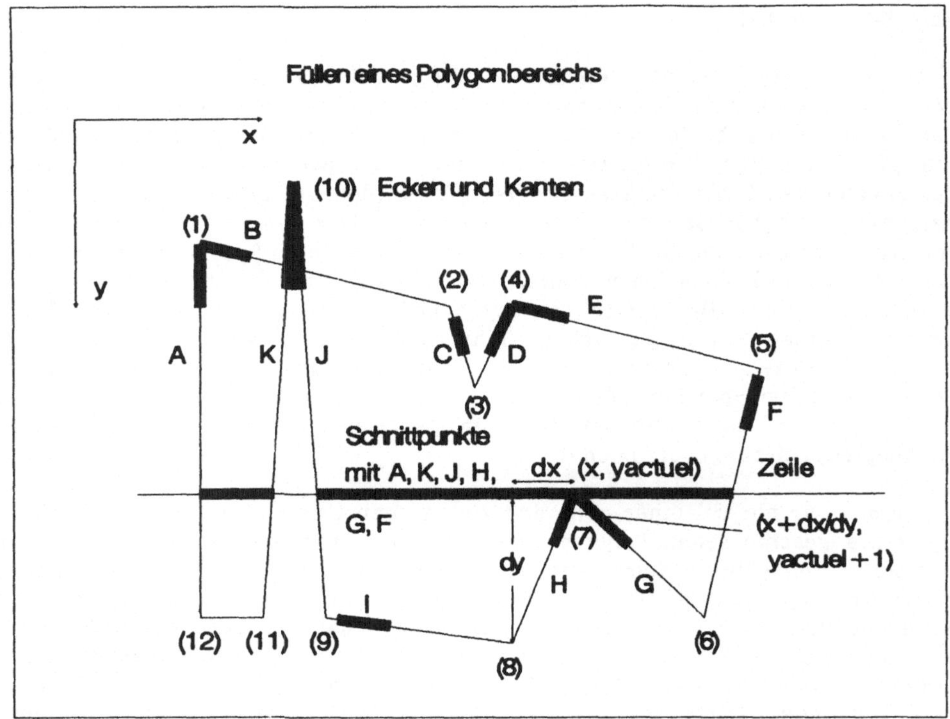

Figur 3.11

Nun wird die Liste der Größe der Abszissenwerte *xr* nach sortiert, und zwar nur die Kanten, die einen Schnittpunkt in *y = yactuel* mit der aktuellen Bildschirmzeile haben. Sodann kann gezeichnet werden, wobei man ein eventuelles Muster berücksichtigt.

In einem weiteren Unterprogramm ist die Liste zu aktualisieren. Für die Kanten, die noch für einen Schnittpunkt mit der nächsten Zeile infrage kommen *(yactuel < ymax)* wird *(x,y)* in (**round** *(x + dx/dy), y +* 1) überführt. Nach Erhöhung von *yactuel* := **succ***(yactuel)* werden nun bei dem wieder fälligen Sortiervorgang alle Kanten mit einbezogen, für die *y = yactuel* gilt.

Auf diese Weise handelt man alle Bildschirmzeilen ab. Ein Schönheitsfehler soll hier nicht verschwiegen werden. Es kann vorkommen, daß zum

Rand des Polygonzugs gehörende horizontale Strecken ein zweitesmal überzeichnet werden. Ein *TURBO PASCAL* Programm findet sich im Anhang A.1 des Buches. Der Algorithmus kann auch bei anderen Ausgabegeräten wie Drucker und Plotter Anwendung finden, wenn man die Schrittweite in y-Richtung der Nadel- oder Strichbreite anpaßt.

Aufgabe 3.4
Man verbessere das Programm des Anhangs, indem man dynamische Listenstrukturen für die Polygon- und Kantenliste verwende.

Aufgabe 3.5
Erstelle ein Struktogramm zum direkten Füllalgorithmus (vgl. Figur 3.10).

Aufgabe 3.6
Die sukzessive Unterteilung eines quadratischen Rasterbildschirms in jeweils vier kongruente Teilquadrate bis hin zum einzelnen Pixel kann in die Datenstruktur eines *Quadtrees* (Viererbaums) gefaßt werden, bei dem man zwischen internen Knoten und leeren oder vollen Blättern unterscheidet. Man überlege sich, daß Vektoren, Polygonzüge und ihre Innengebiete durch Quadtrees beschrieben werden können. Auch Operationen wie Verschieben, Skalieren, Drehen, Füllen, Auffinden des von einem Punkt aus nächsten Objekts führen zu Quadtree-Algorithmen. Dazu studiere man den Übersichtsartikel: *H. Samet, R. E. Webber: Hierarchical Data Structures and Algorithms for Computer Graphics I, II.* IEEE CG&A 8, (5) 48-68, (7) 59-75, 1988.

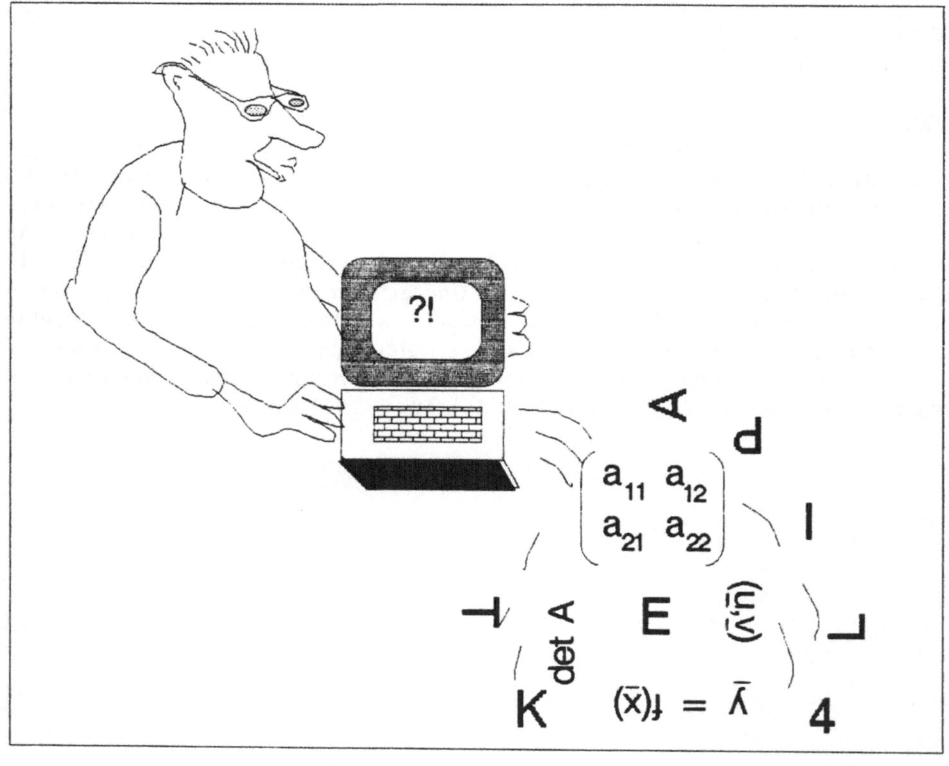
?!
a11 a12
a21 a22
E
det A
K
4

Kapitel 4

Transformationen in der Ebene

In Kapitel 4 werden wir die wichtigsten zweidimensionalen Transformationen wie Translation, Drehung und Skalierung vorstellen. Diese Transformationen sind grundlegend zur Erzeugung und Manipulation von Objekten am Bildschirm. Alle Operationen können von speziellen Dateien aus, den *Display-Files*, gesteuert werden.

4.1 Punkte und Strecken im $\mathbf{R}^2$

Zur Beschreibung von Vektoren im $\mathbf{R}^2$ bedienen wir uns eines Zahlenpaares

$$\underline{x} = \binom{x_1}{x_2}, \text{ oder } \underline{x} = (x_1,\ x_2)^T .$$

In der ersten Schreibweise handelt es sich um einen *Spaltenvektor*, da seine Komponenten x_1 und x_2 in einer Spalte angeordnet sind. Man kann jedoch den Vektor auch in Zeilenform schreiben. Das hochgestellte T steht hier für "transponiert" und bedeutet allerdings, daß doch wieder ein Spaltenvektor gemeint ist. Vektoren können addiert und mit *Skalaren*, das heißt reellen Zahlen multipliziert werden. Dann ist

$$\underline{x} + \underline{y} = (x_1,\ x_2)^T + (y_1,\ y_2)^T := (x_1+x_2,\ y_1+y_2)^T,\ \mu\underline{x} := (\mu x_1,\ \mu x_2)^T.$$

Unter dem Skalarprodukt zweier Vektoren $\underline{x}$ und $\underline{y}$ versteht man den Skalar

$$\underline{x}\cdot\underline{y} = (\underline{x},\underline{y}) := x_1\ y_1 + x_2\ y_2, \qquad (4.1)$$

die Länge des Vektors $\underline{x}$ ist gegeben durch

$$|\underline{x}| := \sqrt{(\underline{x},\underline{x})} = \sqrt{x_1^2 + x_2^2}. \qquad (4.2)$$

Das Skalarprodukt erlaubt es auch, den Winkel α zwischen den Vektoren $\underline{x}$ und $\underline{y}$ zu bestimmen mittels

$$\mathbf{cos}\ \alpha := (\underline{x},\underline{y})/(|\underline{x}||\underline{y}|). \qquad (4.3)$$

Man kann die Vektoren der Ebene durch Pfeile veranschaulichen. Wählt man ein Koordinatensystem mit Ursprung $\underline{0}$, so entspricht der Strecke vom Nullpunkt zum Punkt mit den Koordinaten $(x_1,\ x_2)$ genau der eine Vektor $\underline{x} = (x_1,\ x_2)^T$. Wir wollen die Koordinatenachsen skalieren und zeichnen die Einheitsvektoren

$$\underline{e}_1 := \binom{1}{0},\ \underline{e}_2 := \binom{0}{1} \qquad (4.4)$$

aus. Sie bilden eine *Basis*, denn mit ihrer Hilfe kann jeder Vektor des $\mathbf{R}^2$ eindeutig dargestellt werden: $\underline{x} = x_1\ \underline{e}_1 + x_2\ \underline{e}_2$. Bezüglich unseres Skalarprodukts (4.1) stehen diese Basisvektoren senkrecht aufeinander, nach (4.3) ist ihr eingeschlossener Winkel 90°, sie heißen *orthogonal*. Zudem ist ihre Länge aus (4.2) auf Eins normiert. Man spricht daher auch von einer *Orthonormalbasis*. Versteht man unter der Determinante den Ausdruck

$$\mathbf{det}(\underline{x},\ \underline{y}) := x_1 y_2 - y_1 x_2, \qquad (4.5)$$

so gilt $\mathbf{det}(\underline{e}_1,\underline{e}_2) = 1$. Die Basisvektoren bilden ein *positiv* orientiertes System. Um $\underline{e}_1$ auf kürzestem Weg in $\underline{e}_2$ zu überführen, muß man entgegen dem

Uhrzeigersinn drehen. Determinanten sind multilineare, schiefsymmetrische Funktionen, die bei Vertauschung zweier Argumente ihr Vorzeichen ändern.

Alle diese Bezeichnungen und Definitionen übertragen sich direkt auf den Fall des n-dimensionalen Raumes $\mathbf{R}^n$. Man muß nur statt der zwei Koordinaten eines Vektors nunmehr Spalten oder Zeilen mit n Komponenten notieren, allerdings ist die Determinantenfunktion dann schwieriger auszuwerten. Man kann jedoch eine n-reihige Determinante rekursiv auf die Berechnung von n Unterdeterminanten vom Grad n-1 zurückführen. Es gilt (vgl. [N-W])

$$D = \mathbf{det}(\underline{x}_1,\ldots, \underline{x}_n) := (-1)^{i+1}(x_{11}D_{11} - x_{12}D_{12} + - \ldots - (-1)^n x_{1n}D_{1n}). \tag{4.6}$$

Dabei sind D_{ik} die Unterdeterminanten, die entstehen, wenn man in der Ausgangsdeterminante die i-te Zeile und die k-te Spalte streicht, und x_{ik} das zugehörige Element der Determinante D. Fassen wir zusammen:

Punkte P in der Ebene werden durch Angabe ihrer Koordinaten bezüglich eines Koordinatensystems beschrieben, Strecken durch die Angabe von Anfangs- und Endpunkt $\underline{x}_1$ und $\underline{x}_2$. Man kann jedoch auch den Endpunkt mit Hilfe von *Relativkoordinaten* $\underline{x}_2 - \underline{x}_1$ bezüglich des Anfangspunktes charakterisieren. Dabei ist $\underline{g} := \underline{x}_2 - \underline{x}_1$ der vom Anfangs- zum Endpunkt führende Vektor. In parametrisierter Form hat jeder Punkt P auf der Strecke die Darstellung

$$P\colon \underline{x}(t) := \underline{x}_1 + t\,\underline{g},\quad t \in [0,1].$$

Läßt man für t alle reellen Zahlen zu, so erhält man die gesamte Gerade, die unsere Ausgangsstrecke enthält. Sei $\underline{n}$ der auf $\underline{g}$ senkrecht stehende Vektor der Länge eins mit $\mathbf{det}(\underline{g},\underline{n}) = 1$. $\underline{n}$ heißt dann *Normalenvektor* zur Gerade g, und wir können g mit der *Hesseschen* Normalform der Geradengleichung beschreiben

$$g := \{\underline{x} \mid (\underline{n},\underline{x} - \underline{x}_1) = 0\}. \tag{4.7}$$

Hier steht der Lotvektor $(\underline{n}, \underline{x}_1)\,\underline{n}$ senkrecht auf g und führt, trägt man ihn vom Nullpunkt ab, zur Geraden hin. Seine Länge ist $|(\underline{n}, \underline{x}_1)|$ und kann als Abstand der Geraden vom Nullpunkt aufgefaßt werden. Setzt man einen beliebigen Vektor $\underline{y}$ in die Hessesche Normalform ein, so bestimmt der Skalar $|\delta(\underline{y})|$ mit

$$\delta(\underline{y}) := (\underline{n},\underline{y} - \underline{x}_1)$$

den Abstand des Vektors $\underline{y}$ zur Geraden. Ist $\delta(\underline{0})$ positiv, so weist der Normalenvektor $\underline{n}$ in die Halbebene, die den Ursprung enthält. Beim Durchlaufen der Strecke von $\underline{x}_1$ nach $\underline{x}_2$ liegt diese Halbebene links. Man erkennt, daß die Hesse-Form der Geradengleichung dazu geeignet ist, eine Orientierung in der Ebene zu ermöglichen, insbesondere wenn man mehrere Geradenstücke zu einem geschlossenen, entgegen dem Uhrzeigersinn orientierten Polygonzug zusammensetzt. Beim Kreuzen der Randstrecken wechselt $\delta(\underline{y})$ sein Vorzeichen, und wir gelangen ins Innengebiet, wenn δ positiv wird, andererseits verlassen wir es. Überträgt man diese Begriffe in den $\mathbf{R}^n$, so erhält man Hyperebenen anstelle von Geraden und Halbräume anstelle der Halbebenen (vgl. Kapitel 9).

4.2 Zweidimensionale Transformationen

Wir wollen lineare Abbildungen $\underline{f}$ der Ebene in sich studieren, für die definitionsgemäß

$$\underline{f}(\underline{x} + \underline{y}) = \underline{f}(\underline{x}) + \underline{f}(\underline{y}) \text{ und } \underline{f}(\mu\underline{x}) = \mu\underline{f}(\underline{x}) \text{ , } \mu \text{ reell, } \underline{x}, \underline{y} \in \mathbf{R}^2,$$

gilt. Hat man ein Koordinatensystem festgelegt, so lassen sich diese Abbildungen $\underline{x}' = \underline{f}(\underline{x})$ auch in Form zweier Gleichungen schreiben:

$$x_1' = a_{11} x_1 + a_{12} x_2$$
$$x_2' = a_{21} x_1 + a_{22} x_2.$$

Kürzer notiert man mit Hilfe einer 2x2 Matrix A dann $\underline{x}' = A \underline{x}$ oder in transponierter Form $\underline{x}'^T = \underline{x}^T A^T$ mit

$$A = \begin{pmatrix} a_{11} & a_{12} \\ a_{21} & a_{22} \end{pmatrix} \qquad A^T = \begin{pmatrix} a_{11} & a_{21} \\ a_{12} & a_{22} \end{pmatrix}. \tag{4.8}$$

Die Spalten der Matrix A beziehungsweise die Zeilen der Matrix A^T sind dabei die Bilder der Basisvektoren $\underline{e}_1$ und $\underline{e}_2$. Führen wir einige einfache Beispiele an. Die einfachste lineare Abbildung ist die *Identität*, die jeden Vektor und damit jede Figur in sich überführt. Die zugehörige Matrix ist die Einheitsmatrix E. Will man dagegen ein Element verkleinern oder vergrößern, so bietet sich eine *Stauchung* oder *Streckung* der Form $\underline{x}' = S\underline{f}(\underline{x})$, $S > 0$, an. Die Matrizen lauten

$$E = \begin{pmatrix} 1 & 0 \\ 0 & 1 \end{pmatrix} \qquad A = \begin{pmatrix} S1 & 0 \\ 0 & S2 \end{pmatrix}, \; S1 = S2 = S.$$

Sind S1 und S2 nicht gleich, so erhält man eine *Verzerrung* des Bildes. Führt man zwei lineare Abbildungen nacheinander aus und setzt dazu als Bildvektor $\underline{x}' = \underline{g}(\underline{f}(\underline{x}))$ an, so ermittelt man die zugehörige Matrix C, indem man die $\underline{g}$ und $\underline{f}$ entsprechenden Matrizen B und A multipliziert $C = B{\cdot}A$. Dabei berechnet sich ein Element c_{ik} der Matrix C wie folgt:

$$c_{ik} = a_{i1} b_{1k} + a_{i2} b_{2k}, \; i, k = 1, 2. \tag{4.9}$$

Arbeitet man dagegen mit Zeilenvektoren, so gilt unter Benutzung der Beziehung $(A{\cdot}B)^T = B^T{\cdot}A^T$ dann $\underline{x}'^T = \underline{x}^T A^T B^T$. Bei Diagonalmatrizen kommt es nicht auf die Reihenfolge bei der Ausführung der Multiplikation an, man kann zwei Neuskalierungen in beliebiger Reihenfolge ausführen, das Ergebnis ist immer dasselbe. Anders dagegen, wenn eine der Matrizen keine Diagonalform hat. Nehmen wir als Beispiel eine *Scherungsabbildung* $\underline{x}' = \underline{f}(\underline{x})$, mit $x_1' = x_1 + Sc \cdot x_2$ und $x_2' = x_2$ (vgl. Bild 4.1). Verknüpft man sie mit einer Neuskalierung, so kommt es nur dann nicht auf die Reihenfolge an, wenn S1 = S2 = S gilt. Anderenfalls rechnet man leicht nach, daß der Punkt (0,1) einmal über (0,S2) in (Sc·S2,S2) und bei Ausführung der Skalierung nach der Scherung über (Sc,1) in (Sc·S1,S2) übergeht.

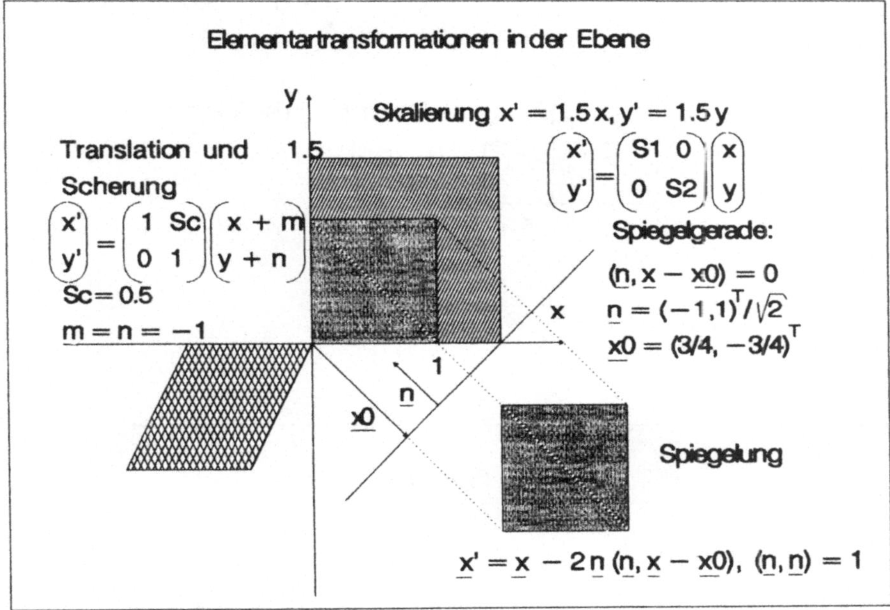

Figur 4.1

Halten wir fest, daß es bei der Verkettung von Abbildungen im allgemeinen entscheidend auf die Reihenfolge ankommt. Man kann auch eine Scherung in y-Richtung vornehmen, indem man die vorliegende Schermatrix transponiert. Dann gilt $x_1' = x_1$ und $x_2' = Sc \cdot x_1 + x_2$, das heißt, Sc steht unterhalb der Diagonale. Interessanterweiser kann man Scherungen in x-Richtung miteinander vertauschen und ebenso Scherungen in y-Richtung. Mischt man jedoch beide Richtungen, so kommt es wieder auf die Reihenfolge an. Die Matrizen für Skalierungen, Scherungen in x-Richtung wie in y-Richtung bilden jeweils eine *Gruppe* bezüglich der Hintereinanderausführung der Abbildungen. Gruppen sind Mengen mit einer Verknüpfung, die das Assoziativgesetz erfüllt, und einem neutralen Element. Weitere Beispiele sind die

Drehungen um den Ursprung. Sie können beliebig miteinander verkettet werden. Die zugehörige Matrix ist in Figur 4.2 abgebildet.

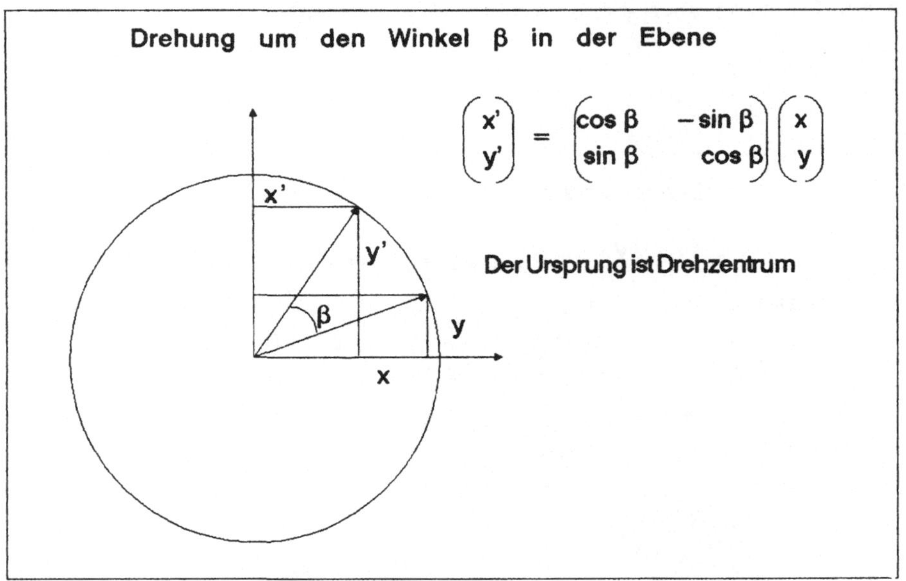

Figur 4.2

Eine wichtige Forderung an Gruppen ist die Existenz eines *inversen Elements.* In unserem Fall muß es zu jeder Drehmatrix A eine Umkehrmatrix A^{-1} geben, so daß A A^{-1} = A^{-1} A = E (neutrales Element der Matrizenmultiplikation) gilt. Geometrisch gesprochen ist die Existenz sofort klar. Man macht die Drehung um den Winkel β einfach wieder rückgängig, indem man um −β zurückdreht. Die inverse Matrix A^{-1} ist daher gerade A^T. Derartige Matrizen nennt man *orthogonal.* Weisen wir noch auf einen anderen Gesichtspunkt hin. Wir haben bisher das Koordinatensystem unverändert gelassen, den Punkt *P* nach *P'* verschoben und die neuen Koordinaten $(x_1', x_2')^T$ des Punktes *P'* mit dem Ortsvektor $\underline{x}'$ unter der Transformation $\underline{x}' = A\,\underline{x}$ berechnet. Stattdessen kann man auch mit Hilfe von A^{-1} das Koordinatensystem transformieren und den Punkt *P* festlassen. *P* hat dann ebenso die neuen Koordinaten $(x_1', x_2')^T$.

Eine weitere wichtige Transformation betrifft die *Spiegelung* an einer Geraden *g* : $(\underline{n}, \underline{x} - \underline{x0}) = 0$ mit dem auf Länge eins normierten Normalenvektor $\underline{n}$. Der Spiegelpunkt ist in Figur 4.1 konstruiert und wird

$$\underline{x}' = \underline{x} - 2\underline{n}\,(\underline{n},\underline{x} - \underline{x0}). \tag{4.10}$$

Geht die Gerade durch den Nullpunkt, so handelt es sich um eine lineare Transformation mit der zugehörigen Matrix

$$\begin{pmatrix} 1-2n_1^2 & -2n_1n_2 \\ -2n_1n_2 & 1-2n_2^2 \end{pmatrix}.$$

Orthogonale Matrizen A erfüllen die Relation **det** A = ±1, wegen **det** A = **det** A^T und **det** $(A \cdot A^T)$ = **det** A · **det** A = **det** E = 1. Während für Drehungen die Determinante der zugehörigen Matrix den Wert 1 hat, nimmt sie für Spiegelungen, die die Orientierung verändern, den Wert −1 an.

Fehlt noch eine letzte Elementartransformation, die *Translation*. Es geht dabei x_1 in x_1 + m, x_2 in x_2 + n über, jede Figur wird einfach um den Vektor $(m,n)^T$ verschoben. Leider läßt sich hier keine Matrix angeben, da die Translation keine lineare Abbildung ist. Immerhin hat sie mit der Drehung und Spiegelung gemeinsam, daß sie alle Längenverhältnisse erhält. Man spricht in diesem Zusammenhang auch von *Isometrien*. Isometrien sind demnach aus Translationen, Drehungen und Spiegelungen zusammengesetzte Abbildungen, die Strecken wieder in sich überführen und ihre Länge erhalten. Während bei Translationen und Drehungen auch die Winkel in Betrag und Orientierung zwischen zwei Geraden gleichbleiben, ändert eine Spiegelung zwar nicht den Betrag, jedoch die Orientierung. Damit haben wir die drei Elementarbewegungen in der Ebene genannt. Scherung und Skalierung ändern dagegen die Längenverhältnisse.

Ein Rechenbeispiel soll die erläuterten Begriffe veranschaulichen. Wir wollen ein Quadrat mit den Eckpunkten (1,1), (1,−1), (−1,−1), (−1,1) in der Ebene in ein Parallelogramm mit den Eckpunkten (1,1), (0,1), (−1,−1) und (0,−1) überführen. Dabei sollen die Eckpunkte (1,1) und (−1,−1) Fixpunkte sein und in sich übergehen und der Punkt (1,−1) das Bild (0,1), (−1,1) das Bild (0,−1) haben. Natürlich gibt es verschiedenen Möglichkeiten, diese Aufgabe durch Nacheinanderausführung von Elementartransformationen zu realisieren. Wir stützen unsere Argumentation auf Figur 4.3, in der die Transformationsmatrizen angegeben sind, und gehen, wie folgt, vor:

- Drehung des Quadrats um den Winkel $-\pi/4$,
- Stauchung des neuen Quadrats um den Faktor $1/\sqrt{2}$,
- Spiegelung an der x-Achse,
- Scherung in y-Richtung mit dem Scherfaktor Sc=1.

Die resultierende Abbildung lautet dann nach Ausmultiplizieren aller Matrizen

$$x_1' = \tfrac{1}{2}\,x_1 + \tfrac{1}{2}\,x_2, \quad x_2' = 1\,x_1 + 0\,x_2.$$

Bedauerlicherweise können die Translationen nicht in den Matrizenkalkül in der Ebene mit einbezogen werden. Dennoch kann man mit einem Kunstgriff

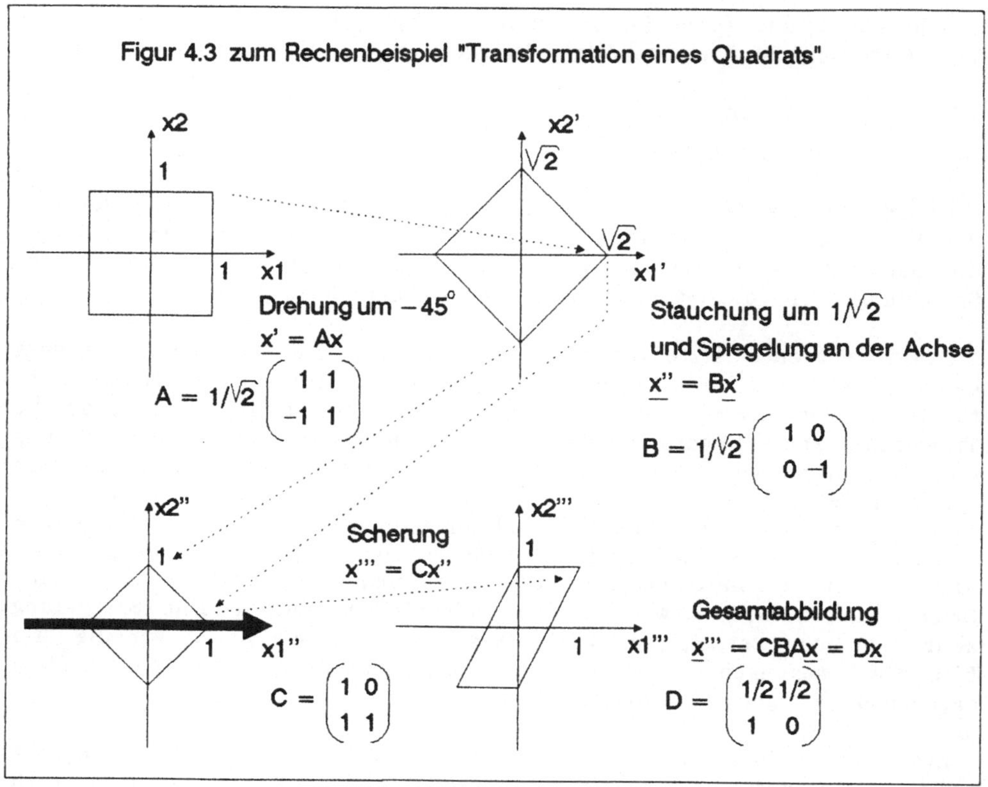

diesen Nachteil umgehen. Man führt eine Hilfsvariable x_3 ein und setzt sie gleich eins. Natürlich muß man jetzt mit 3x3 Matrizen rechnen und betrachtet die lineare Abbildung $\underline{x}'^T = \underline{x}^T$ H mit der Matrix

$$H = \begin{bmatrix} h_{11} & h_{12} & 0 \\ h_{21} & h_{22} & 0 \\ h_{31} & h_{32} & 1 \end{bmatrix}. \tag{4.11}$$

Ausrechnen ergibt

$$x_1' = h_{11}\ x_1 + h_{21}\ x_2 + h_{31},\quad x_2' = h_{12}\ x_1 + h_{22}\ x_2 + h_{32},$$
$$x_3' = x_3 = 1,$$

und die letzte Beziehung kann einfach weggelassen werden. Den Translationsvektor identifiziert man als $(h_{31},h_{32})^T$, spricht in diesem Fall von *homogenen* Koordinaten und kann interessehalber auch andere Größen in der dritten Spalte der Matrix H zulassen. Ersetzt man zum Beispiel das Element $h_{33} = 1$ durch eine andere positive Konstante s und normiert x_3' wieder auf Eins, so muß man die anderen gestrichenen Koordinaten durch s teilen und hat dann eine Neuskalierung. Eine Projektion resultiert, wenn man die beiden anderen Elemente der dritten Spalte gegen beliebige Konstanten austauscht. Somit kann man alle Elementartransformationen bei festem Koordinatensystem durch Matrizen beschreiben und beliebige Bewegungen vermittels Nacheinanderausführung erzeugen. Dazu multipliziert man alle Matrizen in der richtigen Reihenfolge, von rechts nach links bei unserer Spaltenschreibweise, von links nach rechts bei Verwendung von Zeilenvektoren wie in den meisten Computergraphikbüchern.

Aufgabe 4.1
Gegeben sei das Dreieck mit den Eckpunkten (0,0), (1,0), (0,1). Man führe es in das Dreieck (1,0), (2,2), (0,1) über, wobei (1,0) und (0,1) Fixpunkte sein mögen. Wie lautet die Abbildung?

Lösung: $x_1' = -x_1 - 2x_2 + 2,\ x_2' = -2x_1 - x_2 + 2.$

Aufgabe 4.2
Man rotiere das Dreieck mit den Ecken (0,0), (2,1), (1,3) um den Punkt (-1,-1) und den Winkel 60° und stelle auch die Matrix für die Transformation in homogenen Koordinaten auf. Schreibe eine allgemeine Prozedur.

Anleitung
Verschiebe zunächst den Ursprung nach (-1.-1): $(x,y) \to (x + 1, y + 1)$, führe dann die Drehung aus und mache anschließend die Translation rückgängig. Beispiel: (1,3) -> (2,4) -> $(1-2\sqrt{3},\sqrt{3}+2)$ -> $(-2\sqrt{3},\sqrt{3}+1)$.

Aufgabe 4.3 *(Fläche eines Polygons)*
Gegeben sei das Dreieck mit den Eckpunkten (x_1,y_1), (x_2,y_2), (x_3,y_3), die entgegen dem Uhrzeigersinn durchnumeriert seien.

a) Man zeige, daß für den Flächeninhalt F des Dreiecks die Beziehung

$$F = \tfrac{1}{2}[(x_2 - x_1)(y_3 - y_1) - (x_3 - x_1)(y_2 - y_1)]$$

gilt.

Anleitung
Man schreibe

$$2F = \mathbf{det} \begin{pmatrix} x_2 - x_1 & x_3 - x_1 \\ y_2 - y_1 & y_3 - y_1 \end{pmatrix}.$$

Da diese Determinante weder nach einer Translation, noch nach einer Drehung des Dreiecks ihren Wert ändert (warum?), darf man (x_1,y_1) in den

Nullpunkt verschieben und $y_2 = 0$ annehmen. Dann ist die Behauptung geometrisch klar.

b) Zeige

$$F = \tfrac{1}{2}[(x_1 - x_3)\cdot y_2 + (x_3 - x_2)\cdot y_1 + (x_2 - x_1)\cdot y_3].$$

c) Folgere aus b):

$$F = \tfrac{1}{2}\sum_{i=1}^{3} (x_i - x_{i+1})(y_i + y_{i+1}), \quad x_4 = x_1, \; y_4 = y_1.$$

d) Zeige mit vollständiger Induktion für die Fläche F eines einfach geschlossenen, konvexen Polygonzugs $P := \{(x_1,y_1), \ldots, (x_{n+1},y_{n+1})\}$ mit $(x_1,y_1) = (x_{n+1},y_{n+1})$, der entgegen dem Uhrzeigersinn durchlaufen wird:

$$F = \tfrac{1}{2}\sum_{i=1}^{n} (x_i - x_{i+1})(y_i + y_{i+1}), \quad x_{n+1} = x_1, \; y_{n+1} = y_1.$$

Anleitung
Man zerlege das Polygon in ein Dreieck und ein Polygon mit einer Ecke weniger.

Aufgabe 4.4
Gegeben sei die Transformation in homogenen Koordinaten $\underline{x}'^T = \underline{x}^T H$ mit

$$H = \begin{bmatrix} 1 & 0 & e \\ 0 & 1 & f \\ 0 & 0 & 1 \end{bmatrix}$$

Man gebe eine geometrische Interpretation der Abbildung und berechne für den Fall $e = f = 1$ die Bildpunkte von (1, 3, 1) und (4, 1, 1).

Anleitung
Der Punkt $(x, y, 1)$ wird aus der Ebene $z = 1$ in die Ebene

$$e\cdot x + f\cdot y + 1 - z = 0$$

projiziert. Die Projektionspunkte werden mit dem Ursprung verbunden, und die Schnittpunkte der Strahlen mit der Ebene $z = 1$ sind Bildpunkte. Für unser Beispiel ergeben sich als Bildpunkte (1/5, 3/5) und (2/3, 1/6).

4.3 Display-Files

Ein entscheidender Nachteil der Raster- gegenüber der Vektorgraphik besteht darin, daß eine Gruppierung oder Separierung verschiedener Bildelemente erschwert ist und ihre Einzelbehandlung wie Vergrößerung, Drehung,

Umordnung und Änderung der Reihenfolge praktisch unmöglich wird. Hier bietet das ältere Konzept der Vektorgraphik vorteilhaftere Möglichkeiten. Es geht dabei darum, primitive graphische Operationen, wie das Zeichnen von Punkten und Strecken als Grundstruktur auszuweisen, diese in höheren Einheiten wie Kreis oder Polygon zusammenzufassen und die zur Konstruktion notwendigen Informationen in einer Datei abzulegen. Es sind dies Kommandos wie *Punktsetzen*, *Linieziehen* und ihre zugehörigen Parameter. Im Fall einer Strecke handelt es sich bei den Parametern zum Beispiel um die Koordinaten ihres Anfangs- und Endpunktes. Hier muß jedoch die Frage des Bezugssystems geklärt werden. Sinnvoll ist es, den Anfangs- wie den Endpunkt in *relativen* Koordinaten zu beschreiben. In einer Zusatzdatei wäre jedoch der Bezugsnullpunkt des Anfangspunktes oder der Mittelpunkt des Objekts in absoluten Koordinaten sowie ein eventueller Translationsvektor und Drehwinkel niederzulegen, um bei Manipulationen des Objekts wie Verschiebungen und Drehungen die Schirmkoordinaten aktualisieren zu können. Weiterhin sind Angaben über die Reihenfolge der auszuführenden Transformationen erforderlich.

Erweitert man diese Zusatzdatei noch, so können auch Informationen über Streckungen oder Stauchungen, Scherungen, einschließendes Rechteck, Fenster und Sichtbarkeit aufgenommen werden. Bei komplizierteren Objekten wie Ellipsen oder Polygonzügen sind Angaben über die Farbattribute des Innengebietes notwendig mit einem Zeiger zu einer Füllprozedur.

Da die zur Diskussion stehenden graphischen Objekte in einer gewissen Reihenfolge zueinander stehen und im Raum vor- oder hintereinander angeordnet sind, müssen die Bildelemente in eine dynamische Listenstruktur eingebracht werden, die die Operationen des Löschens, Einfügens, Umordnens und Anfügens erlaubt. Eine derartige Liste heißt *Display-File*, die zur Manipulation notwendige Datei wird *Prozeßtabelle* genannt. Einträge, die ein graphisches Objekt betreffen, heißen *Segmente*, die Prozeßtabelle oft auch Segmenttafel. Auch bei der Bearbeitung der Segmente spricht man von *Öffnen*, *Schließen*, *Löschen*, *Austauschen*, *Aktivieren* und *Desaktivieren*. Die beiden letzten Begriffe bedeuten im Gegensatz zur Kreation und der Löschung, daß das Segment im File verbleibt, das Objekt aber in der Hintergrundfarbe gezeichnet oder per *XOR*-Operation gelöscht wird und dann jederzeit wieder zum Leben erweckt werden kann. Bei vektorschreibenden Displays ist großer Wert auf die Verkettung der Segmente zu legen. Da der Vektorgenerator in schneller Folge auf die Datei zugreift, müssen Manipulationen mit großer Vorsicht erfolgen und eine komplette Verzeigerung gewährleistet sein. Man kann den Display-File oder Teile davon doppelt führen und nach erfolgreicher Bearbeitung von Segmenten in der Kopie nur die Zeiger verbiegen. Bei Rasterdisplays ist die Situation dagegen weniger kritisch. Hier braucht man nach Manipulationen an einem Objekt nur Teile des Bildschirmspeichers zu aktualisieren oder bei Vertauschungen und Umskalierungen das ganze Bild neu aufzubauen.

Hochsprachen wie *Pascal* und *C*, die das Zeigerkonzept unterstützen, sind prädestiniert zur Implementation der Display-Files und ihrer Hilfsdateien. Sie sehen zudem sehr variable Datenverbunde wie *variante Records* vor, die den verschiedenartigen Kommandos und ihren speziellen Parametern Rechnung tragen. Es muß natürlich auch möglich sein, Standardobjekte erzeugende Dateien abzuspeichern und neu einzulesen Zur Ausgabe auf Schirm, Plotter oder Drucker fehlt dann noch eine Gerätetreiberdatei, die die Kommandos der Display-Dateien interpretiert und umsetzt, ihre Ausführung in die Wege leitet und Weltkoordinaten auf Gerätekoordinaten umrechnet. Für jedes vorgesehene Kommando sind die Parameter gemäß der Segmenttabelle zu berechnen. Die zugehörige Transformationsmatrix ergibt sich als Produkt der Standardmatrizen der einzelnen Elementartransformationen. Hier soll noch einmal ausdrücklich darauf hingewiesen werden, daß die Aktualisierungsrechnungen für die Parameter entsprechend den Vorgaben der Prozeßtabelle in hoher Genauigkeit ausgeführt werden müssen, um die Kumulation von Rundungsfehlern bei häufigen Transformationen weitestgehend einzuschränken. Dazu ist ein mathematischer Koprozessor mit schneller Fließpunktarithmetik in jedem Fall von Nutzen. Bei der Ausgabe kann dann jedoch ein Integerkoordinatensystem im jeweiligen Fenster zugrundegelegt werden. Ist ein Display-File fertig erstellt, so wird er abgespeichert. Schon bearbeitete Dateien können natürlich wieder geladen und modifiziert werden.

Schematisch stellt sich der ganze Vorgang der Bilderzeugung folgendermaßen dar (vgl. Kapitel 1):

* Eingabe eines graphischen Objektes über ein Eingabemedium (z. B. mit Hilfe der Maus Auswahl und Plazierung am Bildschirm).

* Erstellung eines Display-Filesegments und Einfügung in die Liste (nach Akzeptierung des Objekts am Bildschirm).

* Manipulation graphischer Objekte. (Auswahl eines Objekts oder Operation am Bildschirm, Zusammenfassen, Auflösen von Objekten etc.).

* Ergänzung der Prozeßliste, Neuberechnung der Parameter des Display-Files für eine Ausgabe und Aktualisierung der zugehörigen Liste (bei Löschungen oder Umstellungen).

* Neuausgabe von Teilen oder Neuaufbau des Bildes am Ausgabemedium (bei Akzeptierung der Operation).

Die Überlegenheit dieses Konzeptes, das in CAD-Programmen verwirklicht ist, zeigt sich besonders bei der Erzeugung von Schriftfonts. Hier wird ein Buchstabe als Displaydatei aufbauend auf *Lineto*-Befehlen mit ihren Koordinatenparametern dargestellt. Rotationen, Scherungen und Maßstabsänderungen erlauben es, eine Vielfalt von Schriftgrößen und Schriftarten zur Verfügung zu halten. Bei der Ausbildung der Ingenieurstudenten in der *Konstruktiven Geometrie* kommen in der letzten Zeit vermehrt große 2D- und 3D-Programmpakete, die nach den erwähnten Prinzipien aufgebaut sind, zum Einsatz. Sie erlauben die interaktive Konstruktion am Bildschirm oder Plotter [G-S], [B-N]. Ein instruktives Beispiel für die Realisierung eines Display-Files in *Turbo Pascal* befindet sich bei *Schlöter* [S1] sowie in [B7]. Eine einfache Realisierung eines Display-Files könnte etwa so aussehen:

```
type kopf = record
        Min_X, Max_X, Min_Y, Max_Y : word;
        Aspektratio : real;
        Anzahl_Farben : byte; end;

    Eintrag = record (* Objekt *)
        Segmentnummer : word;
        Sichtbar : boolean;
        case auswahl : char of
          'p' : (x , y : word; farbe : byte) ; (* Punkt *)
          'l' : (xa, ya, xb, yb : word; farbe : byte) ; (* Linie *)
          'e' : (xm, ym, a, b : word; Φ : real; farbe : byte ;
                              fuellen : boolean) ; (* Ellipse *)
          etc.
        end;
```

Eine doppelt verkettete Liste nimmt die einzelnen Objekte auf, die dann leicht manipuliert werden können.

In den letzten Jahren hat man noch einen anderen Weg eingeschlagen, um die Ausgabe zu standardisieren. Dazu fordert man ein intelligentes Terminal, das eine Steuerungs-Hochsprache interpretieren kann. Eine derartige Seitenbeschreibungssprache mit Namen *PostScript* ist seit 1985 entwickelt worden und hat sich besonders im Bereich des *Desktop Publishing* immer mehr durchgesetzt. Sie vereinigt mathematische wie graphische Elemente aber auch Anweisungen, die direkt den Satz betreffen. Näheres befindet sich in dem *PostScript Language Manual*, das 1986 bei Addison-Wesley erschienen ist. Wir wollen abschließend nur einige Sprachelemente beispielhaft anführen:

PostScript unterstützt

```
* Konstanten,                       * Prozeduren,
/ cm {28.35 mul } def               / square
/ DINA4w 21.0 cm def                { newpath
/ DINA4h 29.7 cm def                0  0 moveto
/ wurzel2  2 sqrt def               1  0 lineto
                                    1  1 lineto
* Schleifen und ihre Variablen,     0  1 lineto
                                    closepath
* konditionelle Verzweigungen,      fill
                                    } def
* Graphikbefehle,                   / circle % Radius 1
fill - translate - scale -          {  0  0  1  0  360  arc fill
showpage etc.                       } def

* DTP Befehle,                      * zusammengesetzte Prozeduren,
3 setlinewidth - 0.75 setgray       / combine
etc.

* vektorisierte Schriften.
```

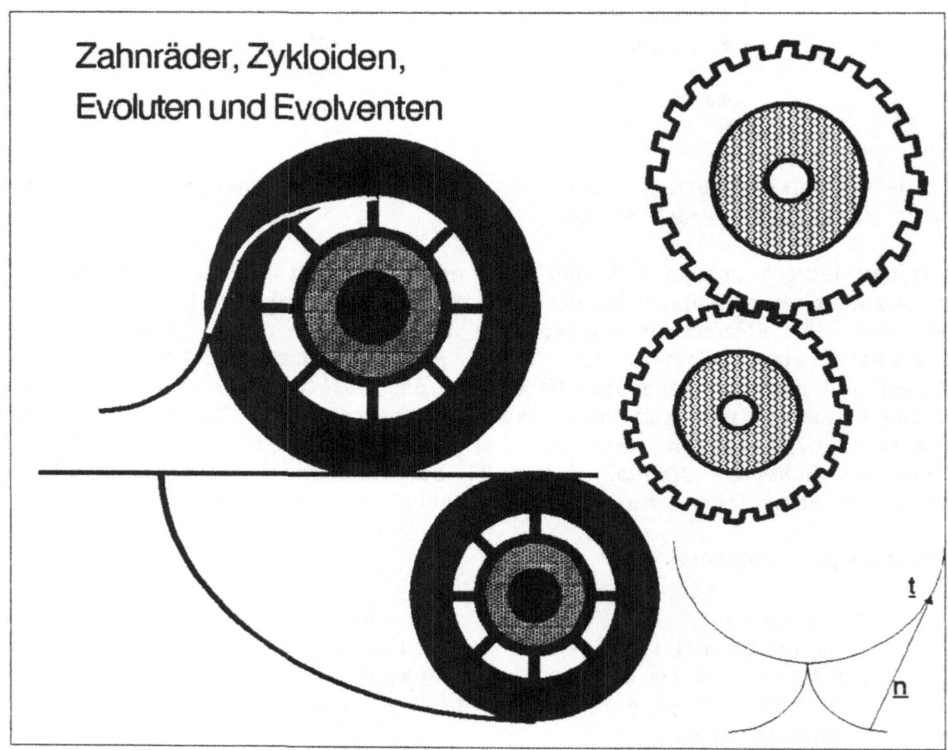
Zahnräder, Zykloiden,
Evoluten und Evolventen
t
n

Kapitel 5

Mechanisch erzeugte ebene Kurven

In Kapitel 5 lernen wir die wichtigsten mechanisch erzeugten Kurven kennen und studieren ihren Verlauf am Bildschirm. Die Kurven spielen in der industriellen wie künstlerischen Formgebung eine wichtige Rolle. Beispiele sind Zahnradformen, Bahnkurven der Astronomie, der Wankel-Motor und Kirchenfensterornamente.

Mechanisch erzeugte Kurven bilden ein wichtiges Kapitel der Ingenieurausbildung [B-F]. Das Studium ihrer Eigenschaften ist für das Verständnis konstruktiver Eigenschaften und mechanischer Abläufe bei Maschinen von größter Bedeutung. Daher wollen wir hier einige der Ergebnisse zusammenstellen. Gerade mit Hilfe der Computergraphik gelingt es, die oftmals komplexen Kurven schnell in den Griff zu bekommen. Schon eine einfache Konfiguration mit hochauflösendem Bildschirm erlaubt anschauliche Ergebnisse. Zunächst wollen wir einige Begriffsbildungen aus der Theorie der Kurven wiederholen.

5.1 Parametrisierte Kurven

Eine Punktmenge $C \subset \mathbf{R}^2$ heißt *Kurvenspur*, wenn jeder Punkt $\underline{x} \in C$ sich als $\underline{x} = (x_1(t), x_2(t))^T$ schreiben läßt. Dabei sind die x_i stetige reellwertige Funktionen über einem Intervall $[a,b]$. Die Variable t heißt *Parameter*, der Funktionsvektor $\underline{x}(t)$, $a \leq t \leq b$, (parametrisierte) Kurve C. $\underline{x}(a)$ ist der Anfangspunkt, $\underline{x}(b)$ der Endpunkt der Kurve. Die Kurve heißt *geschlossen*, falls Anfangs- und Endpunkt gleich sind. Sie heißt n-mal stetig differenzierbar, wenn alle Koordinatenfunktionen es sind. Eine Kurve kann durchaus verschiedene Parametrisierungen haben, die durch eine streng monoton wachsende, stetige Parametertransformation auseinander hervorgehen. Hat man m Kurven C_i, $i = 1, \ldots, m$, mit den Parameterintervallen $[i-1,i]$ und $\underline{x}_i(i) = \underline{x}_{i+1}(i)$, so kann man die Summe der Kurven definieren, wenn man sie einzeln nacheinander durchläuft: $C = C_1 + \ldots + C_m$. Mit $-C$ bezeichnet man die Kurve, die entsteht, wenn man die Durchlaufsrichtung umkehrt.

Zu Ende des letzten Jahrhunderts ist nun gezeigt worden, daß dieser weitgefaßte Kurvenbegriff durchaus nicht dem der anschaulichen Bahnkurven entspricht. In Kapitel 7 werden wir ein Beispiel für eine Kurve angeben, die ein ganzes Quadrat ausfüllt. Derartige Kurven sind natürlich nicht doppelpunktfrei. Eine Kurve $C : \underline{x}(t)$, $a \leq t \leq b$, heißt *Jordanscher* Kurvenbogen, wenn aus $t_1 <> t_2$ auch $\underline{x}(t_1) <> \underline{x}(t_2)$ folgt. C ist *einfach geschlossen*, wenn nur Anfangs- und Endpunkt übereinstimmen. Ist das Supremum der Länge aller in einen Kurvenbogen C eingeschriebenen Polygonzüge beschränkt, so heißt C *rektifizierbar*. Wenn wir einmalige stetige Differenzierbarkeit voraussetzen, gilt für die Kurvenlänge

$$L(C) := \int_a^b \sqrt{\dot{x}_1^2(\tau) + \dot{x}_2^2(\tau)}\, d\tau. \qquad (5.1)$$

Dabei ist die Länge von der Parametrisierung unabhängig, und der Punkt steht abkürzend für die Ableitung nach t. Die Kurve C heißt *glatt*, wenn sie eine stetig differenzierbare Parameterdarstellung $\underline{x}(t)$, $a \leq t \leq b$, besitzt, so daß für alle $t \in [a,b]$ der *Tangentenvektor* $\dot{\underline{x}}(t)$ vom Nullvektor $\underline{0}$ verschieden ist. Wir wollen C einen *Weg* nennen, wenn es Summe endlich vieler glatter Kurven ist. Führt man als Parameter $s(t)$ die Bogenlänge des Weges $C : \underline{x}(\tau)$, $a \leq \tau \leq t$, ein, so spricht man von der *kanonischen Parametrisierung* $\underline{x}(s)$, $0 \leq s \leq L$. $\underline{t}(s) := \underline{x}'(s)$ ist dann der zu Eins normierte Tangentenvektor, und es existiert ein eindeutig bestimmter Normalenvektor

$\underline{n}(s)$ mit $(\underline{t},\underline{n}) = 0$ und $\mathbf{det}(\underline{t},\underline{n}) = 1$. Ist C zweimal stetig differenzierbar, so sind Normalen- und Tangentenvektor über die *Krümmung* k miteinander verbunden:

$$\underline{t}'(s) = k(s)\ \underline{n}(s),\ k(s) = \mathbf{det}(\underline{t},\underline{t}').$$

Tangentenvektor und Krümmung beschreiben dann den Kurvenverlauf in der Umgebung eines Punktes in erster und zweiter Näherung.

5.2 Kegelschnitte und abgeleitete Kurven

5.2.1 Ellipse ($x^2/a^2 + y^2/b^2 = 1$)

Ist eine Ellipse mit den Halbachsen a und b vorgebenen, so gilt für die Abstände der Brennpunkte $\pm e$ vom Nullpunkt $e = \sqrt{a^2-b^2}$. Man trägt also nur die Länge a von Punkte $(0,b)$ zur waagerechten Achse ab. Bei der Fadenkonstruktion werden je zwei Teile r und t der waagerechten Achse mit $r + t = 2a$ als Radien von Kreisen um die Brennpunkte verwendet. In den Schnittpunkten liegen Ellipsenpunkte. Legt man die Schnittpunkte dicht beieinander, so kann die Ellipse durch einen Polygonzug approximiert werden (vgl. Figur 5.1). Eine Parameterdarstellung der Ellipse ist $x = a \cos t$, $y = b \sin t$, $0 \leq t \leq 2\pi$.

5.2.2 Hyperbel ($x^2/a^2 - y^2/b^2 = 1$)

Bei der Normalhyperbel mit den Halbachsen a und b legt man zur Bestimmung der Brennpunkte die Länge des Ortsvektors (a,b) vom Nullpunkt nach beiden Seiten auf der waagerechten Achse an. Verlängert man die Ortsvektoren $(\pm a,\pm b)$, so hat man zugleich die Asymptoten. Zur Konstruktion werden hier die Entfernungen r und t eines beliebigen Punktes auf der waagerechten Achse zu den beiden Scheitelpunkten $(\pm a,0)$ von den beiden Brennpunkten wieder so abgetragen, daß man einen Schnittpunkt erhält. Es gilt dann also $|r - t| = 2a$. Die Parameterdarstellung der Hyperbel ist $x = \pm a \cosh t$, $y = b \sinh t$, $-\infty < t < \infty$.

5.2.3 Parabel ($y = px^2$)

Schreibt man die Parabelgleichung in $y + 1/(4p) = \mathbf{sqrt}(x^2 + (y-1/(4p))^2)$ um, so erkennt man, daß jeder Parabelpunkt von der Leitlinie $y = -1/(4p)$ und dem Brennpunkt $(0,1/(4p))$ gleich weit entfernt ist. Legt man also in beliebigem Abstand r von der Leitlinie eine Parallele, so kann man durch Abtragen von r vom Brennpunkt aus je zwei Schnittpunkte mit der Parallelen als Parabelpunkte erhalten.

Ist der Kegelschnitt in allgemeiner Form vorgegeben durch die Gleichung zweiten Grades

$$ax^2 + 2bxy + cy^2 + 2dx + 2ey + f = 0, \tag{5.2}$$

so kann man ihn durch eine geeignete Drehung mit anschließender Translation auf Normalform bringen. Dazu schreibt man (5.2) in Matrizenform um:

$$(\underline{x}, A\underline{x}) + 2(\underline{g},\underline{x}) + f = 0$$

mit

$$A = \begin{pmatrix} a & b \\ b & c \end{pmatrix}, \underline{g} = (d,e)^T.$$

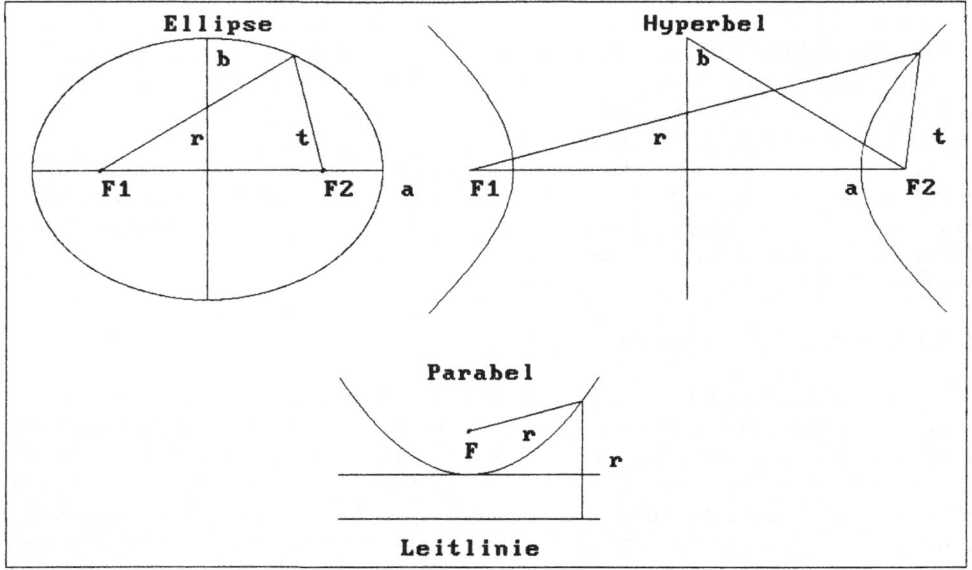

Figur 5.1

A ist eine symmetrische Matrix mit reellen Eigenwerten μ_1 und μ_2, den Nullstellen des Polynoms $P(\mu) = \mathbf{det}(A - \mu E)$. Sodann bestimmt man die orthonormalen Eigenvektoren $\underline{x}_1$ und $\underline{x}_2$ zu den Eigenwerten, d. h. Lösungen der Gleichungen $A\underline{x}_i = \mu_i\underline{x}_i$ mit $|\underline{x}_i| = 1$ und definiert die Drehmatrix $T := (\underline{x}_1,\underline{x}_2)$. Mit der Transformation $\underline{x} = T\underline{y}$, $\underline{y} = (u,v)^T$, geht (5.2) über in

$$(\underline{y},T^TAT\underline{y}) + 2(T^T\underline{g},\underline{y}) + f = \mu_1 u^2 + \mu_2 v^2 + 2\alpha u + 2\beta v + f = 0.$$

Nun kann man zwei Fälle unterscheiden. Ist $\mu_1 \cdot \mu_2 <> 0$, so setzt man noch

$$s := u + \alpha/\mu_1, \quad t := v + \beta/\mu_2, \quad h := \alpha^2/\mu_1 + \beta^2/\mu_2 - f$$

und kann die Form $\mu_1 s^2 + \mu_2 t^2 = h$ leicht klassifizieren. Im nicht entarteten Fall findet man eine Ellipse oder Hyperbel. Ist jedoch einer der Eigenwerte gleich Null, so wird man nach einer quadratischen Ergänzung im allgemeinen auf eine Parabel geführt.

5.2.4 Schraubenlinie ($x = r \cos t,\ y = r \sin t,\ z = b\ t$)

Die Schraubenlinie entsteht durch Zusammenausführung zweier gleichförmiger Bewegungen, einer kreisenden Bewegung in der xy-Ebene und einer Vorschubbewegung in z-Richtung. Die Größe $2\pi b$ heißt Ganghöhe, und β mit $b = r \tan \beta$ ist der Steigwinkel.

5.2.5 Zykloide ($x = a(t - \alpha \sin t),\ y = a(1 - \alpha \cos t),\ \alpha=1$)

Rollt ein Kreis vom Radius a auf einer waagerechten Gerade ab, so erzeugt ein auf dem Rand markierter Punkt eine Zykloide (Figur 5.2, a=1).

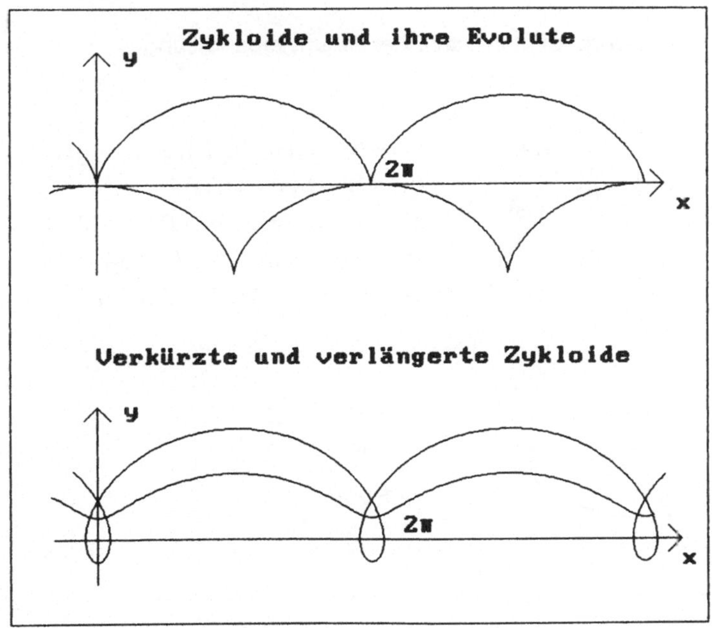

Figur 5.2

Führt man noch einen Parameter α ein, so erhält man für $\alpha < 1$ eine verkürzte Zykloide – der Punkt ist innerhalb des Kreises markiert – für $\alpha > 1$

jedoch eine verlängerte oder verschlungene Zykloide. Hier ist der Punkt außerhalb des Kreises angenommen. Zykloiden treten als Schlagschatten von Schraubenlinien unter paralleler Beleuchtung auf. Ist die Horizontalneigung der Lichtstrahlen größer als der Steigwinkel der Schraubenlinie, so erhalten wir eine verlängerte, ist er kleiner, so eine verkürzte Zykloide.

5.3 Evolute und Evolvente

Sei C eine zweimal stetig differenzierbare ebene Kurve mit der Darstellung $\underline{x}(t)$, $a \leq t \leq b$, und nicht verschwindender Krümmung $k = \mathbf{det}(\dot{\underline{x}},\ddot{\underline{x}})/|\dot{\underline{x}}|^3$ Zu jedem Kurvenpunkt $\underline{x}(t)$ beschreibt $\underline{ev}(t) := \underline{x}(t) + k(t)^{-1}\, \underline{n}(t)$ mit dem Normalenvektor $\underline{n}$ den Mittelpunkt des zugehörigen Krümmungskreises. In Figur 5.3 ist der Zusammenhang zwischen dem Radius $|r|$ des Krümmungskreises und der Krümmung k dargestellt. Dabei haben wir $\underline{t}'(s) = k(s)\, \underline{n}(s)$ und $\mathbf{det}(\underline{t},\underline{t}') \triangleq \mathbf{det}(\dot{\underline{x}},\ddot{\underline{x}})/|\dot{\underline{x}}|^3 = k$ benutzt und uns einer äquivalenten Kurvendarstellung mit dem natürlichen Parameter s bedient, der über die Bogenlänge der Kurve aus (5.1) definiert ist:

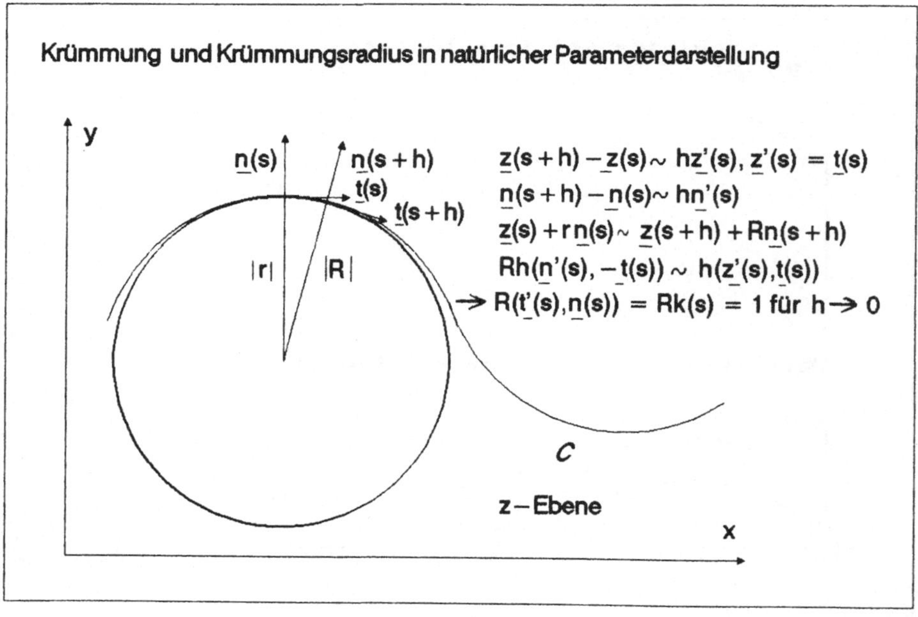

Figur 5.3

$$s(t) := \int_a^t |\dot{\underline{x}}(\tau)|\ d\tau.$$

Die mit $\underline{ev}(t)$ bezeichnete Kurve heißt *Evolute* von C. Umgekehrt nennt man eine Kurve C mit zugehöriger Evolute E dann *Evolvente* von E.

Wir wollen nun die Evolute einer Ellipse berechnen: C ist demnach durch die Parameterdarstellung $x(u) = a \cos u$, $y(u) = b \sin u$, $0 \le u \le 2\pi$ gegeben. Die Berechnung des Tangenten- und Normalenvektor führt auf

$$\underline{t} = (-a \sin u,\ b \cos u)^T/\tau,$$
$$\underline{n} = (-b \cos u,\ -a \sin u)^T/\tau \text{ mit } \tau := \mathbf{sqrt}(a^2 \sin^2 u + b^2 \cos^2 u),$$

und für den Krümmungsradius finden wir

$$k^{-1} = \tau^3/(ab).$$

Einsetzen ergibt schließlich die Parameterdarstellung der Evolute unserer vorgegebenen Ellipse, wobei wir noch die Exzentrizität $e := \sqrt{a^2 - b^2}$ einbringen:

$$\underline{ev}(u) = ((e^2/a) \cos^3 u,\ -(e^2/b) \sin^3 u)^T.$$

Es handelt sich hier um eine Astroide in Parameterform (vgl. Figur 5.4), allerdings mit verschieden großen Achsen. Die Astroide mit den Achsenabschnitten c ist übrigens die Kurve, bei der der Tangentenabschnitt zwischen den Achsen immer die konstante Länge c hat. Ihre Gleichung lautet dann $x^{2/3} + y^{2/3} = c^{2/3}$.

Schließlich wollen wir noch ein Konstruktionsmerkmal für die Evolvente aufzeigen. Wickelt man einen Faden um die Kurve $\underline{ev}(t)$, an dessen Ende sich ein Stift befindet, und zeichnet nun bei straff gespanntem Faden unter Abwicklung eine Kurve, wobei das Fadenende immer negative Tangentenrichtung an $\underline{ev}(t)$ hat, so läßt sich die Evolvente auf diese Weise konstruieren. Stellt man die Evolute in ihrer natürlichen Parameterdarstellung mit der Länge s als Parameter dar, so folgt für die Gleichung ihrer Evolvente

$$\underline{x}(s) = \underline{ev}(s) - (s_0 + s)\ \underline{ev}'(s)\ .$$

Unsere Figur 5.5 zeigt die Evolvente des Einheitskreises mit der Darstellung

$$x(s) = \cos s + s \sin s,\ y(s) = \sin s - s \cos s,\ 0 \le s.$$

Läßt man s auch negative Werte annehmen, so erkennt man im Punkte (1,0) eine Spitze. In der Technik spielt die Evolvente des Kreises eine Rolle bei der Modellierung von Zahnflanken ineinandergreifender Zahnräder. Diese sollen mit möglichst geringer Reibung aufeinander abrollen. Bei der Evol-

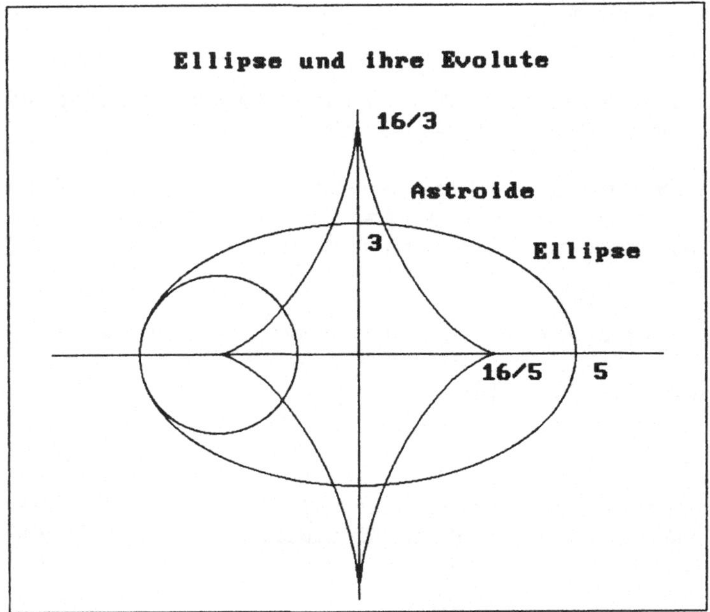

Figur 5.4

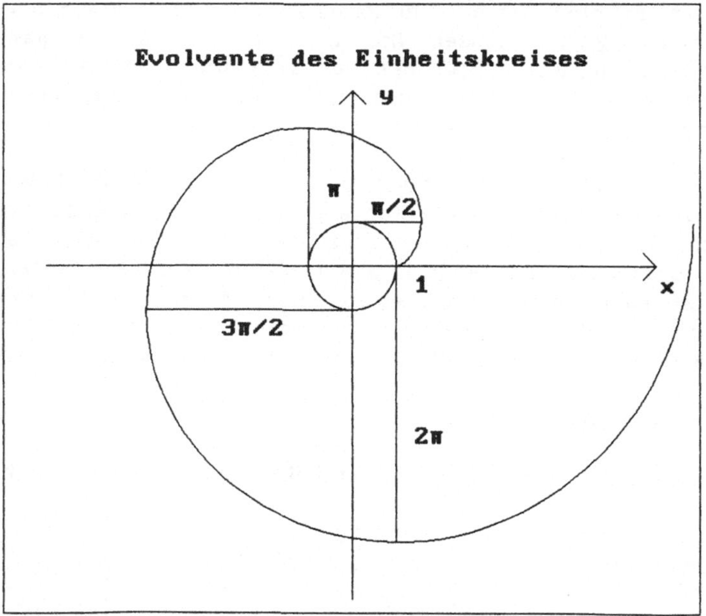

Figur 5.5

ventenverzahnung (DIN 867) [B-F, S.184] ist daher die Zahnflanke Teil einer Evolvente. Der Berührpunkt wird bei $s = 20°$ angenommen.

Kommen wir nun zu den *Trochoiden*, die durch Abrollen zweier Kreise aufeinander entstehen.

5.4 Trochoiden

Unter einer Trochoide mit Zentrum O und kartesischer Basis e1 und e2 versteht man eine Kurve C mit der Parameterdarstellung

$$z(t) = a\,\mathbf{exp}(i\alpha(t - t_0)) + b\,\mathbf{exp}(i\beta(t - t_1)).$$

exp(iu) steht hier abkürzend für **cos** u + i **sin** u und bedeutet die komplexe Exponentialfunktion, i ist die imaginäre Einheit mit $i^2 = -1$. Durch entsprechende Skalierung darf man $a > 0$, $b > 0$, $t_0 = 0$, $t_1 = -h$ annehmen. Sei zugleich $\alpha <> \beta$. Der Fall $\alpha = \beta$ führt auf den Kreis zurück. Wir stützen uns im folgenden auf die Diskussion in [L-A, S. 413f].

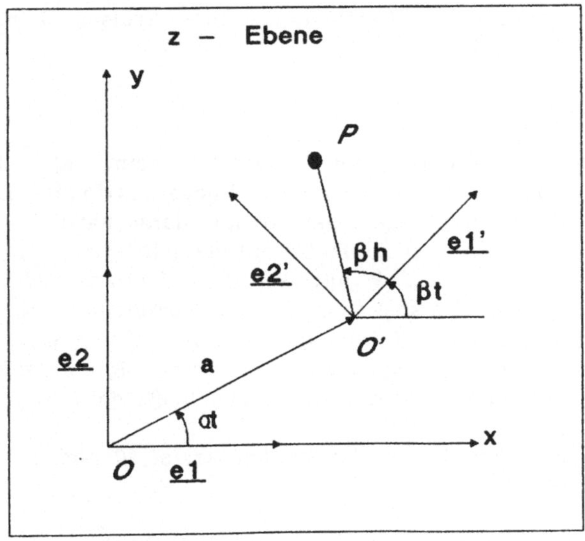

Figur 5.6

Um die von der Parameterdarstellung

$$z(t) = a\,\mathbf{exp}(i\alpha t) + b\,\mathbf{exp}(i\beta(t+h)) \tag{5.3}$$

beschriebenen Kurven zu charakterisieren, wollen wir zu einem neuen Koordinatensystem mit Ursprung O' mit dem Ortsvektor a $\mathbf{exp}(i\alpha t)$ übergehen. Von O' gehen die Achsen $\mathbf{exp}(i\beta t)$ und i $\mathbf{exp}(i\beta t)$ aus, die nun als neue Einheitsvektoren $\underline{e1'}$ und $\underline{e2'}$ dienen sollen. Natürlich sind somit Ursprung wie auch die Achsen beweglich in Abhängigkeit vom Parameter t. Der Punkt P hat dann die Darstellung b $\mathbf{cos}(\beta h)$ $\underline{e1'}$ + b $\mathbf{sin}(\beta h)$ $\underline{e2'}$ bezüglich O' (vgl. Figur 5.6).

Während sich O' mit der Winkelgeschwindigkeit α auf einem Kreis mit Radius a bewegt, dreht sich das neue gestrichene Achsensystem mit der Winkelgeschwindigkeit β um O'. Die Geschwindigkeit des Punktes P ist gegeben durch die Ableitung

$$z'(t) = ia\alpha\ \mathbf{exp}(i\alpha t) + ib\beta\ \mathbf{exp}(i\beta(t+h)).$$

Sie verschwindet für

$$b\ \mathbf{exp}(i\beta h) = -(a\alpha/\beta)\ \mathbf{exp}(i(\alpha-\beta)t). \tag{5.4}$$

Mit dieser Beziehung hat man gewisse Parameterwerte t ausgezeichnet. Die zugehörigen Kurvenpunkte von C liegen auf einem Kreis R mit Radius $|a\alpha/\beta|$ und Zentrum O', dem sogenannten *Rollkreis*. Trägt man (5.4) in (5.3) ein, so resultiert daraus die Darstellung eines Kreises S mit Mittelpunkt O und Radius $|a(1 - \alpha/\beta)|$:

$$z_S(t) = a(1 - \alpha/\beta)\ \mathbf{exp}(i\alpha t). \tag{5.5}$$

Der Vorteil dieser Betrachtungsweise besteht darin, daß man nun sofort eine Bedingung an der Hand hat, wann die Kurve stationäre Punkte besitzt, in denen sie eventuell nicht glatt ist. Genau dann nämlich, wenn sie den Kreis R schneidet, und das ist gleichbedeutend mit $|\beta b| = |\alpha a|$. Jeder Kurvenpunkt von C liegt dann auf R, und R rollt auf einem *Stütz-* oder *Basiskreis* S ab. Die Lage des Kreises R hängt vom Vorzeichen von $\alpha\beta$ ab. Ist $\alpha\beta > 0$, so liegt R außerhalb von S, wir sprechen bei C von einer *Perizykloide*, wenn R den Kreis S umfaßt, andererseits von einer *Epizykloide*. Ist $\alpha\beta < 0$, so verläuft C im Inneren von S, und die Kurve heißt dann *Hypozykloide*.

Figur 5.7 zeigt mögliche Lagen der beiden Kreise R und S für beide Fälle. Wir fassen zusammen:

Die durch $z(t) = a\ \mathbf{exp}(i\alpha t) + b\ \mathbf{exp}(i\beta(t+h))$ beschriebene Kurve C ist eine Epi- oder Perizykloide im Falle $|a|\alpha = |b|\beta$. Gilt jedoch $|a|\alpha = -|b|\beta$, so handelt es sich um eine Hypozykloide.

Figur 5.8 zeigt die Astroide $z(t) = 3\ \mathbf{exp}(it) + \mathbf{exp}(-3it)$ als Hypozykloide. Hier haben wir die reelle Parameterdarstellung $x(t) = 4\ \mathbf{cos}^3(t)$, $y(t) = 4\ \mathbf{sin}^3(t)$.

Im allgemeineren Fall $|a|\alpha \neq |b|\beta$ spricht man wieder in Abhängigkeit vom Vorzeichen von $\alpha\beta$ von einer *Epi-* oder *Peritrochoide* ($\alpha\beta>0$) und einer *Hypo-*

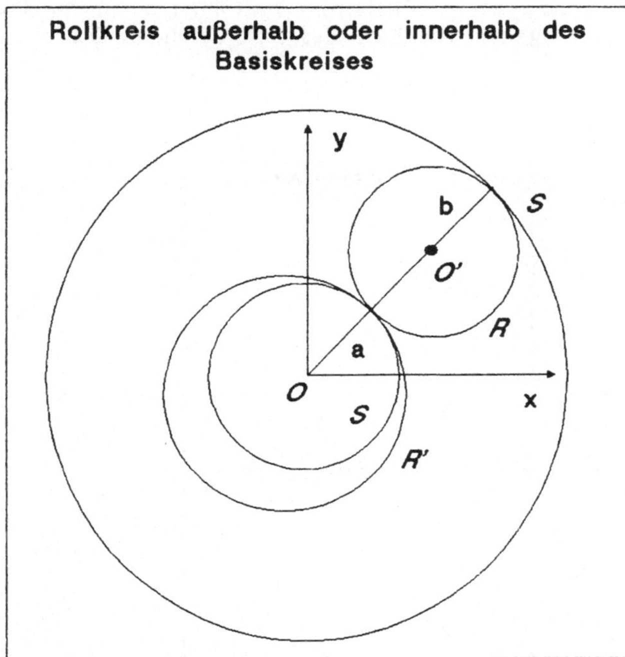

Figur 5.7

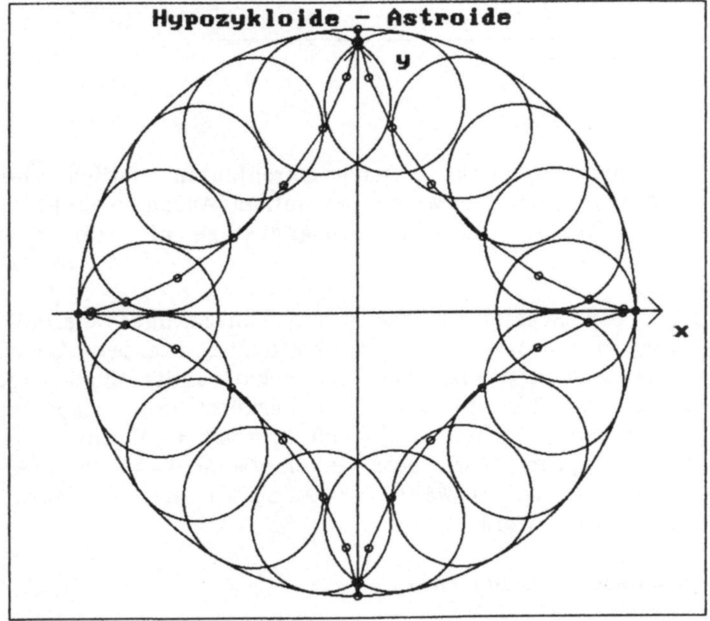

Figur 5.8

trochoide ($\alpha\beta<0$). Gilt dann $[\alpha^2 - \beta^2][(|a|\alpha)^2 - (|b|\beta)^2] > 0$, so ist die Trochoide verlängert, im umgekehrten Fall des "<" Zeichens ist sie verkürzt (vgl. Figur 5.9).

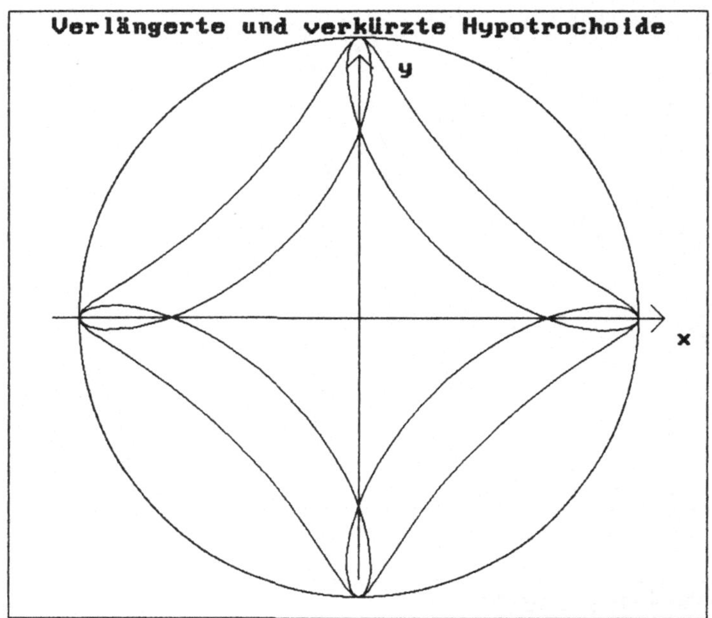

Figur 5.9

Bei rationalem β/α kehrt der Punkt P nach Durchlaufen endlich vieler sich eventuell überdeckender Schleifen wieder an seinen Ausgangspunkt zurück, bei irrationalem Verhältnis wird die Ausgangslage nie wieder erreicht.

Untersuchen wir noch den Spezialfall, daß β ein ganzzahliges Vielfaches von α ist: $\beta=n\cdot\alpha$. Dann wird $z(t) = (a/n)\,(n\,\mathbf{exp}(\mathrm{i}\alpha t) \pm \sigma\,\mathbf{exp}(\mathrm{i}n\alpha(t+h)))$. Positives Vorzeichen von n betrifft die Epi-, das negative die Hypotrochoide. Ist $\sigma > 1$, so ist sie verlängert, für $\sigma < 1$ verkürzt (vgl. Figur 5.10 mit $n=3$, also einer Epitrochoide). Setzt man noch $\Theta = \alpha t + \Theta_0$ und rotiert das Achsensystem um den Ursprung O mit dem Winkel $-\Theta_0$, so kann der Faktor $\pm\mathbf{exp}(\mathrm{i}(n\alpha h+(1-n)\Theta_0))$ durch geeignete Wahl von Θ_0 zu -1 normiert werden, und wir erhalten die neue Normalform

$$Z(\Theta) = (a/n)(n\,\mathbf{exp}(\mathrm{i}\Theta) - \sigma\,\mathbf{exp}(\mathrm{i}n\Theta)). \tag{5.6}$$

Sei in Folge $\sigma=1$. Wir wollen nun die trivialen Fälle $n=\pm1$ ausschliessen. Dann ergeben sich die stationären Punkte der Kurve C zu $\Theta=2m\pi/(n-1)$ mit ganzzahligem m. Hier ist $Z'(\Theta) = 0$. Für $n \neq -1$ liegt eine Spitze vor,

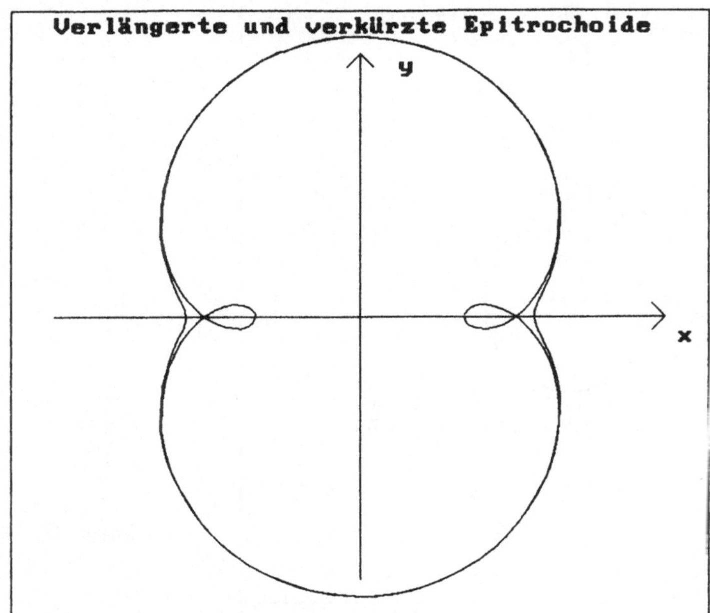

Figur 5.10

und auf dem Stützkreis S liegen $n-1$ Spitzen im gleichen Abstand. Dieser hat den Radius $a(n-1)/n$, der Rollkreis R den Radius $|a/n|$. Ist $n=p/q$ rational, so läuft die Kurve mehrfach um und hat $|p-q|$ stationäre Punkte. Ist n jedoch irrational, so liegen die Spitzen dicht auf dem Stützkreis. Bestimmen wir noch die Krümmung k der Kurve C. Dazu muß $\mathbf{det}(\underline{Z}',\underline{Z}'')/|\underline{Z}'|^3$ berechnet werden. Sodann ist der Normalenvektor $N(\Theta)$ zu ermitteln.

Wegen $Z'(\Theta)=\mathrm{i}a(\mathbf{exp}(\mathrm{i}\Theta)-\mathbf{exp}(\mathrm{i}n\Theta))$ kann $N=-a(\mathbf{exp}(\mathrm{i}\Theta)-\mathbf{exp}(\mathrm{i}n\Theta))$ gesetzt werden. Es ist dann $|Z'|=|N'|$. Schließlich finden wir

$$\mathbf{det}(\underline{Z}',\underline{Z}'') = (n+1)|\underline{Z}'|^2/2$$

und damit als Evolute der Zykloide wieder eine Zykloide, die man durch eine Ähnlichkeitstransformation erhält (vgl. Abschnitt 5.3):

$$Ev(\Theta) = Z(\Theta)-2a\{\mathbf{exp}(\mathrm{i}\Theta)-\mathbf{exp}(\mathrm{i}n\Theta)\}/(n+1) = A\ \{\mathbf{exp}(\mathrm{i}\Theta)+\mathbf{exp}(\mathrm{i}n\Theta)/n\}.$$

Dabei ist $A = a(1-2/(n+1))$, $n \neq -1$.

Unsere Figuren 5.11 - 5.13 zeigen verschiedene Zykloiden, ihre Evoluten, Basis- und Rollkreise für die Fälle $n=2$ (Kardioide), $n=3$ (Nephroide) und $n=5$. Verbindet man den umschließenden Kreis mit den Kurvenpunkten einer Zykloide, so erhält man die bekannten *Spirographen*, mit deren Hilfe man

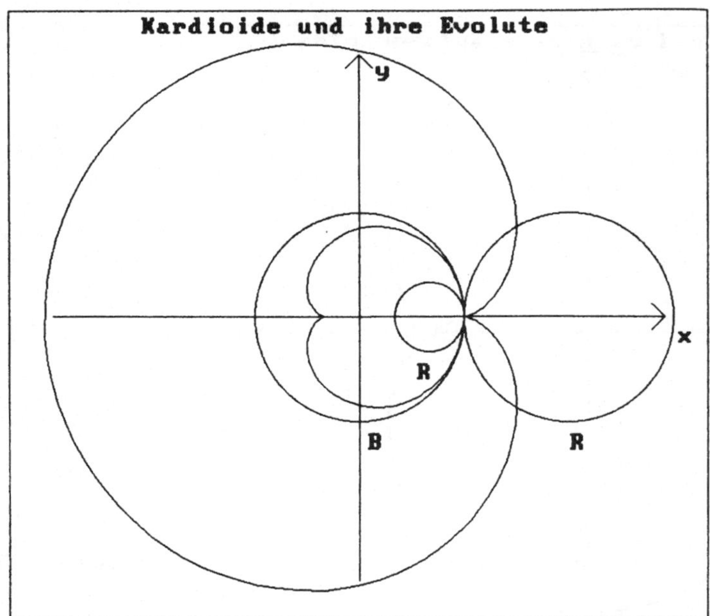

Figur 5.11

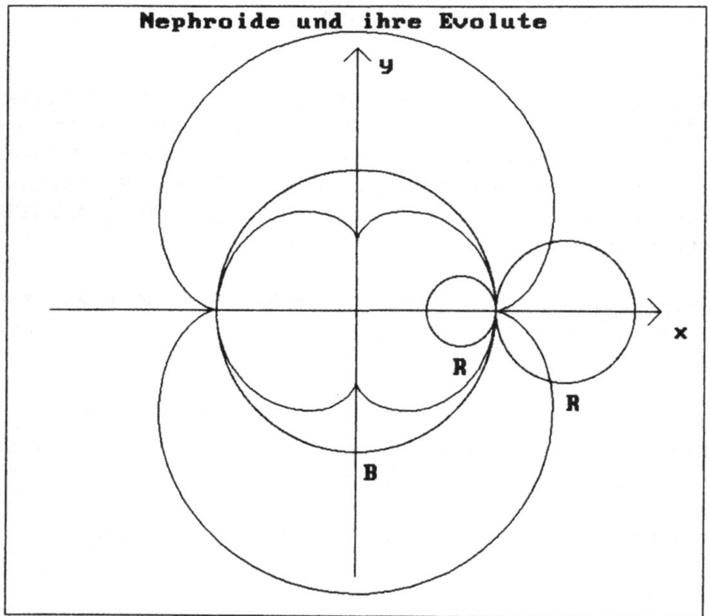

Figur 5.12

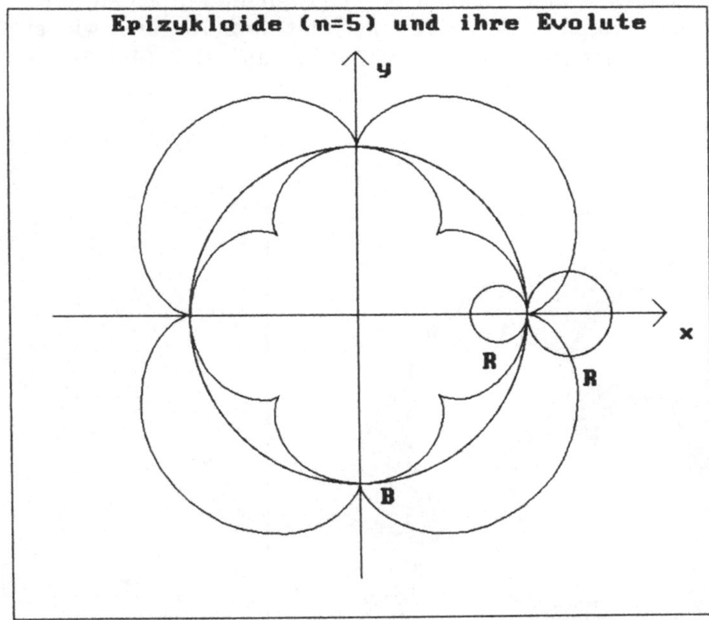

Figur 5.13

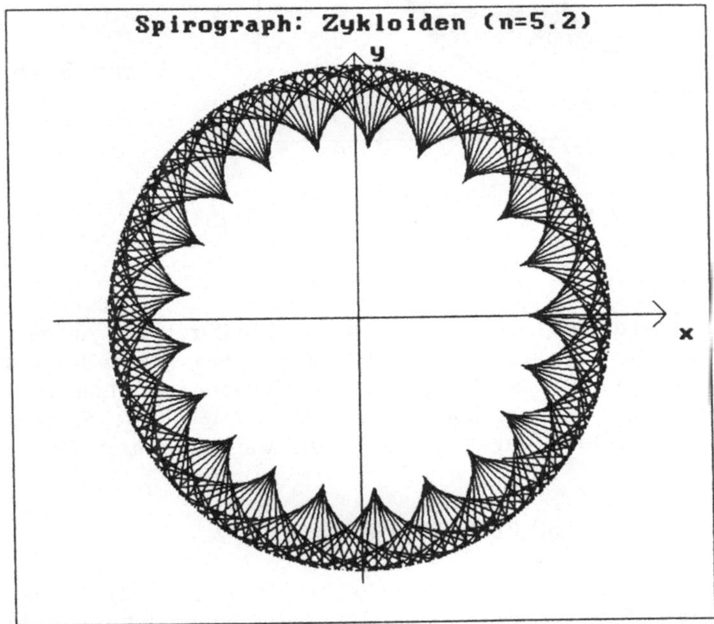

Figur 5.14

ornamentale Formen erzeugen kann. Figur 5.14 zeigt einen einfachen, Figur 5.15 einen doppelten Spirographen. Im ersten Fall ist $n=26/5$, und wir erkennen 26−5=21 Spitzen, im zweiten dagegen $n=7/2$, woraus sich fünf Spitzen ergeben.

Figur 5.15

Lelong-Ferrand und *Arnaudiès* [L-A] und *Grohe* [G3] studieren als Anwendung den *Wankel-Motor*. Hier durchlaufen die drei Ecken des Rotors in dem nephroidenförmigen Verbrennungsraum die gleichen nephroidenähnlichen verkürzten Peritrochoiden, wenn sich der Rotor R um die Antriebswelle S dreht (vgl. Figur 5.16). Das ist jedoch nur dann der Fall, wenn die drei Funktionen

$$z_k(t) = a\,\mathbf{exp}(\mathrm{i}\alpha t) + b\,\mathbf{exp}(\mathrm{i}(\beta t+2\pi k/3))\ ,\ k = 0,\ 1,\ 2,$$

die gleichen Kurven beschreiben. Dann gibt es aber ein t_0 mit $\alpha t_0 = 2m\pi$, $\beta t_0 = 2n\pi + 2\pi/3$, woraus $\beta/\alpha = (3n+1)/(3m)$ folgt. Naheliegend ist die Wahl von $n = 0$ und $m = 1$, und wir finden schließlich für die Gehäusekontur in erster Näherung $z(t) = a\,\mathbf{exp}(\mathrm{i}t) + b\,\mathbf{exp}(\mathrm{i}t/3)$, $a < b$. Genauer ist sogar $b > 3a$, denn der Stützkreis hat den Radius $|a(1-\alpha/\beta)| = 2a$, der Rollkreis jedoch den Radius $a{\cdot}\alpha/\beta = 3a$.

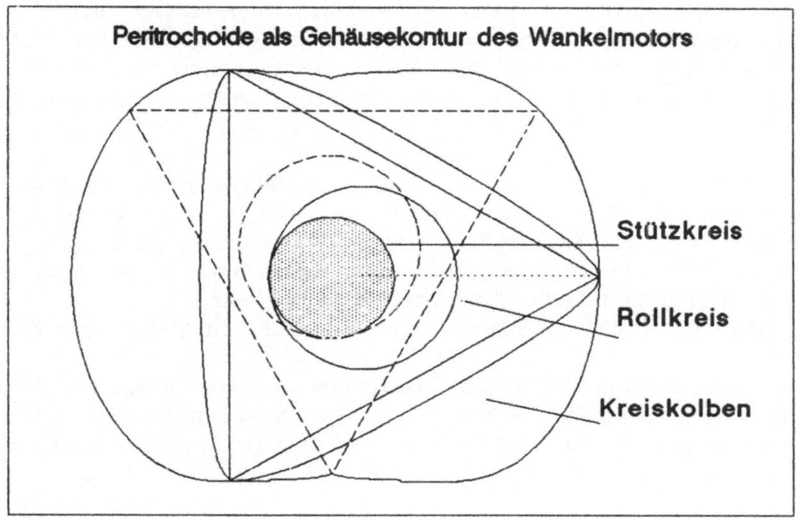

Figur 5.16

Fassen wir aus den Betrachtungen der Kapitel 4 und 5 zusammen, welche zusätzlichen Anforderungen neben der Bereitstellung der graphischen Grundelemente wie Punkt, Linie, Polygon und Text an eine moderne CAD-Software zu stellen sind. Es sind dies:

* das Verschieben, Drehen um beliebige Winkel und Neuskalieren von Objekten,
* das Verbiegen und Spiegeln,
* das Löschen, Duplizieren und Übernehmen aus anderen Bildern.

Folgende abgeleitete Elemente sollten zur Verfügung stehen:

* Kreise, Ellipsen und Bögen mit entsprechenden Füllmustern,
* Lot fällen, Parallele zeichnen, Strecken halbieren, Winkel antragen,
* Tangente, Normale und Krümmungskreis an Kurvenbögen anbringen,
* Schnittstelle zu einer höheren Programmiersprache, um andere Kurven eingeben zu können.

Auf eine weitere Option kommen wir im folgenden Kapitel zu sprechen, auf das Einpassen einer glatten Kurve in ein vorgegebenes Feld von Richtpunkten mittels *Splines*.

Am Institut für Geometrie und Praktische Mathematik wird zur Ingenieurausbildung in Darstellender Geometrie ein zweidimensionales CAG-System eingesetzt [B-N]. Es ist in *Turbo Pascal 4.0* geschrieben, benötigt eine Maus, einen Graphikbildschirm und nach Möglichkeit einen Plotter. Bei einem modularen Konzept werden Kommando-Files erzeugt, die speicherbar und interaktiv modifizierbar sind. Neben den oben angesprochenen Objekten haben die Autoren einige andere für die Darstellende Geometrie wichtigen Optionen verwirklicht.

* Punkte können auf oder relativ zu Objekten definiert werden, Geraden mit Hilfe eines Winkels bezüglich einer zweiten Gerade, Hilfslinien zur Konstruktion eingefügt und gelöscht werden,
* alle Objekte können miteinander zum Schnitt gebracht werden,
* an alle Objekte sind Tangenten konstruierbar,
* Möglichkeit von *Macros* und eine Vielzahl von Hilfsprogrammen.

Für die Verwirklichung eines 3D-Pakets sind dann noch weitere Forderungen zu formulieren, die im zweiten Teil des Buches präzisiert werden. Ein derartiges System steht am oben genannten Institut vor der Fertigstellung.

Aufgabe 5.1
Man zeige für den allgemeinen Kegelschnitt (5.2), daß sich der Drehwinkel Φ aus $\mathbf{tan}(2\Phi) = 2b/(a-c)$ ergibt. Für $b = 0$ ist $\Phi = 0°$ und für $a = c$ und b <> 0 ist $\Phi = 45°$ zu wählen. Leite daraus Folgerungen zur Konstruktion eines Kegelschnitts am Bildschirm her.

Aufgabe 5.2
Gegeben sei die Zykloide $z(t) = (a/n)\{n\ \mathbf{exp}(it) - \mathbf{exp}(int)\}$, $n \in \mathbf{Z}\setminus\{-1,1\}$, $0 \leq t \leq 2\pi$. Man berechne ihre Kurvenlänge und ihren Flächeninhalt.

Anleitung
Es gilt

$$x(t) = a\ \mathbf{cos}(t) - (a/n)\ \mathbf{cos}(nt),\quad \dot{x}(t) = a(-\mathbf{sin}(t) + \mathbf{sin}(nt)),$$
$$y(t) = a\ \mathbf{sin}(t) - (a/n)\ \mathbf{sin}(nt),\quad \dot{y}(t) = a(\mathbf{cos}(t) - \mathbf{cos}(nt)).$$

Die Länge L der Kurve C ergibt sich aus (5.1)

$$L = \int_0^{2\pi} \sqrt{\dot{x}^2(t) + \dot{y}^2(t)}\,dt = 4a|n-1| \int_0^{\pi/|n-1|} \mathbf{sin}|(n-1)/2|t\ dt$$

zu $8a$. Die Fläche berechnet man mit Hilfe des Integrals

$$F = ½ \int_C (x\ dy - y\ dx) = \pi a^2(n+1)/n.$$

Aufgabe 5.3
Man zeige: Die logarithmische Spirale

$$r = a\ \mathbf{exp}(\Phi/k),\ x = r\ \mathbf{cos}\ \Phi,\ y = r\ \mathbf{sin}\ \Phi,\ k = \mathbf{tan}\ \alpha,$$

ist die Kurve, die alle vom Ursprung ausgehenden Strahlen Φ = const. unter dem gleichen Winkel α schneidet.

Anleitung
Verwende

$$\frac{dy}{dx} = \frac{r'\ \mathbf{sin}\ \Phi + r\ \mathbf{cos}\ \Phi}{r'\ \mathbf{cos}\ \Phi - r\ \mathbf{sin}\ \Phi} = \frac{\mathbf{tan}\ \Phi + k}{1 - k\ \mathbf{tan}\ \Phi} = \mathbf{tan}(\Phi + \alpha).$$

Die zugehörige Differentialgleichung heißt $y' = (y + kx)/(x - ky)$.

Aufgabe 5.4
a) Man berechne die Schleppkurve T, die der Massenpunkt P in der xy-Ebene vom Punkte $(0,a)$ aus beschreibt, wenn er sich am Ende eines Fadens der festen Länge a befindet und sich das Ende des Fadens längs der positiven x-Achse gegen Unendlich bewegt.

b) Zeige, daß T die Parameterdarstellung $T : a\cdot(u - \mathbf{tanh}\ u,\ 1/\mathbf{cosh}\ u)$ hat und die Evolvente der Kettenlinie $K : a\cdot(u,\ \mathbf{cosh}\ u)$ ist.

Lösung
Die Differentialgleichung lautet $y^2 + y^2/y'^2 = a^2$, $y' = -y/\sqrt{a^2-y^2}$, und man findet $x = -\sqrt{a^2-y^2} + a\ \mathbf{ln}\ [(a + \sqrt{a^2-y^2})/y]$. Nun setzt man statt y die Parameterdarstellung $a/\mathbf{cosh}\ u$ ein und verifiziert $x(u) = a\cdot(u - \mathbf{tanh}\ u)$. Dann betrachten wir die Kettenlinie $K : \underline{x}(u) = a\cdot(u,\ \mathbf{cosh}\ u)^T$ und ermitteln den ausgezeichneten Parameter nach (5.1) zu $s = a\ \mathbf{sinh}\ u$ und den normierten Tangentenvektor $\underline{t}(u) = (1/\mathbf{cosh}\ u,\ \mathbf{tanh}\ u)^T$. Daher gilt für die Gleichung der Evolvente

$$\underline{x}(u) - s(u)\cdot\underline{t}(u) = a\cdot(u - \mathbf{tanh}\ u,\ 1/\mathbf{cosh}\ u)^T.$$

Aufgabe 5.5 [B-N]
Bei der Interpolation einer Kurve $\underline{x}(t)$, $a \le t \le b$, durch einen Polygonzug mit den Ecken $\underline{x}(t_i)$, $i=0,1,\ldots,n$, erhält man eine Abschätzung des Fehlers r_i mit Hilfe des Restglieds der *Lagrangeschen Interpolationsformel* zu $8\cdot r_i \le (t_{i+1} - t_i)^2\cdot\mathbf{max}\{|\ddot{\underline{x}}(t)|\ \ |t\epsilon[t_i, t_{i+1}]\}$. Mit Hilfe der zweiten Differenzen ermittele man eine Schätzung s_i für den Betrag der zweiten Ableitung und zeige, daß $r_i \le \delta$ wird, wenn die Schrittweite $t_{i+1} - t_i$ kleiner als $2\cdot\mathbf{sqrt}(2\delta/s_i)$ ist. Begründe, daß für die Darstellung von Kreisen mit dem Radius R am Rasterbildschirm der Winkelschritt kleiner als $2/\sqrt{R}$ zu wählen ist.

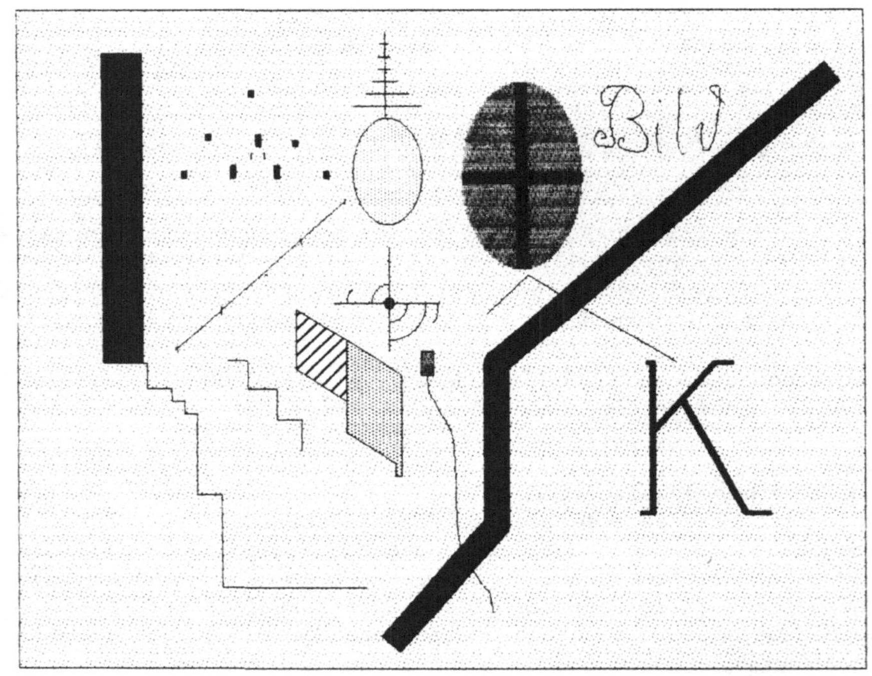

Kubistische Splines nach Oskar Schlemmer
Bild K. 1915

Kapitel 6

Splines

In Kapitel 6 geht es darum, nach der Vorgabe von Leitpunkten Kurven zu konstruieren, die entweder durch oder in der Nähe dieser Punkte verlaufen und gewisse Glattheitsvoraussetzungen erfüllen. Derartige Kurven sind bei konstruktiven Entwürfen und bei der industriellen Formgebung von großer Bedeutung, wenn keine analytische Beschreibungen der Kurven oder Flächen, sondern nur einzelne Gitterpunktdaten bekannt sind. Auch bei der Textdarstellung spielen Splinekurven eine wichtige Rolle. Ein Blick auf Freiformflächen schließt das Kapitel ab.

6.1 Kubische Splines

Bisher haben wir unser Hauptaugenmerk auf die Darstellung analytisch vorgegebener Kurven gerichtet. In der Praxis stellt sich jedoch noch häufiger die Frage, durch eine Anzahl bekannter Punkte eine Kurve zu legen, eine adäquate analytische Beschreibung zu ermitteln und sie dann auf einem Ausgabegerät zu visualisieren. Die Bestimmung der zugrunde liegenden Punktmenge kann oft auf experimentellen Beobachtungen oder numerischen Auswertungen, wie zum Beispiel der Lösung einer Differentialgleichung mit einem Näherungsverfahren basieren. Denken wir nur an die Ermittlung der täglichen Temperaturkurve aus Einzelmessungen oder die Bahnkurve eines Teilchens, dessen Bewegung durch eine Differentialgleichung beschrieben ist, die dann an gewissen Stützstellen näherungsweise gelöst wird.

Die einfachste Möglichkeit, unser Interpolationsproblem bei $n+1$ vorgegebenen Punkten $(x_0,y_0), \ldots ,(x_n,y_n)$ zu lösen, besteht in der Angabe eines Polynoms vom Grade n durch diese Punkte, des *Lagrangeschen Interpolationspolynoms*:

$$p_n(x) = y_0 \cdot P_0(x)/P_0(x_0) + y_1 \cdot P_1(x)/P_1(x_1) + \ldots + y_n \cdot P_n(x)/P_n(x_n),$$
$$P_i(x) := (x - x_0)\cdot \ldots \cdot (x - x_{i-1})\cdot (x - x_{i+1})\cdot \ldots \cdot (x - x_n).$$

Der Nachteil des Verfahrens besteht darin, daß bei einer größeren Anzahl von Punkten mit wachsendem n auch der Grad des Polynoms mit anwächst, was bei der Auswertung zu Instabilitäten führen kann. Daher geht man einen anderen Weg und versucht, Polynome eines fest vorgegebenen kleineren Grades wie 3 oder 5 so aneinanderzusetzen, daß die daraus resultierende Funktion und ihre Ableitungen in den $n+1$ Punkten bis zu einer gewissen Ordnung stetig sind. Wir wollen hier zunächst Polynome p_k dritten Grades mit k = 0, 1, 2 ,..., $n-1$, verwenden und fordern:

$$p_0(x_0) = y(x_0) = y_0, \quad p_{n-1}(x_n) = y(x_n) = y_n,$$
$$p_k(x_{k+1}) = p_{k+1}(x_{k+1}) = y(x_{k+1}),$$
$$p_k'(x_{k+1}) = p_{k+1}'(x_{k+1}),$$
$$p_k''(x_{k+1}) = p_{k+1}''(x_{k+1}), \quad k = 0, 1, 2, \ldots , n - 2.$$

Somit gelangen wir zu der gewünschten Polynominterpolation $p(x)$ mit n Polynomen

$$p_k(x) = a_k + b_k(x - x_k) + c_k(x - x_k)^2 + d_k(x - x_k)^3,$$
$$x_k \le x \le x_{k+1}, \quad k = 0, \ldots , n-1,$$

vom Grade 3, die samt ihrer ersten zwei Ableitungen stetig ist. Es sind jedoch die Koeffizienten der n Polynome noch nicht eindeutig bestimmt. Dazu kann man eine der drei folgenden Bedingungen einführen:

$$\begin{aligned}
&1)\ p_0''(x_0) = p_{n-1}''(x_n) = 0,\\
&2)\ p_0(x_0) = p_{n-1}(x_n),\ p_0'(x_0) = p_{n-1}'(x_n),\ p_0''(x_0) = p_{n-1}''(x_n),\\
&\qquad \text{(Periodizität)}\\
&3)\ p_0'(x_0) = a,\ p_{n-1}'(x_n) = b.
\end{aligned} \qquad (6.1)$$

Wir wollen hier zunächst nur den ersten Fall untersuchen und die Koeffizienten der Polynome p_k berechnen. Unsere Bedingungen führen uns auf ein System linearer Gleichungen

$$\begin{aligned} c_0 &= 0 \\ f_1\ c_1 + h_1\ c_2 &= g_1 \\ h_{k-1}\ c_{k-1} + f_k\ c_k + h_k\ c_{k+1} &= g_k,\ k = 2, \ldots, n-2, \\ h_{n-2}\ c_{n-2} + f_{n-1}\ c_{n-1} &= g_{n-1} \end{aligned} \tag{6.2}$$

mit

$$\begin{aligned} f_k &:= 2(h_k + h_{k-1}),\ h_k := x_{k+1} - x_k,\ y_k := y(x_k), \\ g_k &:= 3\{(y_{k+1} - y_k)/h_k - (y_k - y_{k-1})/h_{k-1}\}. \end{aligned}$$

Das Gleichungssystem ist tridiagonal, was seine Lösung erleichtert, zum Beispiel durch Zerlegung der Matrix in ein Produkt zweier Halbdiagonalmatrizen mit der sogenannten *L-R Zerlegung.*

Wir initalisieren $c_1 := g_1/f_1$ und setzen für $k = 2$ bis $n - 1$

$$\begin{aligned} e_{k-1} &:= h_{k-1}/f_{k-1}, \\ f_k &:= f_k - h_{k-1}\cdot e_{k-1}, \\ c_k &:= (g_k - h_{k-1}\cdot c_{k-1})/f_k. \end{aligned}$$

Sodann erhalten wir die Lösung des Gleichungssystems durch Rückeinsetzen aus

$$c_k := c_k - e_k\cdot c_{k+1},\ k = n-2, \ldots, 1.$$

Natürlich ist $a_k = y_k$, $k = 0, 1, \ldots, n-1$, und wir setzen $a_n := y_n$, $c_n := 0$. Die restlichen Koeffizienten ergeben sich mit $k = 0, 1, \ldots, n-1$ zu

$$b_k := (a_{k+1} - a_k)/h_k - h_k(c_{k+1} + 2c_k)/3,\ d_k := (c_{k+1} - c_k)/(3h_k).$$

Das folgende Rechenbeispiel gibt sechs Punkte mit aufsteigender Abszisse vor, berechnet die kubischen Polynome in den Intervallen, interpoliert einen Funktionswert und liefert eine Skizze der Splinekurve.

```
Polynome pk(x), k=0,...,n-1 :ak+bk(x-xk)+ck(x-xk)^2+dk(x-xk)^3
k =  0  x(k) =  0  x(k+1) =  1  Koeffizienten:
 1        .868421053       0          .131578947
k =  1  x(k) =  1  x(k+1) =  3  Koeffizienten:
 2        1.26315789      .394736842      -.263157895
k =  2  x(k) =  3  x(k+1) =  4  Koeffizienten:
 4       -.315789474     -1.18421053       0
k =  3  x(k) =  4  x(k+1) =  5  Koeffizienten:
 2.5     -2.68421053     -1.18421053       1.36842105
k =  4  x(k) =  5  x(k+1) =  6  Koeffizienten:
 0       -.947368421      2.92105263      -.973684211
```

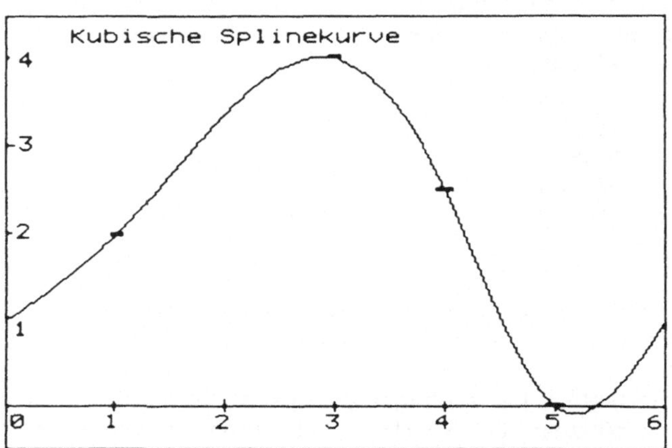


```
Kubische Splineinterpolation
Punkt #  0  x,y =  0    1
Punkt #  1  x,y =  1    2
Punkt #  2  x,y =  3    4
Punkt #  3  x,y =  4    2.5
Punkt #  4  x,y =  5    0
Punkt #  5  x,y =  6    1

Berechnung der Koordinaten eines interpolierten Punktes:
Wert der Koordinate x =  2
p( 2 ) =  3.39473685
```

Figur 6.1

6.2 Parametrisierte kubische Splines

Liegen die Abszissenwerte nicht in aufsteigender Folge vor, so ist es nützlich, parametrisierte Splinekurven zu verwenden. Dazu setzen wir ein Vektorpolynom dritten Grades an:

$$\underline{p}(t) = \underline{a} + \underline{b}t + \underline{c}t^2 + \underline{d}t^3, \; 0 \leq t \leq 1.$$

Sei dann eine Folge von Punkten $\underline{P}_k$ und den zugehörigen Richtungen $\underline{Q}_k$, $k = 0, \ldots, n$, vorgegeben. Wir suchen n Polynome $\underline{p}_k$, die durch die Punkte $\underline{P}_k$ und $\underline{P}_{k+1}$ gehen und die Richtungen $\underline{Q}_k$ und $\underline{Q}_{k+1}$ annehmen. So ergibt sich ein Gleichungssystem

$$\begin{aligned}
&\underline{a}_k = \underline{P}_k \\
&\underline{b}_k = \underline{Q}_k \\
&\underline{a}_k + \underline{b}_k + \underline{c}_k + \underline{d}_k = \underline{P}_{k+1} \\
&\underline{b}_k + 2\underline{c}_k + 3\underline{d}_k = \underline{Q}_{k+1}, \; k = 0, \ldots, n-1.
\end{aligned} \tag{6.3}$$

und Auswerten führt auf

$$\underline{p}_k(t) = \underline{P}_k + \underline{Q}_k t + [3(\underline{P}_{k+1}-\underline{P}_k)-\underline{Q}_{k+1}-2\underline{Q}_k]\,t^2+[2(\underline{P}_k-\underline{P}_{k+1})+\underline{Q}_{k+1}+\underline{Q}_k]\,t^3 \tag{6.4}$$

Fordert man noch die Stetigkeit der zweiten Ableitungen, so lassen sich die $\underline{Q}_k$ durch ein Gleichungssystem mit den $\underline{P}_k$ in Zusammenhang bringen. Es wird

$$2\underline{c}_k = 2[3(\underline{P}_{k+1}-\underline{P}_k)-\underline{Q}_{k+1}-2\underline{Q}_k] = 2\underline{c}_{k-1}+6\underline{d}_{k-1}=6(\underline{P}_{k-1}-\underline{P}_k)+2\underline{Q}_{k-1}+4\underline{Q}_k, \tag{6.5}$$

und Auflösung nach $\underline{Q}$ ergibt die $n - 1$ Gleichungen ($k = 1$ bis $n - 1$)

$$\underline{Q}_{k-1} + 4\underline{Q}_k + \underline{Q}_{k+1} = 3(\underline{P}_{k+1}-\underline{P}_k) - 3(\underline{P}_{k-1}-\underline{P}_k) = 3(\underline{P}_{k+1}-\underline{P}_{k-1}). \tag{6.6}$$

Es fehlen allerdings noch zwei Gleichungen, um alle n+1 Vektoren $\underline{Q}_k$ zu bestimmen. Am einfachsten ist es, die Werte für $\underline{Q}_0$ und $\underline{Q}_n$ direkt vorzuschreiben; d.h. die Anfangs- und Endtangente sind vorgegeben, der Spline *eingespannt*. Dann erhält man alle Koeffizienten der n Polynome direkt aus der Angabe der Punkte $\underline{P}_k$, $k = 0, \ldots ,n$, durch Lösung unseres tridiagonalen Vektor-Gleichungssystems (6.6).

Sei noch einmal der Lösungsalgorithmus eines skalaren tridiagonalen Gleichungssystems mit n Unbekannten skizziert: (vgl. (6.2))

$$\begin{aligned} d_1\, x_1 + s_1\, x_2 \qquad\qquad &= r_1 \\ i_k\, x_{k-1} + d_k\, x_k + s_k\, x_{k+1} &= r_k \quad (k = 2, \ldots , n - 1) \\ i_n\, x_{n-1} + d_n\, x_n &= r_n. \end{aligned}$$

Im Gegensatz zum System des Abschnittes 6.1 sind hier die Matrizen nicht notwendigerweise symmetrisch. Wir starten mit

$$x_1 := r_1/d_1,$$

setzen für $k = 2, \ldots , n$

$$\begin{aligned} s_{k-1} &:= s_{k-1}/d_{k-1}, \\ d_k &:= d_k - i_k \cdot s_{k-1}, \\ x_k &:= (r_k - i_k \cdot x_{k-1})/d_k, \end{aligned}$$

und erhalten durch Rückwärtseinsetzen für $k = n - 1, \ldots , 1$

$$x_k := x_k - s_k \cdot x_{k+1}$$

den Lösungsvektor $\underline{x}$.

Wir wollen auch bei parametrisierten kubischen Splines die Vorgabe

$$\underline{R}_0 := \underline{p}_0''(0) = \underline{p}_{n-1}''(1) =: \underline{R}_n = \underline{0}$$

studieren. Hier verläuft die Splinekurve am Anfangs- und Endpunkt krümmungsfrei, wir sprechen von einem *natürlichen* Spline. Offensichtlich ist

$$\underline{c}_0 = \underline{0},\ \underline{P}_1 = \underline{P}_0 + \underline{Q}_0 + \underline{c}_0 + \underline{d}_0,\ \underline{Q}_1 = \underline{Q}_0 + 2\underline{c}_0 + 3\underline{d}_0.$$

Auflösen ergibt zu dem bisherigen Gleichungssystem (6.6) von $n-1$ Gleichungen eine weitere. Wegen

$$\underline{c}_0 = -2\underline{Q}_0 - \underline{Q}_1 + 3(\underline{P}_1 - \underline{P}_0) \tag{6.7}$$

folgt

$$2\underline{Q}_0 + \underline{Q}_1 = 3(\underline{P}_1 - \underline{P}_0).$$

Schauen wir noch den Endpunkt der Splinekurve näher an. Hier haben wir

$$\underline{a}_{n-1} = \underline{P}_{n-1},\ \underline{b}_{n-1} = \underline{Q}_{n-1},$$
$$\underline{a}_{n-1} + \underline{b}_{n-1} + \underline{c}_{n-1} + \underline{d}_{n-1} = \underline{P}_n,$$
$$\underline{b}_{n-1} + 2\underline{c}_{n-1} + 3\underline{d}_{n-1} = \underline{Q}_n,$$
$$2\underline{c}_{n-1} + 6\underline{d}_{n-1} = \underline{R}_n = \underline{0}.$$

Mit Hilfe dieser fünf Gleichungen können die Größen $\underline{c}_{n-1}$ und $\underline{d}_{n-1}$ bestimmt und $\underline{a}_{n-1}, \ldots, \underline{d}_{n-1}$ eliminiert werden:

$$\underline{c}_{n-1} = -3\underline{d}_{n-1} + \underline{R}_n/2,\ 2\underline{d}_{n-1} = \underline{P}_{n-1} + \underline{Q}_{n-1} - \underline{P}_n + \underline{R}_n/2,$$
$$3\underline{d}_{n-1} = \underline{Q}_{n-1} - \underline{Q}_n + \underline{R}_n,$$

also

$$\underline{Q}_{n-1} + 2\underline{Q}_n = 3(\underline{P}_n - \underline{P}_{n-1}) + 0.5\underline{R}_n = 3(\underline{P}_n - \underline{P}_{n-1}). \tag{6.8}$$

Damit ist wieder ein tridiagonales Gleichungssystem mit $n + 1$ Gleichungen erreicht, dessen Lösung uns die Vektoren $\underline{Q}_k$, $k = 0, \ldots, n$, liefert, die zusätzlich zu $\underline{P}_k$ in (6.4) einzusetzen sind.

Untersuchen wir zum Abschluß noch die zyklischen und antizyklischen Randbedingungen:

$$\underline{Q}_0 = \delta\underline{Q}_n,\ \underline{R}_0 = \delta\underline{R}_n,\ \delta=\pm 1.$$

Hier wird meist noch $\underline{P}_0 = \underline{P}_n$ vorausgesetzt, der Spline schließt sich. Im Falle $\delta=-1$ hat man spiegelbildlichen Verlauf an Anfang und Ende, was zu einer Spitze führt.

Die erste Bedingung können wir bereits als zusätzliche Gleichung verwerten

$$\underline{Q}_0 = \delta\underline{Q}_n.$$

Zur Bestimmung der letzten noch ausstehenden Gleichung werden wir uns auf die vorstehenden Rechnungen, die zu den Formeln (6.7) und (6.8) geführt haben, stützen. Es ist

$$\tfrac{1}{2}\underline{R}_0 = -2\underline{Q}_0 - \underline{Q}_1 + 3(\underline{P}_1 - \underline{P}_0),$$
$$\underline{Q}_{n-1} + 2\underline{Q}_n - 3(\underline{P}_n - \underline{P}_{n-1}) = \tfrac{1}{2}\underline{R}_n,$$

woraus sich die letzte fehlende Gleichung ergibt:

$$4\delta\underline{Q}_0 + \delta\underline{Q}_1 + \underline{Q}_{n-1} = 3(\delta(\underline{P}_1 - \underline{P}_0) + (\underline{P}_n - \underline{P}_{n-1})).$$

Leider geht dadurch die tridiagonale Struktur unseres Gleichungssystems (6.6) verloren, was die Lösung erschwert. In [R-A] werden auch alle Fälle mit beliebigen Parameterintervallen $[t_0, t_1], \ldots, [t_{n-1}, t_n]$ diskutiert und der Kurvenverlauf bei den verschiedenen Randwertvorgaben an Hand von ausgewählten Beispielen verglichen. Programme zur Realisierung der Splinekurven befinden sich in [E-R].

6.3 Bézier-Kurven

Bézier beschritt zu Beginn der siebziger Jahre einen anderen Weg und gab die strenge Interpolationsforderung auf: Die vorgegebenen Punkte $\underline{P}_0$ bis $\underline{P}_n$ dienen nunmehr als Leitpunkte, die resultierende Splinekurve verläuft nur noch durch Anfangs- und Endpunkt. Ausgehend von den *Bézierpolynomen* (vgl. Figur 6.2 für die Ordnungen $n = 5$ und $n = 10$)

$$b_{n,i}(t) := c_{n,i}\, t^i (1-t)^{n-i}$$

mit den Binomialkoeffizienten

$$c_{n,i} := n!/(i!(n-i)!)$$

setzen wir das Näherungspolynom $\underline{p}(t)$ in der Form

$$\underline{p}(t) := \underline{P}_0 b_{n,0} + \underline{P}_1 b_{n,1} + \ldots. + \underline{P}_n b_{n,n}$$

an. *Bernstein* hatte bei seinem Beweis des *Weierstraßschen* Approximationssatzes für eine stetige Funktion f bereits die Beziehung

$$\lim_{n\to\infty} \Sigma_{i\le n}\, f(i/n)\, b_{n,i}(t) = f(t)$$

benutzt, so daß der Ansatz für $\underline{p}$ durchaus naheliegend ist. Ohne den Grenzübergang hat man jedoch nur $\underline{p}(0) = \underline{P}_0$ und $\underline{p}(1) = \underline{P}_n$, die anderen Punkte $\underline{P}_i$ liegen im allgemeinen nicht auf $\underline{p}(t)$. Da die Summe der Bézierpolynome für alle t den Wert 1 hat, liegt $\underline{p}$ zumindstens in der konvexen Hülle der Leitpunkte. Durch Differentiation der $b_{n,i}$ folgt, daß sie ihr Maximum in i/n annehmen, und zwar ist für große n und i unter Benutzung der *Stirling-Formel*

$$b_{n,i}(i/n) \approx \mathbf{sqrt}[n/(2\pi i(n-i))].$$

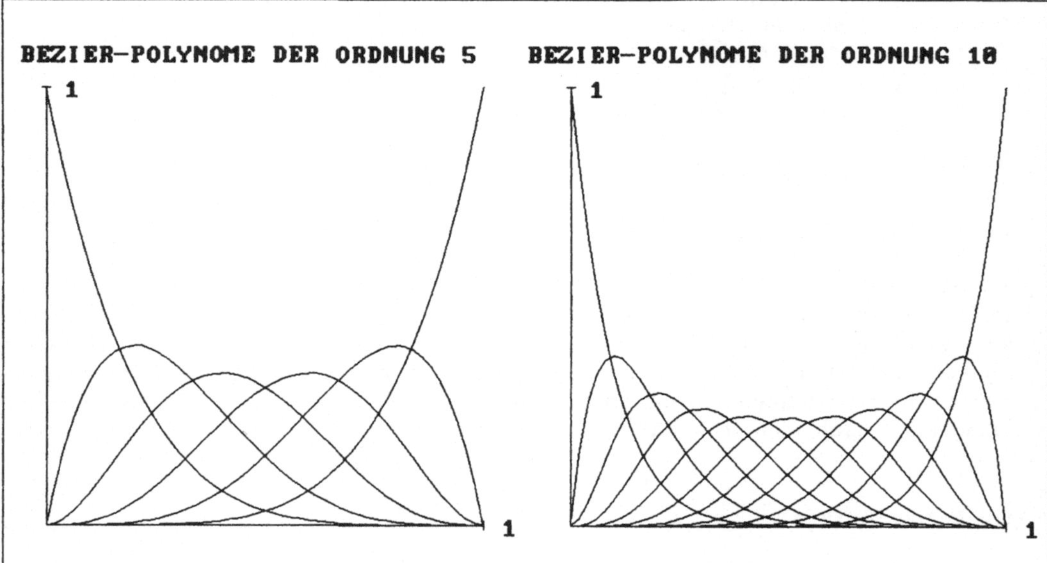

Figur 6.2

$\underline{p}$ nimmt an der Stelle i/n demnach einen Mittelwert über alle $\underline{P}_j$ an, $\underline{P}_i$ hat jedoch das größte Gewicht.

Weiterhin sind die Polygonstücke $\underline{P}_1 - \underline{P}_0$ und $\underline{P}_n - \underline{P}_{n-1}$ Tangenten in Anfangs- und Endpunkt an $\underline{p}(t)$:

$$\underline{p}'(0) = (\underline{P}_1 - \underline{P}_0)/(1/n) \text{ und } \underline{p}'(1) = (\underline{P}_n - \underline{P}_{n-1})/(1/n).$$

Die zweiten Ableitungen errechnen sich aus den zweiten Differenzen und so fort. Figur 6.3 zeigt verschiedene Bézier-Splinekurven, die durch Vorgabe von $n+1$ Punkten entstehen. Zugleich wird demonstriert, wie der Kurvenverlauf durch Abänderung einzelner Punkte beeinflußt werden kann. Wegen des schnellen Abfalls der benachbarten Gewichte im betroffenen Punkt kommt es in erster Näherung nur zu einer lokalen Änderung der Kurve. Dennoch unterscheiden sich die entstehenden Kurven wegen $b_{n,i}(t) > 0$ für $0 < t < 1$ in allen inneren Punkten. Ein weiterer Nachteil besteht in der Koppelung der Ordnung der Bézierpolynome an die Zahl der Leitpunkte. Da zu hohe Ordnungen numerische Probleme der Instabilität mit sich bringen, wird man mehrere Bézier-Kurven aneinanderketten. Dabei sollten die Punkte, an denen man von einer auf die andere Kurve wechselt, auf gerader Strecke zwischen Vorgänger- und Nachfolgerpunkt liegen, da sonst nur die Stetigkeit des Anschlusses gewährleistet ist.

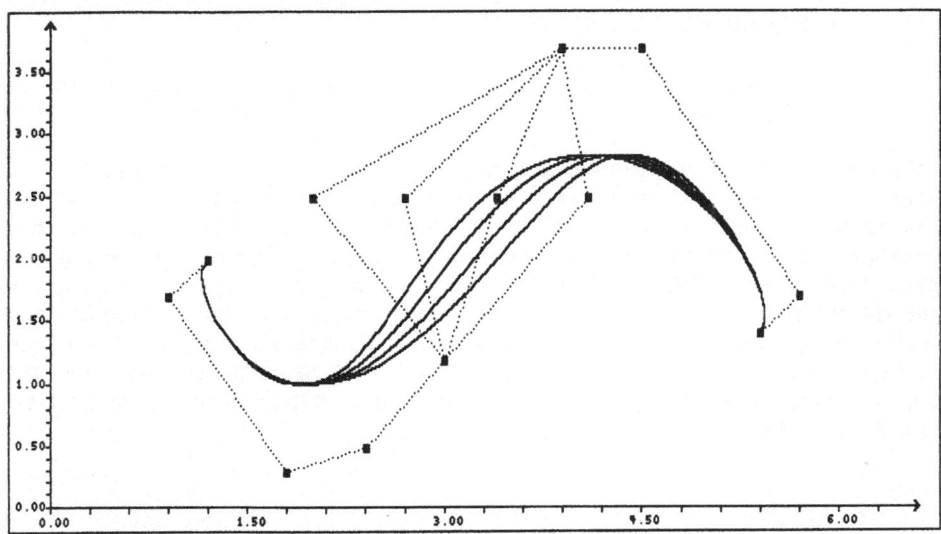

Figur 6.3: Bézier-Spline Kurven mit zehn Stützpunkten

Aufgabe 6.1
Schreibe eine Prozedur zur Berechnung der Binomialkoeffizienten.

Anleitung
Benutze die Rekursionsformel

$$c_{n,k} + c_{n,k+1} = c_{n+1,k+1}.$$

6.4 B-Splines

Ausgehend von den Erfahrungen mit den Bézierpolynomen, wollen wir formulieren, welche Eigenschaften Näherungskurven der Computergraphik [S2] haben sollten. Generell muß die Vielseitigkeit und Anpassungsfähigkeit im Vordergrund stehen:

- Die analytische Beschreibung der Kurven soll möglichst einfach und ihre Berechnung nicht aufwendig sein, eine Übertragung auf höhere Dimensionen wie auch Flächen sich in naheliegender Form anbieten.

- Die Kurve soll in durchschaubarer Weise durch die Vorgabe von Knoten- oder Leitpunkten erzeugt werden.

- Bei der Änderung eines Leitpunktes soll sich der Kurvenverlauf nur lokal und kontrolliert ändern.

- Die Glattheit der Kurve in Knoten- oder Ansatzpunkten soll gut steuerbar sein.

Als weiteres Beispiel wollen wir nun die bekannten *Basis-Splines* diskutieren. (Siehe [B4, B5] und für eine historische Diskussion mit einem umfangreichen Literaturverzeichnis *P. L. Butzer, M. Schmidt & E. L. Stark:* Observations on the History of Central B-Splines. Archive for History of Exact Sciences 39 (1988), 137-156). Sie ähneln den Bézier-Polynomen, sind aber flexibler, da die Koppelung von Ordnung und Anzahl der Leitpunkte aufgegeben wird. Wie vorher werden wieder $n+1$ Punkte $\underline{P}_i$, $i = 0, \ldots, n$, vorgegeben. Dann definiert man eine Basis $N_{i,k}$ von Grundfunktionen zur Ordnung k, deren Linearkombination ein stückweises Näherungspolynom $\underline{p}(t)$ vom Grad $k-1$ ergibt:

$$\underline{p}(t) = \sum_{i=0}^{n} \underline{P}_i \, N_{i,k}(t)$$

Die Basisfunktionen werden rekursiv definiert:

$$N_{i,1}(t) := \begin{cases} 1, & x_i \leq t < x_{i+1}, \quad (x_n \leq t \leq x_{n+1}, \; i = n) \\ 0 & \text{sonst} \end{cases}$$

$$N_{i,k}(t) := \frac{(t - x_i)\, N_{i,k-1}(t)}{x_{i+k-1} - x_i} + \frac{(x_{i+k} - t)\, N_{i+1,k-1}(t)}{x_{i+k} - x_{i+1}} . \tag{6.9}$$

Dabei sei $a = x_0 \leq x_1 \leq \ldots \leq x_{n+k} = b$ eine fest vorgegebene Partition des Parameterintervalls $[a,b]$, auf die wir später noch eingehen werden. Im allgemeinen sind Parametrisierungen, die die Bogenlänge (vgl. Abschnitte 5.1, 5.3) approximieren, empfehlenswert. Bei dieser Definition müssen Summanden, deren Nenner verschwinden, zu Null erklärt werden (Fall 0/0). Im Bereich $x_i \leq t \leq x_{i+k}$, dem sogenannten Träger, sind die $N_{i,k}$ Polynome höchstens vom Grade $k-1$ und nicht negativ, außerhalb gilt jedoch $N_{i,k}(t) = 0$, was man durch Induktion erkennt. Wie auch schon die Bézierpolynome bilden sie eine Zerlegung der Eins, d. h.

$$\underline{p}_{id}(t) = \sum_{i=0}^{n} \underline{1} \, N_{i,k}(t) = \underline{1}.$$

Bild 6.4 zeigt Basisfunktionen der Ordnung zwei und vier bei fünf Leitpunkten und dem Knotenvektor (6.10). Dann ist $\underline{p}(t)$ in $(0, t_{max})$ $(k-2)$-mal stetig differenzierbar.

Wegen der begrenzten Träger der $N_{i,k}$ sind jedoch im Gegensatz dazu nicht mehr alle Summanden bei vorgegebenem t von Null verschieden, sondern nur noch höchstens k; ein innerer Punkt $\underline{p}(t)$ liegt in der konvexen Hülle von k $(\leq n+1)$ aufeinanderfolgenden Leitpunkten.

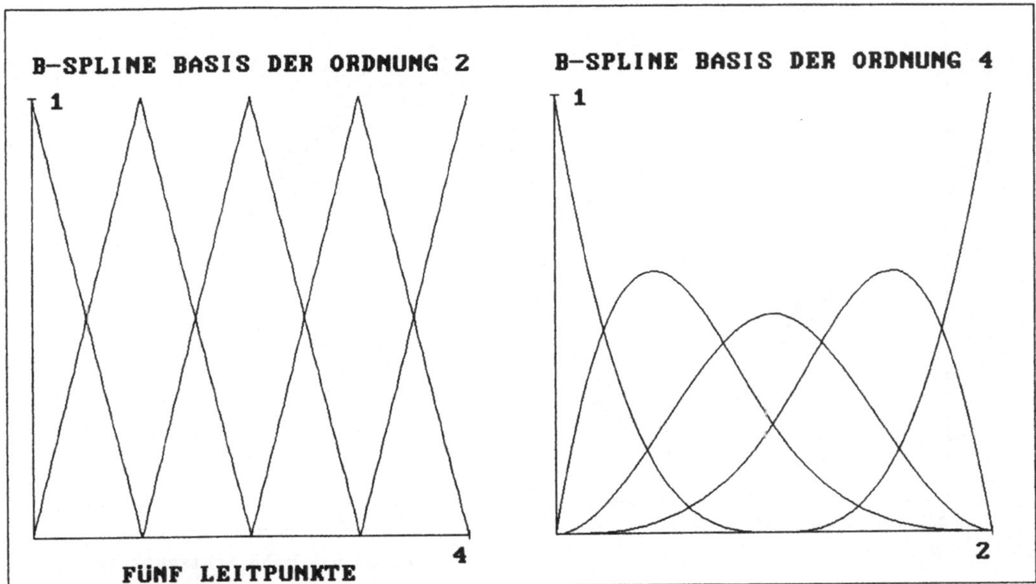

Figur 6.4

Wie schon gesagt wird, um einen gemeinsamen Definitionsbereich der so rekursiv definierten B-Splines zu erhalten, ein sogenannter *Knotenvektor* $\underline{x}$ = $(x_0,\ldots,x_{n+k})$ mit aufsteigenden Komponenten $x_i \leq x_{i+1}$ definiert, der eine Aufteilung des Parameterintervalls beschreibt und die Annahme der Randpunkte garantiert. Dazu setzt man beispielsweise

$$\begin{aligned} & 0 = x_0 = \ldots = x_{k-1} = 0 < \\ & x_k = 1 < x_{k+1} = 2 < \ldots < x_n = n - k + 1 < x_{n+1} = n - k + 2 \\ & \quad = \ldots = x_{n+k} = n - k + 2 = t_{max}. \end{aligned} \tag{6.10}$$

Figur 6.5 stellt B-Splines steigender Ordnungen k = 2, 4, 6, 8 vor. Die Kurven werden immer glatter, entfernen sich aber mehr vom Polygonzug durch die Leitpunkte. Figur 6.6 zeigt sehr gut das *lokale* Verhalten der B-Spline Kurven bei Änderung des sechsten Leitpunktes. Die Abszisse nimmt nacheinander die Werte 2.0, 2.7, 3.4 und 4.1 an, während die Ordinate bei 2.5 verbleibt. Weiter haben wir zehn Leitpunkte (n = 9) und die Ordnung k = 5. Der Knotenvektor ist (0,0,0,0,0,1,2,3,4,5,6,6,6,6,6). Aber auch andere Definitionen sind denkbar. In *mehrfachen* Knoten ist die Kurve dichter am Leitpunkt aber weniger glatt, bis sie bei $(k-1)$- bzw. k-facher Ordnung des Knotens durch den Leitpunkt verläuft mit den Polygonstrecken als Tangente. Fallen Leitpunkte zusammen und steigt gleichzeitig die Ordnung k des Splines, so wird ihr Einfluß erhöht, die Kurve kommt ihnen immer näher.

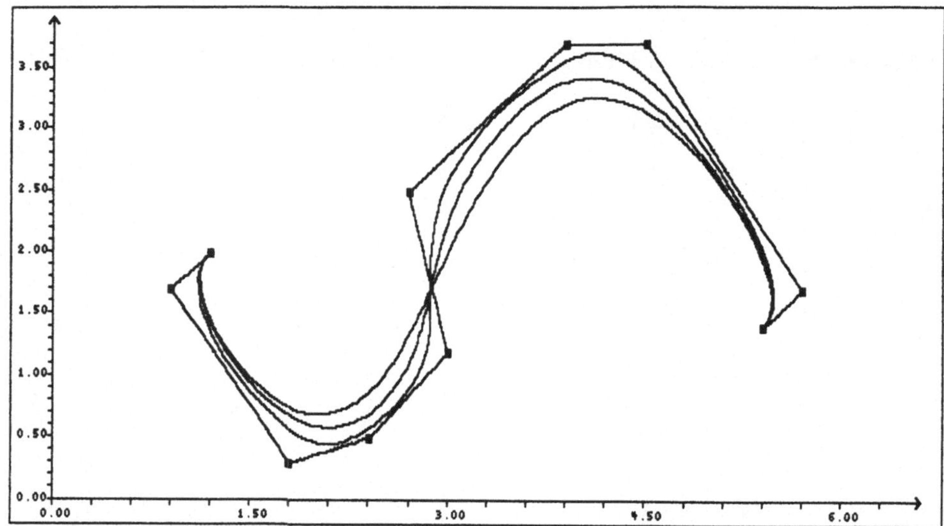

Figur 6.5: B-Spline Kurven verschiedener Ordnungen mit zehn Stützpunkten

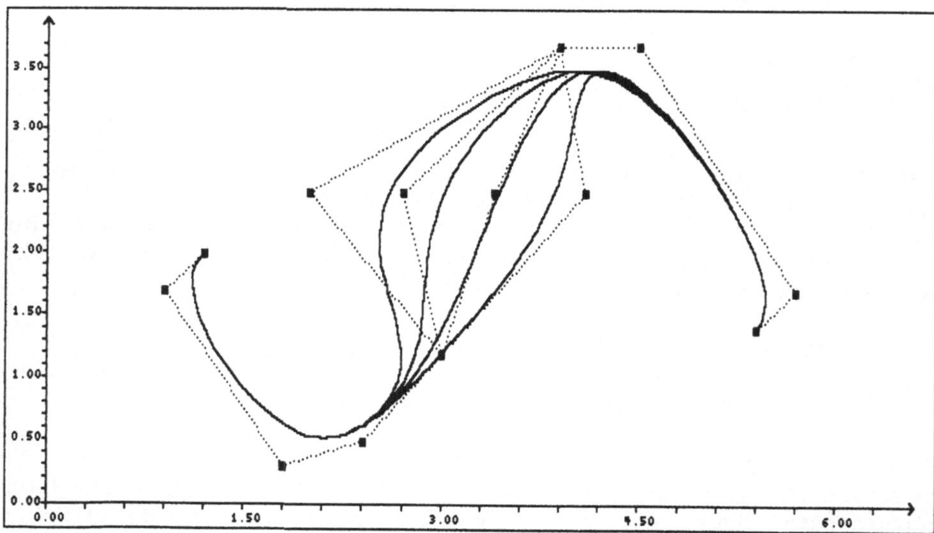

Figur 6.6: B-Spline Kurve der Ordnung 5 mit zehn Stützpunkten

Bei *periodischen* B-Splines setzt man $x_i = i$, $i = 0, \ldots , n$, und verschiebt die Argumente zyklisch:

$$N_{i,k}(t) := N_{0,k}(t+n+1-i \ \mathbf{mod}\ n+1).$$

Aufgabe 6.2

a) Man schreibe eine Routine zur Erzeugung der Knotenpunkte und eine rekursive Prozedur zur Berechnung von B-Splines der Ordnung k nach Vorgabe von n entsprechend (6.9).

b) Zeige, daß die B-Splines mit dem Knotenvektor (6.10) und $k = n+1$ mit den Bézierpolynomen identisch sind.

6.5 Text

Bisher haben wir *Text* als wesentliches graphisches Element ganz außer acht gelassen. Das liegt in seiner gewissen Sonderstellung begründet. Generell kennt man auch hier die Unterscheidung zwischen *Raster-* und *Vektororientierter* Textdarstellung. Interessanterweise spielen B-Splines dabei eine wichtige Rolle.

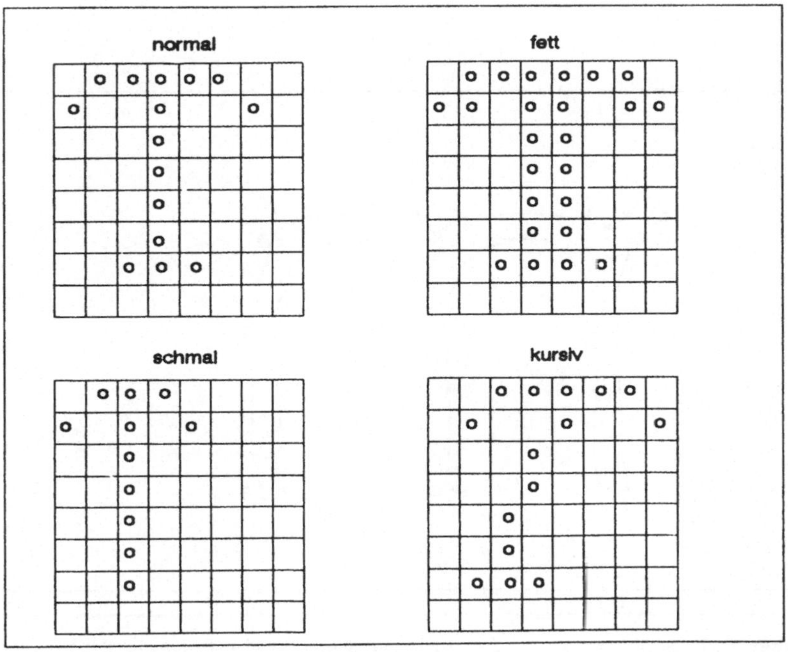

normal

fett

schmal

kursiv

Figur 6.7

Eine naheliegende Möglichkeit ist es natürlich, jeden Buchstaben durch Vorgabe einer Punktmatrix zu definieren. Einfache Bildschirmschriften werden durch Angabe von 8x8 Matrizen, also acht Bytes erzeugt. Diese Matrizen sind in aufsteigender Reihenfolge des ASCII-Codes im Speicher abgelegt und werden bei Bedarf an eine anzugebende Position im Bildschirmspeicher kopiert. Verschiedene Schrifttypen wie *Fett-*, *Schmal-* und *Kursivschrift* können relativ elementar abgeleitet werden durch Shifts und Anwendung logischer *Und-* sowie *Oder*-Operationen, Großschrift dagegen durch Verdoppelung etc. (vgl. Figur 6.7). Fügt man Punkte in den Lücken zwischen zwei gesetzten Punkten in der Horizontale, Vertikale und eventuell auch in den Diagonalen ein, so erhält man nach Verdopplung von Zeilen- und Spaltenzahl ebenso einfach eine bessere Schriftqualität. Allerdings sind dem Verfahren doch Grenzen gesetzt. Professionell wirkende Fonts sind so nicht zu erzielen, und die Drehung oder Spiegelung von Schriften ist kaum zu bewerkstelligen. Hier ist es einfacher, die Buchstabenkontur durch Vorgabe von Leitpunkten mit Hilfe eines B-Splines zu erzeugen und das Innengebiet dann auszufüllen. Drehungen, Stauchungen oder Dehnungen sind über die bekannten Transformationen der Leitpunkte zu erzielen. Insbesondere mathematische Zeichensätze und Satzsysteme wie *TEX* aber auch Graphikmodule moderner Hochsprachen werden auf diese Art und Weise konstruiert. Unsere Figur 6.8 stellt den Buchstaben *m* als B-Spline realisiert dar. Wichtige Grundbegriffe der Typographie, die nach Aufkommen des *Desktop Publishings* breites Interesse finden, zeigt Figur 6.9.

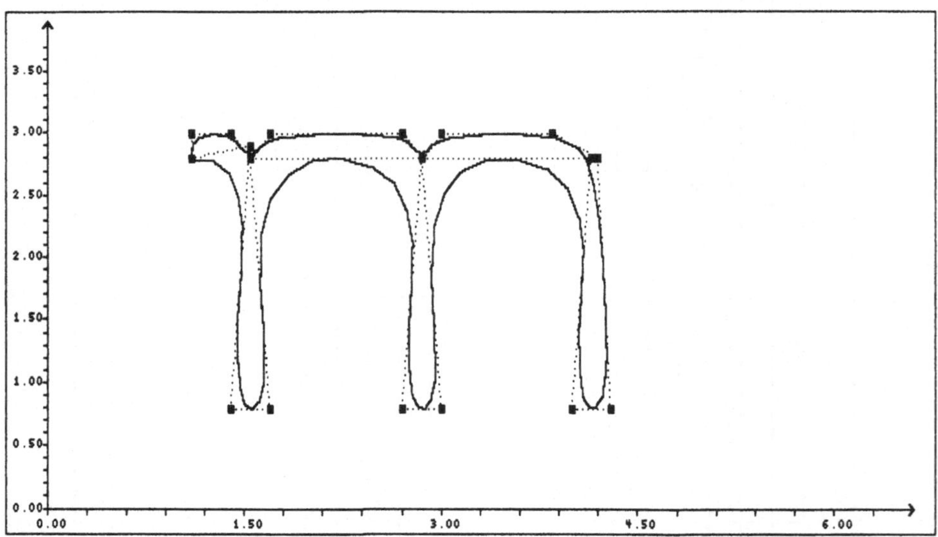

Figur 6.8: B-Spline Kurve der Ordnung 3 mit zweiundzwanzig Stützpunkten

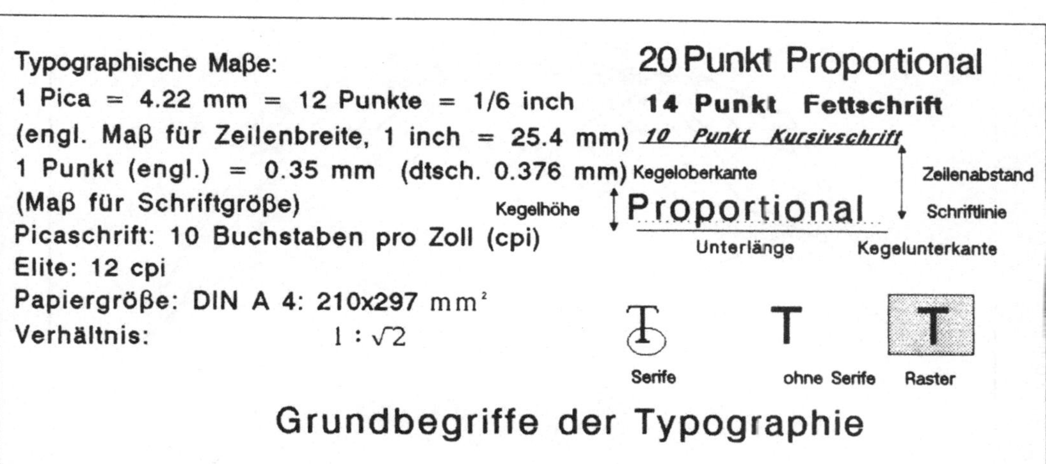

Figur 6.9

Aufgabe 6.3
Man überlege sich, in welcher Form die 8x8 Pixel-Buchstaben zu kodieren sind, um sie möglichst schnell in einen Schwarz-Weiß Bildschirmspeicher mit linearer Speicherstruktur einlesen zu können, und bestimme die Matrix für den Buchstaben A.

6.6 Spline-Flächen

Auch die Übertragung der Spline-Approximation auf Flächen (vgl. Kapitel 14) bietet keine unüberwindlichen Schwierigkeiten. Hierbei gibt man ein Parametergrundrechteck (u,v) vor mit $0 \leq u \leq u_{max}$, $0 \leq v \leq v_{max}$, sowie die B-Spline Basis $N_{i,k}(u)$, $M_{j,l}(v)$ mit den Ordnungen k und l. Sodann müssen noch die Flächenleitpunkte $\underline{P}_{i,j}$, $i = 0,...,n$ und $j = 0,...,m$, in Form eines Matrixvektors (Tensors) vorgeschrieben werden. Die gesuchte Splinefläche $\underline{p}(u,v)$ soll sich dann in dieses Punktgerüst einpassen:

$$\underline{p}(u,v) = \sum_{i=0}^{n} \sum_{j=0}^{m} \underline{P}_{i,j} \; N_{i,k}(u) \; M_{j,l}(v).$$

Dabei müssen jedoch wieder Knotenvektoren $\underline{x} = (x_0, \ldots, x_{n+k})^T$ und $\underline{y} = (y_0, \ldots, y_{m+l})^T$ vorgegeben werden. Unsere Figur 6.10 zeigt als Anwendung die Näherungsfläche dritter Ordnung einer Kugelkappe.

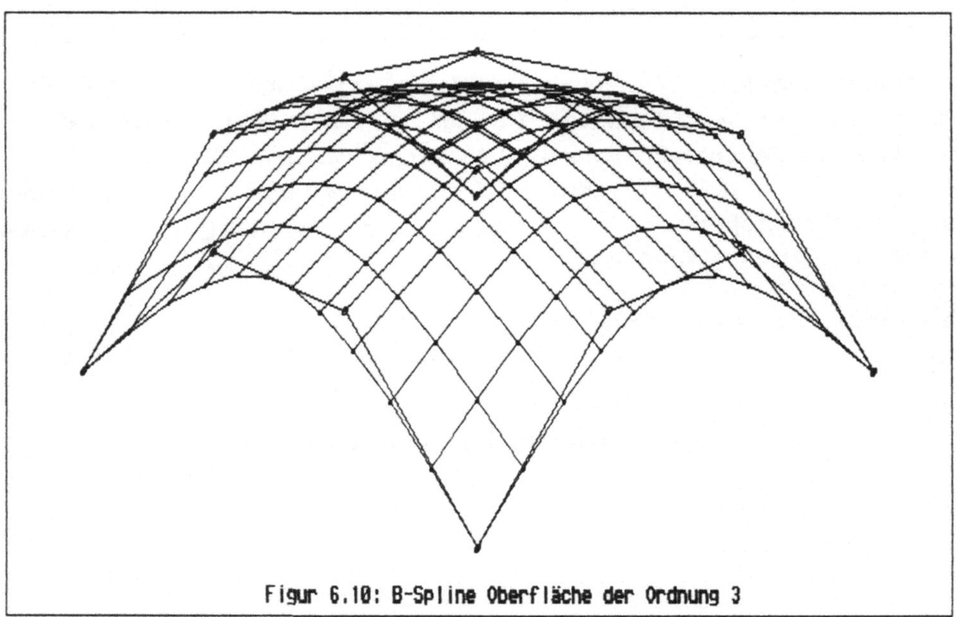

Figur 6.10: B-Spline Oberfläche der Ordnung 3

Aufgabe 6.4
Eine Fläche F : $\underline{x}(u,v)$, $0 \leq u \leq 1$, $0 \leq v \leq 1$, wird von den vier Kurven $\underline{x}(u,0)$, $\underline{x}(1,v)$, $\underline{x}(u,1)$, $\underline{x}(0,v)$ berandet. Man zeige, daß die interpolierende Fläche

$$\begin{aligned} I : \underline{y}(u,v) := {} & [\underline{x}(u,0) - \{\underline{x}(0,0)(1-u) + \underline{x}(1,0)u\}]\cdot(1-v) + \\ & [\underline{x}(u,1) - \{\underline{x}(0,1)(1-u) + \underline{x}(1,1)u\}]\cdot v + \\ & \underline{x}(0,v)\cdot(1-u) + \underline{x}(1,v)\cdot u \end{aligned}$$

mit F den Rand gemeinsam hat. Man spezialisiere die Darstellung von I auf den Fall von Geraden als Rändern.

Aufgabe 6.5
Berechne die Koeffizienten der Polynome dritten Grades zu den parametrischen *Hermite*-Splines. Dazu seien $n+1$ Punkte und zugehörige Tangenteneinheitsvektoren vorgegeben. Als Parameter kann eine Schätzung der Bogenlänge dienen. Dazu sollte man die Parameterintervalle $[t_k, t_{k+1}]$ so wählen, daß die Tangentenvektoren auch in den Mittelpunkten $(t_k+t_{k+1})/2$ den Betrag eins haben.

Kapitel 7

Fraktale

In Kapitel 7 geht es um mathematische Kuriositäten, die erstaunlicherweise brauchbare Modelle zur Beschreibung von Phänomenen und Formen der Natur abgeben, die *Fraktale*. Wir zeigen, wie man auf einfache Weise Mengen gebrochener Dimension am Bildschirm konstruieren kann und geben anhand von reichem Beispielmaterial Einblick in die Theorie der *Juliamengen*.

7.1 Nirgends differenzierbare, stetige Funktionen und nicht rektifizierbare Kurven

Erscheinungen der Natur und Umwelt zeigen uns, daß die Beschränkung auf *Lipschitz*(1)-stetige Funktionen und rektifizierbare *) Kurven bei der mathematischen Modellisierung nicht angebracht ist. Darauf haben seit Beginn des zwanzigsten Jahrhunderts viele Autoren, wie *Perrin* [P1], *Mandelbrot* [M1], *Kahane* [K1] und *Peitgen, Richter* [P-R], um nur einige zu nennen, hingewiesen. Während bei industriellen Formgebungen meist Splinekurven, d. h. stückweise stetig differenzierbare Kurven und Flächen zum Tragen kommen (vgl. Kapitel 6), haben sich bei der mathematischen Beschreibung von Landschafts- und Gebirgsformen, Küstenlinien, Ausfällungen und Ausflockungen nirgends glatte Kurven und Flächen bewährt als Grenzwerte von stückweise linearen oder auch periodischen Funktionen. Legt man zum Beispiel näherungsweise einen Polygonzug mit Strecken der Länge x an die Küstenlinie einer felsigen Insel, so wächst die Länge $L(x)$, wie Messungen ergeben haben, in den meisten Fällen für kleiner werdendes x über alle Grenzen.

Natürlich eignet sich die Computergraphik in besonderem Maße dazu, die genannten Phänomene augenfällig zu machen. War man früher auf Handskizzen angewiesen und konnte nur niedrige Approximationen zu den Grenzfunktionen zeichnen, so kann man heute mit rechnergesteuerten Zeichenmaschinen Kurven bis zum visuellen Grenzwert wiedergeben, d. h. Details in der Größenordnung einer Strichstärke oder eines Pixels können sichtbar gemacht werden.

Die ersten Vertreter stetiger, nirgends differenzierbarer Funktionen und Kurven unendlicher Länge gehen auf *Bolzano, Weierstraß* und *Peano* zu Ende des letzten Jahrhunderts zurück und wurden zunächst meist mit Ablehnung und Mißtrauen zur Kenntnis genommen. Eine Darstellung dieser Entwicklungen mit ausführlichen Literaturhinweisen findet sich z. B. in [B-L3]. Wir wollen hier nur ein auf *Takagi* (1903) zurückgehendes Beispiel erwähnen: (vgl. Figur 7.1 für die Teilsummen T3 und T7 mit $\alpha=1$)

$$T_\alpha(t) := \Sigma_{n\geq 0}\, g(2^n t)/2^{\alpha n},\quad g(t) := \mathbf{dist}(t, \text{nächstgelegene ganze Zahl}).$$

Augenscheinlich werden Sägezahnkurven immer höherer Dichte (Frequenz) und schnell abfallender Amplitude aufaddiert, so daß im Grenzübergang in keinem Punkt eine endliche Tangentenrichtung existiert. Ähnliche Ideen liegen fast allen diesen Konstruktionen zugrunde. In engem Zusammenhang damit stehen die nicht rektifizierbaren (d. h. unendlich langen), flächenfüllenden Kurven, deren Parameterdarstellung nirgends differenzierbare

---

*) f bilde das Intervall $[a,b]$ in die reellen Zahlen ab. Dann ist f aus der Klasse **Lip**(α), wenn für alle t, $t+\tau \in (a,b)$ und $K > 0$ gilt

$$|f(t+\tau) - f(t)| \leq K|\tau|^\alpha.$$

Beispiel: T_α ist aus **Lip**(α) für $0<\alpha<1$.
Die Kurve $C : (f_1(t),f_2(t))$ heißt rektifizierbar, wenn die Längen aller eingeschriebenen Polygonzüge gleichmäßig nach oben beschränkt sind.

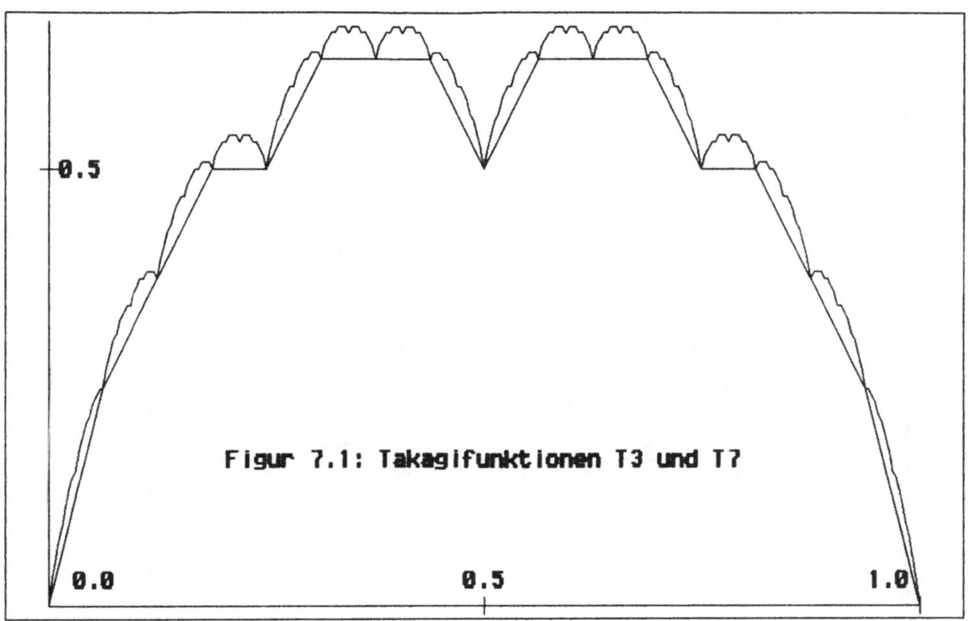

Figur 7.1: Takagifunktionen T3 und T7

Funktionen benutzt. Typische Vertreter stammen von *Peano, Hilbert, Moore* und *Sierpinski*. Ihre Bedeutung für die Beschreibung eines bekannten physikalischen Phänomens, der *Brownschen Bewegung*, (vgl. Figur 7.2) hat *Perrin* [P1] in seinem Buch *Les Atomes* sehr prägnant zum Ausdruck gebracht, indem er die Bewegung der Teilchen in der Nebelkammer so erläutert:

Die Richtungsänderungen der Bahn sind so zahlreich und geschehen so schnell, daß es unmöglich ist, der Bahn zu folgen. Daher ist die aufgenommene Bahn immer unendlich viel einfacher und kürzer als die wahre Bahn. Gleichfalls ändert sich die anscheinende mittlere Geschwindigkeit einer Partikel während einer gegebenen Zeitspanne in Richtung und Größe wild. Verkürzt man die Intervalle aufeinanderfolgender Beobachtungen ständig, so strebt die mittlere Geschwindigkeit nicht gegen einen Grenzwert.... .

In keinem Punkt der Bahn kann man, auch nicht näherungsweise, eine Tangente zeichnen. Dies ist also ein Fall, in dem man unwillkürlich an die stetigen Funktionen ohne Ableitung denkt, die die Mathematiker erfunden haben und die zu Unrecht als pure mathematische Kuriositäten betrachtet werden. Sie werden durch die physikalische Welt ebenso nahegelegt wie die Funktionen mit Ableitung... .

Gleichfalls geben solche Bilder ... nur einen unzulänglichen Einblick in die wundersame Verwicklung der wirklichen Bahn. Würde man das Teilchen in hundertmal kürzeren Zeitabschnitten beobachten, so würde jede Seite des Polygonzuges durch einen Polygonzug ersetzt werden, der ebenso kompliziert

Figur 7.2

ist wie die ganze Bahn. Jede neue Seite wäre dann wieder zu ersetzen und so fort. Man sieht, wie in diesen und ähnlichen Situationen der Begriff der Tangente an die Bahn inhaltslos wird.

Die Darstellung der Brownschen Bewegung kann durch einen *Gauß-Wiener* Prozeß mit einer Zufallsvariablen *X(t)* geschehen. *X(t)* ist dabei in eine *Fourier-Wiener* Reihe mit normalverteilten Zufallsvariablen als Koeffizienten entwickelbar oder kann als Grenzprozeß zufälliger Polygonzüge in Analogie zur Takagi-Funktion aufgefaßt werden. Man kann nun zeigen, daß *X(t)* stetig und nirgends differenzierbar ist [K1, B-L3]. Allerdings sind die Funktionen noch weit irregulärer als die bisher erwähnten Beispiele, die aller einer *Lipschitzklasse* angehören.

Halten wir fest, daß durch die Erfindung der stetigen, nirgends differenzierbaren Funktionen entscheidende Entwicklungen in der Theorie der reellen Funktionen, des Maßes und der Integration sowie der Funktionalanalysis und mathematischen Physik eingeleitet worden sind.

7.2 Peanokurven und Kurven gebrochener Dimension

Wir wollen in Anlehnung an eine Arbeit von *Dekking* [D1] eine Methode zur Konstruktion von flächenfüllenden Peanokurven sowie Kurven und Mengen gebrochener Dimension angeben. Dazu approximieren wir die gesuchte Peanokurve F durch eine Folge von Polygonzügen F_n, die sich der Grenzkurve immer besser nähern. Das Grundelement F_1 besteht aus neun Strecken S0 - S8 gleicher Länge L, die entsprechend Figur 7.3 aneinander gefügt werden. Die nächste Näherung erhält man, indem man jedes Segment durch das gleiche jedoch um den Faktor drei verkleinerte Motiv F_1 ersetzt, nachdem es entsprechend gedreht worden ist. F_2 hat demnach 81 Segmente der Länge $L/3$, die Gesamtlänge ist $27 \cdot L$, F_2 ist dreimal länger als F_1. Dieselbe Konstruktion wird fortgesetzt: F_n besteht aus 9^n Segmenten der Länge $L/3^{n-1}$ und hat die Gesamtlänge $3^{n+1}L$. Bedingt durch eine untere Grenze für Strichstärken und Pixeldichten kann die Iteration nur bis zu einer festen Ordnung vorangetrieben werden. Ein weiterer Schritt füllte das Bildschirm- oder Zeichenquadrat bereits vollständig aus, der eigentliche Grenzübergang ist also ein rein gedanklicher Prozeß.

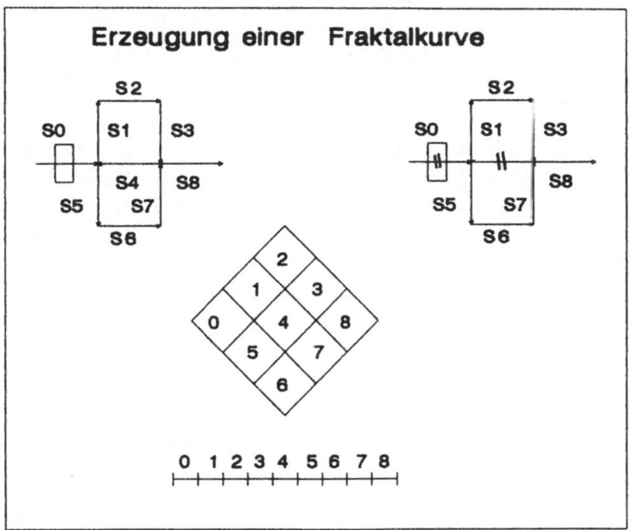

Figur 7.3

Dennoch erlaubt der graphische Einstieg ein besseres Verständnis der Konstruktion einer nicht rektifizierbaren, flächenfüllenden Kurve. Entscheidend ist die Entsprechung *Segment <-> Quadrat*, wie in Figur 7.3 gezeigt. In jeder Phase der Konstruktion gehört zu einem immer um den Faktor 3 verkleinerten Streckenstück der Grundstrecke ein um den Faktor 9 reduziertes Quadrat, oder mathematisch ausgedrückt: Jede 9-adischen Zahl

$\Sigma_{n\geq 1} a_n/9^n$, $a_n \in \{0,1,\ldots,8\}$, a_n Nummer des Segments im n-ten Schritt,

erzeugt eine Folge ineinandergeschachtelter Quadrate, und damit im Grenzübergang einen Punkt auf der Kurve F.

Die Konstruktion erlaubt aber auch einen leichten Zugang zu Mengen gebrochener Dimension. Dazu genügt es, regelmäßig ein oder mehrere Segmente wegzulassen, die Quadratfläche wird so nicht mehr vollständig ausgefüllt. Doch zunächst eine Definition:

Sei X ein metrischer Raum, das ist eine Menge mit einer Abstandsfunktion $r(x,y)$ mit $r(x,x)=0$, $r(x,y)=r(y,x)$ und $r(x,z)\leq r(x,y)+r(y,z)$. A sei eine Teilmenge von X, und A werde mit Hilfe von abzählbar vielen Kugeln $B_i := \{x \in X \mid r(x,x_i)<\delta_i\}$ überdeckt. Dann verstehen wir unter dem q-dimensionalen äußeren Maß die Zahl

$$m_q(A) := \mathbf{liminf}_{\delta\to 0+}\{\Sigma_{i\geq 1}\mathbf{diam}(B_i)^q \mid A \subset \cup_{i\geq 1} B_i,\ \mathbf{diam}(B_i) < \delta\}, \quad (7.1)$$

und unter der *Hausdorff*-Dimension von A im Fall der Existenz die Zahl

$$\mathbf{dim}\ A = \mathbf{inf}\{q \geq 0 \mid m_q(A) = 0\} = \mathbf{sup}\{q \geq 0 \mid m_q(A) = \infty\}. \quad (7.2)$$

Folgende vereinfachende Überlegung ergibt hier die Hausdorff-Dimension unserer Kurven oder Mengen F:

Die Segmente S0, S4 und S8 liegen auf einer Strecke, die anderen Segmente dienen zur "Ausfüllung der zweiten Dimension". Man hat also bei jedem Konstruktionsschritt neun Segmente, die zur Füllung des Quadrats führen gegenüber nur drei für die eindimensionale Strecke. Natürlich gilt $9 = 3^2$ in Übereinstimmung mit der Dimension 2 für das Quadrat. Streicht man nun jeweils M der neun Abschnitte bei jedem Schritt, so hat man nur noch $9-M$ Segmente zur Flächenfüllung zur Verfügung. Es ist aber

$$9-M = 3^{\mathbf{log}(9-M)/\mathbf{log}(3)}$$

woraus wir die fraktale Dimension der Menge $\mathbf{dim}\ F = \mathbf{log}(9-M)/\mathbf{log}(3)$ erschließen (vgl. (7.2)).

Aufgabe 7.1
Man schreibe ein Programm zur Konstruktion der *Peano-Dekking* Fraktale.

Unsere Figuren 7.4 und 7.5 zeigen zunächst eine Näherungskurve F_5 der Ordnung fünf: Die Grenzkurve hat die Dimension $\mathbf{log}(8)/\mathbf{log}(3)$ und wurde auch von *Sierpinski* angegeben. Das dreidimensionale Analogon, der *Sierpinski-Schwamm* ist in [M1] diskutiert. In Figur 7.5 sind jeweils die Segmente 1, 2 und 4 herausgenommen, die Dimension wird $\mathbf{log}(6)/\mathbf{log}(3)$, der gebrochene Charakter akzentuiert sich. Alle Bilder sind mit einer rekursiven *PASCAL*-Routine erzeugt, die im Anhang A.3 angegeben ist. Zu einem interessanten Ergebnis führt es, wenn man die vorliegenden Fraktal-Näherungen einer konformen Abbildung unterwirft. Wir haben eine einfache Stürzung

Figur 7.4

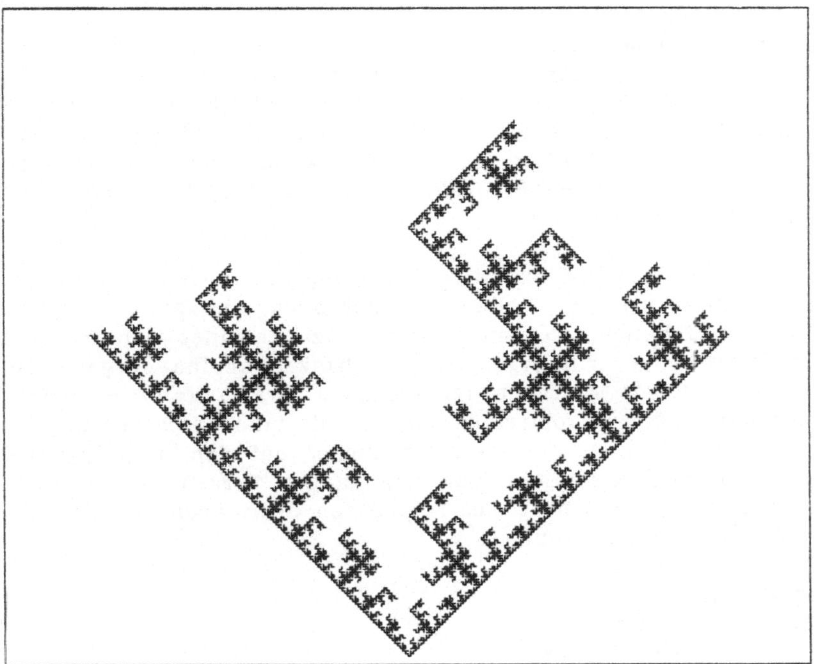

Figur 7.5

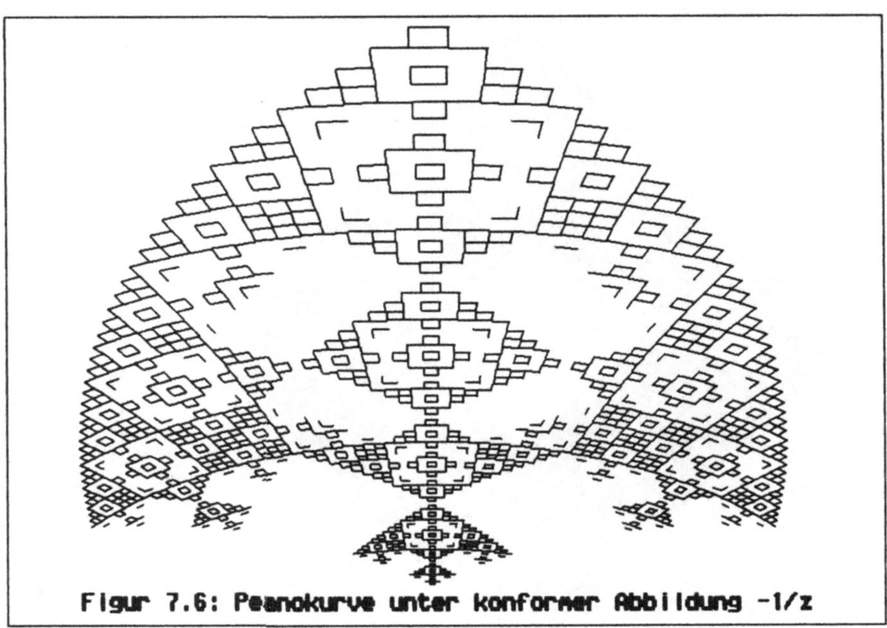
Figur 7.6: Peanokurve unter konformer Abbildung -1/z

$w(z) = -1/z$ gewählt. Zunächst wird am Einheitskreis, sodann an der reellen Achse und am Nullpunkt gespiegelt. Eine geeignete Skalierung schließt sich an. In Figur 7.6 sind die Segmente 1 und 3 unterdrückt worden. Bekanntlich führen konforme Abbildungen die Gesamtheit der Geraden und Kreise in sich über und sind winkelerhaltend. Diese Eigenschaften kommen deutlich zum Ausdruck: Parallelen zur x- und y-Achse gehen in Kreise über, die rechten Winkel zweier Segmente bleiben bestehen.

Zugegebenermaßen benötigt die rekursive Erzeugung von flächen- oder raumfüllenden Kurven Rechenzeit. So wollen wir hier auch eine andere Methode aufzeigen, die fraktalähnliche Mengen erzeugt. Dazu zeichnet man in einem Bildschirmausschnitt eine Grundfigur aus im Winkel aneinandergesetzten Strecken. Sodann speichert man den rechteckigen Bereich *(a,b) - (c,d)* in einer Puffervariablen *b%* und kopiert den Inhalt mit einer **XOR**-Verknüpfung um ein Pixel in der Waagerechten versetzt wieder auf den ursprünglichen Bildschirmbereich. Darauf wiederholt man den ganzen Vorgang unter Rücknahme der Verschiebung und löscht zum Schluß den überstehenden Rand. Das führt auf die folgende Befehlssequenz:

```
get (a,b) - (c,d) , b%
put (a+1,b) , b% xor
get (a+1,b) - (c+1,d) , b%
put (a,b) , b% xor
line (c+1,b) - (c+1,d), 0
```

Die Sequenz bewirkt eine Aufspaltung und Rechts- wie Linkswanderung des Ausgangsmotivs, bis die Ränder erreicht sind. Dort findet Reflexion statt, und das Gegeneinanderlaufen führt zu einer Teilauslöschung der vervielfältigten Grundfigur, so daß bekannte Grundstrukturen in verschiedenen Verkleinerungen wieder entstehen. So führen einige Konfigurationen auf zyklische Abläufe, und die Bilder ähneln den Approximationsstufen von Fraktalen. Unsere Figur 7.7 zeigt zwei Mengen, die aus einem Bäumchen als Grundfigur entstanden sind. Wir geben nun die sechzehn möglichen Pixelkonfigurationen und das Resultat nach einem Schritt an. Dabei werden die Verlagerungen, Auslöschungen und Erzeugungen von neuen Punkten deutlich. Die Ergebnisse gelten auch für die Ränder, wenn man angrenzende Pixels mit «0» aufgefüllt annimmt. In Klammern stehende Muster führen auf das gleiche Resultat:

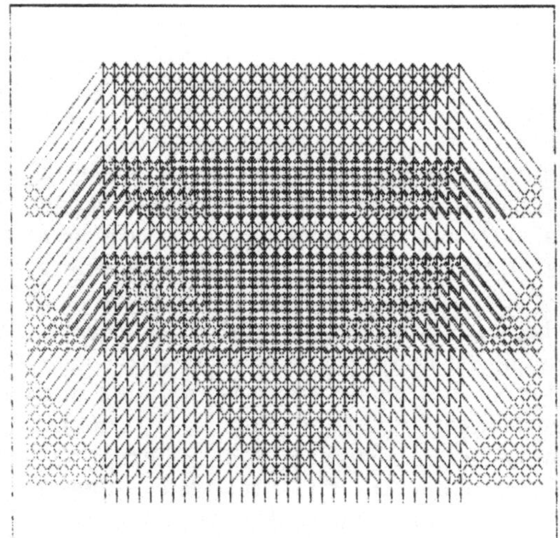

Figur 7.7

Pixelkonfigurationen und ihre Entwicklung

```
. 0 0 0 0 .          . x x x 0 .
( x x x x )          ( 0 0 0 x )
. . 0 0 0 .          . . 0 0 x .
. . 0 0 . .          . . 0 x . .

. x 0 0 0 .          . x x 0 0 .
( 0 x x x )          ( 0 0 x x )
. . x 0 0 .          . . 0 x 0 .
. . x 0 . .          . . x x . .
```

```
. 0 x 0 0 .        . 0 x x 0 .
( x 0 x x )        ( x 0 0 x )
. . x x 0 .        . . x 0 x .
. . 0 x . .        . . x x . .

. 0 0 x 0 .        . x 0 x 0 .
( x x 0 x )        ( 0 x 0 x )
. . 0 x x .        . . x x x .
. . x 0 . .        . . 0 0 . .
```

7.3 Mehrdimensionale Fraktale

Im Verlauf unserer bisherigen Darstellung haben wir uns immer bemüht, zur Illustration von Algorithmen und Elementen der Computergraphik möglichst sparsame und ausgewogene Mittel einzusetzen. Sicherlich erhält man mit aufwendigeren Rechnern und speziellen Graphikprozessoren schnellere Resultate in höherer Auflösung. Derartige Konfigurationen sind jedoch nicht jedermann zugänglich, die Hochfahrphase kompliziert und entmutigend. Zudem macht eine langsame Datenübertragung zu den Terminals höhere Rechenleistung der Zentraleinheit leicht wieder zunichte. Oftmals erlaubt ein kleines Basicprogramm auf einem Mikrocomputer mit Fernseher als Terminal es schon, einen Kurven- oder Funktionsverlauf, Lösungen von Differentialgleichungen und Anfangswertproblemen oder eine einfache Projektion augenfällig zu machen. Sicherlich gibt es Probleme, bei denen die mathematische Komplexität so hoch ist, daß ihre Bearbeitung auf Kleinrechnern zu stunden- und tagelangen Rechenzeiten führt. Die bekannte *Fatou-Julia* Theorie und damit zusammenhängende Färbungsprobleme, die durch die Beiträge von Mandelbrot [M1] eine große Popularität erlangt haben, gehören sicherlich dazu. Wir möchten hier auch noch den Übersichtsartikel von *P. Blanchard*: "Complex Analytic Dynamics on the Riemann Sphere" [B2] hervorheben, der einen guten Überblick über die Vielzahl der modernen Beiträge zu diesem Themengebiet gibt.

So ist es nicht verwunderlich, daß Rechnungen und Färbungen zunächst in teuren und leistungsfähigen Computerzentren ausgeführt wurden, die mindestens über eine einer VAX 780 vergleichbare Rechenleistung verfügen. Sicherlich können einfache zweidimensionale Fragestellungen, wie die Erzeugung der sattsam bekannten Apfelmännchen, auch auf den weitverbreiteten Kleincomputern aus dem halbprofessionellen Bereich in wenigen Stunden beantwortet werden. Filmartige Folgen von Bildern und Zooming erfordern aber oft tagelanges Warten. Hier bieten nur die neuen 32 Bit Prozessoren in der Verbindung mit mathematischen Coprozessoren und eventuell einem Farbdrukker eine leistungsfähige und preiswerte Alternative. Koppelt man sie mit einem klassischen 8 Bit CP/M System, so ist die Softwareentwicklung erheblich erleichtert. Begnügt man sich dann statt des Druckers noch mit einer nicht zu hohen Auflösung, die ein normaler Farbfernseher als Ausgabegerät bietet, so lassen sich mit einer derartigen Konfiguration, die nicht mehr als 1000 DM kosten dürfte, sogar mehrdimensionale Probleme der *Fatou-Julia*

Theorie in wenigen Minuten befriedigend bearbeiten. Wir wollen das anhand eines einfachen Beispieles näher erläutern.

7.4 Der mathematische Hintergrund mehrdimensionaler Fraktale

Bezeichne

$$p(z) = z^n + a_{n-1}z^{n-1} + \ldots + a_0 \tag{7.3}$$

ein Polynom mit komplexen Koeffizienten und den Nullstellen z_1, z_2, ... , z_n. 1879 hat *Cayley* das *Newton*-Verfahren

$$x_{m+1} := N(x_m) = x_m - p(x_m)/p'(x_m) \tag{7.4}$$

zur Berechnung der Nullstellen von p benutzt und auch die Frage nach den Mengen $A(z_j)$ aufgeworfen, die gerade alle Startpunkte z_0 enthalten, die schließlich durch wiederholte Anwendung von N auf den Punkt z_j abgebildet werden. Besonders interessant ist dabei das Aussehen der Ränder $\delta A(z_j)$. Später untersuchten *Julia* und *Fatou* iterierte rationale Abbildungen R^m der abgeschlossenen komplexen Ebene $\mathbf{C} \cup \{\infty\}$ auf sich und führten die sogenannte *Julia*-Menge ein: es handelt sich dabei um das Komplement aller Punkte z, zu denen eine Umgebung $U(z)$ existiert, auf der man die gleichmäßige Konvergenz einer Familie von iterierten Abbildungen R^m mit Hilfe eines Kompaktheitsarguments garantieren kann. Dabei stellt sich heraus, daß die Julia-Menge J nicht leer und abgeschlossen ist. Genauer handelt es sich um den Abschluß aller Urbilder $R^{-m}(z_f)$ von abstoßenden Fixpunkten z_f der Abbildung R. Es ergibt sich sogar $J = \delta A(z_j)$ für jede Nullstelle z_j des Polynoms p, und diese Eigenschaft gilt allgemein für anziehende Fixpunkte. Zur Erläuterung sei gesagt, daß z_f Fixpunkt von R heißt, wenn $R(z_f) = z_f$ gilt. Alle Nullstellen z_j sind natürlich anziehende Fixpunkte der Newton-Abbildung N. Bei abstoßenden Fixpunkten führt jedoch die Abbildung R aus jeder noch so kleinen Umgebung des Fixpunktes wieder heraus, es sei denn, man trifft den Fixpunkt selbst. Es sei noch bemerkt, daß die Julia-Mengen keine inneren Punkte enthalten, es sei denn, sie stimmen mit der abgeschlossenen komplexen Ebene überein. In [B2] sind die Julia-Mengen einfacher Polynome wie $p(z) = z^3 - 1$ ausführlich diskutiert, abgebildet und ihre Eigenschaften hergeleitet.

Wir wollen nun das Problem angehen, alle Nullstellen des Polynoms p gleichzeitig zu bestimmen. Dazu wenden wir die Newtonsche Methode (7.4) auf ein System nichtlinearer Gleichungen simultan an:

$$0 = F_i := a_{n-i} - (-1)^i \, S_i(z_1, z_2, \ldots, z_n). \tag{7.5}$$

Dabei ist S_i das i-te elementarsymmetrische Polynom der Nullstellen des Ausgangspolynoms p:

$$S_i := \Sigma_{1 \le j1 < j2 < \ldots < ji \le n} \; z_{j1} \cdot z_{j2} \cdot \ldots \cdot z_{ji}.$$

Nach einigen Zwischenrechnungen finden wir die folgende dem eindimensionalen Newton-Verfahren ähnliche Iterationsvorschrift:

$$
\begin{aligned}
z_i^{(m+1)} &:= R_i(\underline{z}^{(m)}) = z_i^{(m)} - p(z_i^{(m)})/P_i^{(m)}, \\
P_i^{(m)} &:= (z_i^{(m)} - z_1^{(m)}) \cdot \ldots \cdot (z_i^{(m)} - z_{i-1}^{(m)}) \cdot \\
&\quad (z_i^{(m)} - z_{i+1}^{(m)}) \cdot \ldots \cdot (z_i^{(m)} - z_n^{(m)}), \\
i &= 1, \ldots, n; \; m = 0, 1, 2, \ldots,
\end{aligned}
\tag{7.6}
$$

oder in Vektorschreibweise

$$\underline{z}^{(m+1)} = \underline{R}(\underline{z}^{(m)}).$$

Die anziehenden Fixpunkte von $\underline{R}$ sind genau die $n!$ Permutationsvektoren der Nullstellen unseres Polynoms p aus (7.1):

$$(z_{S(1)}, z_{S(2)}, \ldots, z_{S(n)}). \tag{7.7}$$

Verfügt man über $n!$ verschiedene Farben, so kann man eine umkehrbar eindeutige Zuordnung zwischen ihnen und den Permutationen S der Nullstellen des Polynoms p herstellen. Beginnt man also mit einem Startwert $\underline{z}^{(0)} \in \mathbf{C}^n$, so werden sukzessiv neue Vektoren $\underline{z}^{(m)}$ mit Hilfe von (7.6) berechnet. Konvergiert dann die Folge $\{\underline{z}^{(m)}\}$ gegen den Permutationsvektor (7.7), so wird der Startpunkt $\underline{z}^{(0)}$ mit der entsprechenden Farbe eingefärbt. Erreicht man nach einer gewissen vorher definierten Anzahl von Schritten keine der Umgebungen der Nullstellen, so bleibt der Startpunkt schwarz. Da jeder Startvektor nunmehr über $2n$ reelle Koordinaten verfügt, handelt es sich um die Einfärbung eines $2n$-dimensionalen Raumes mit $n!$ Farben. Zugegebenermaßen ist dazu ein zweidimensionaler Bildschirm als Ausgabeterminal nur schlecht geeignet.

Zur Vereinfachung beschränken wir uns daher auf den dreidimensionalen Fall

$$p(x) = x^3 + a_2x^2 + a_1x + a_0 \tag{7.8}$$

mit den reellen Nullstellen x_1, x_2, x_3 und reellen Startpunkten. Mit Hilfe einer einfachen Transformation kann man p in $x^3 - x + a$ überführen. Sehr nützlich ist das folgende Projektionslemma bei der weiteren Untersuchung:

Bezeichnet $\underline{x}^{(0)}$ einen Startvektor, so gilt für alle $m \geq 1$

$$x_1^{(m)} + x_2^{(m)} + \ldots + x_n^{(m)} = -a_{n-1}. \tag{7.9}$$

Daher liegen alle weiteren Iterationsvektoren unseres Polynoms nun in der Ebene $x_1 + x_2 + x_3 = 0$. Natürlich können wir nicht alle Punkte dieser Ebene als Startpunkte betrachten, sondern müssen uns auf ein endliches Gitter beschränken. Aber durch eine geschickte Wahl von Schnitten erhalten wir einen guten Eindruck der vielfältigen auftretenden Strukturen im dreidimensionalen Raum, die wesentlich reicher sind als die vormals untersuchten der komplexen Ebene. Die Definition der Julia-Mengen bleibt auch in unserem Falle gültig. J ist nicht leer, und die Menge der Urbilder von abstoßenden Fixpunkten spielt die gleiche wichtige Rolle wie bisher. Um diese Urbilder zu finden, müssen wir die Vektorabbildung $\underline{R}$ invertieren. Das ist für unser Polynoms $p(x) = x^3 - x + a$ explizit möglich. Wir geben hier nur das Ergebnis im Falle $a = 0$ und für die Urbilder $(A, -A/2, -A/2)$ eines abstoßenden Fixpunktes an. Zyklische Vertauschungen der Variablen $x := x_1$, $y := x_2$, $z := x_3$ oder Übergänge $x \rightarrow -x$, $y \rightarrow -y$, $z \rightarrow -z$ sind natürlich jederzeit möglich.

$\underline{R}(\underline{x}) = (A,-A/2,-A/2)^T$, $\underline{x} = (x,y,z)^T$ mit $x = t$ und
$y,z \leftrightarrow \{f(t) \pm \mathbf{sqrt}(g(t))\}/h(t)$ mit
$f(t) = (At-1)(t-A/2)$, $h(t) = (A-t)(2t-A/2)$,
$g(t) = A(A^2-4)(t-1/A)(t-A/(A+2))(t+A/(A-2))/4$.

Daher gehören die in Figur 7.8 dargestellten in t parametrisierten Kurven zur Julia-Menge, da hier das Newton-Verfahren nicht konvergiert. Für $A < 0$ spiegele man die Graphen an der Geraden $z = -y$. Man findet ähnliche Kurven von elliptischem oder hyperbolischem Charakter in unseren Bildern im Farbanhang A.7, die sehr gut die komplizierten Strukturen zur Geltung bringen.

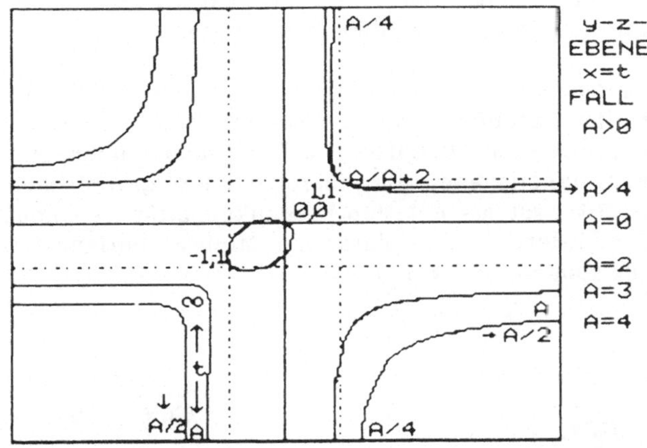

Figur 7.8

Sei noch der Kern des Algorithmus zur Berechnung des Farbwertes angeführt. Für alle Punkte (x,y,z) einer vorgegebenen Gitterpunktmenge wird die folgenden Schleife durchlaufen:

```
for n := 0 to tiefe do
 begin
 a :=x - y ; (* x, y, z, a : extended *)
 x := x*(1.0 - (x*x - 1.0)/(a*(x - z))) ;
      (* x := x- (x³ - x)/{(x - y)(x - z)} *)
```

```
y := y*(1.0 - (y*y - 1.0)/(a*(z - y))) ;
      (* y := y - (y³ - y)/{(y - z)(y - x)} *)
z := -x - y (* x + y + z = 0 *)
end;
```

Nun folgt die Abfrage nach der Nullstelle, in deren Nähe *(x,y,z)* liegt. Entsprechend wird der Startpunkt eingefärbt. Ist keine Entscheidung möglich, so kann der Punkt schwarz gelassen werden.

7.5 Die Computer-Konfiguration

Um einen Einblick in die Struktur der durch (7.6) beschriebenen Abbildung zu gewinnen, haben wir das zugehörige Färbungsproblem auf einem modernen, schnellen 32 Bit Prozessor in Verbindung mit einem mathematischen Coprozessor behandelt. Es verbietet sich natürlich bei dem beachtlichen Umfang von Rechenschritten zur Einfärbung eines einzigen Punktes, ein klassisches 8 oder 16 Bit System heranzuziehen. Selbst auf einem PC mit einem 8086/8087 Prozessor benötigen die ca. 35 Millionen Fließpunktoperationen für ein Bild von 256x256 Pixeln bei voller Ausnutzung der Stapelregister des 8087 schon 30 Minuten Rechenzeit, was selbst dann immer noch viel ist, wenn man es mit den notwendigen 10 Stunden auf einer 8 Bit CP/M Konfiguration vergleicht. Der Einsatz der CYBER 175 der RWTH Aachen erschien auch nicht von Vorteil, und zwar aus folgendem Grund:

Das einzige einsatzfähige Graphikterminal wurde von der Zentraleinheit über eine serielle Datenübertragungsleitung bedient, und die Übertragung eines einzigen Bildschirms benötigte allein schon über fünf Minuten. So war es durchaus naheliegend, die ausreichenden graphischen Möglichkeiten eines kleinen 8 Bit Systems mit der Rechenkapazität der neuen 32 Bit Prozessoren zu kombinieren. Eine derartige Minimalkonfiguration besteht aus den folgenden Komponenten: (vgl. Figur 7.9)

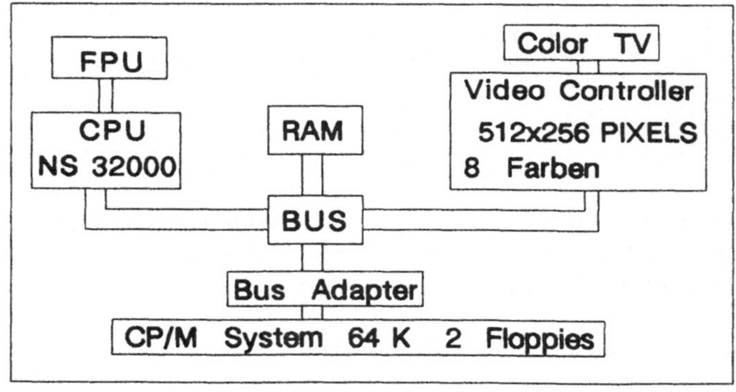

Figur 7.9

1) einem 32 Bit Mikroprozessors (CPU) mit einer Fließpunkteinheit (FPU), die zusammen 200 000 FLOPS ermöglichen,

2) einem kleinen Speicher (RAM) von mindestens 8 KB, um die Programme aufzunehmen,

3) einem Graphikcontroller mit 512x256 einzeln adressierbaren Pixeln, acht Farben und einem Farbfernseher als Ausgabeeinheit,

4) einem Busadapter, um den Rechner an ein bestehendes 8 Bit System anzuschließen.

Die Materialkosten sollten 1000 DM nicht überschreiten. An Stelle des Bildschirms kann fakultativ auch ein farbfähiger Matrixdrucker eingesetzt werden. Mit einem Compilergenerator wurde ein Crosscompiler entwickelt. So kann das Graphiksystem in einer Hochsprache programmiert werden. Mit dieser Konfiguration verringert sich die Erzeugung eines Bildes auf ca. 3 Minuten. Sie erlaubt außerdem Ausschnittsvergrößerungen von Bilddetails sowie eine interaktive Nutzung. In diesem Zusammenhang sei daran erinnert, daß Mehrplatzsysteme an Großrechenanlagen oft erhebliche Wartezeiten bei der Ausgabe aufweisen, während die vorgestellte Konfiguration individuelles Arbeiten zu jeder Zeit ermöglicht. Zudem können auch andere rechenintensive Probleme, die schnelle und hochgenaue Arithmetik benötigen, behandelt werden, wie dreidimensionale Oberflächenzeichnungen mit verdeckten Linien oder Potentiallinienbilder für langwierig zu berechnende mathematische Funktionen im Ingenieurbereich.

Die hier vorgestellten Bilder resultieren aus dem vorgelegten Problem für das Polynom $p(x) = x^3 - x$. Im Farbanhang A.7 finden sich einige der Bildschirme auch in Farbe. Figur 7.10 zeigt die Einfärbung einer Halbkugel mit Radius $\sqrt{203}$. Der hohe Symmetriegrad beruht auf der Tatsache, daß die Nullstellen des Polynoms $p(x) = x^3 - x$ unter der Transformation $x \rightarrow -x$ invariant sind. Weiter entsprechen den Permutationen der Variablen im Ausdruck (x,y,z) Reflektionen und Rotationen um 120°. Die zugehörigen Symmetrien sind deutlich zu erkennen. Farbtafel 1 im Anhang zeigt das gleiche Bild in Farbe, Tafel 1b die Projektionsebene $x+y+z = 0$ direkt, allerdings in einer anderen Farbtechnik. Im Bild veranschaulicht die Farbe die Anzahl der zur Konvergenz notwendigen Iterationen beim Newton-Verfahren. Tafel 2 zeigt eine Ebene $z=const$ zunächst in der klassischen, dann in der alternativen Technik. Die Farbtafeln 2a und 3a demonstrieren deutlich den elliptischen oder hyperbolischen Charakter der Juliamengen in Analogie zum theoretischen Resultat der Figur 7.8. Gleichzeitig ist in Tafel 3b ein 3D-Ausschnitt in Form eines Würfels dargestellt. Figur 7.11 schließlich stellt die Ebene $z = 1.5$ vor.

Figur 7.10

Figur 7.11

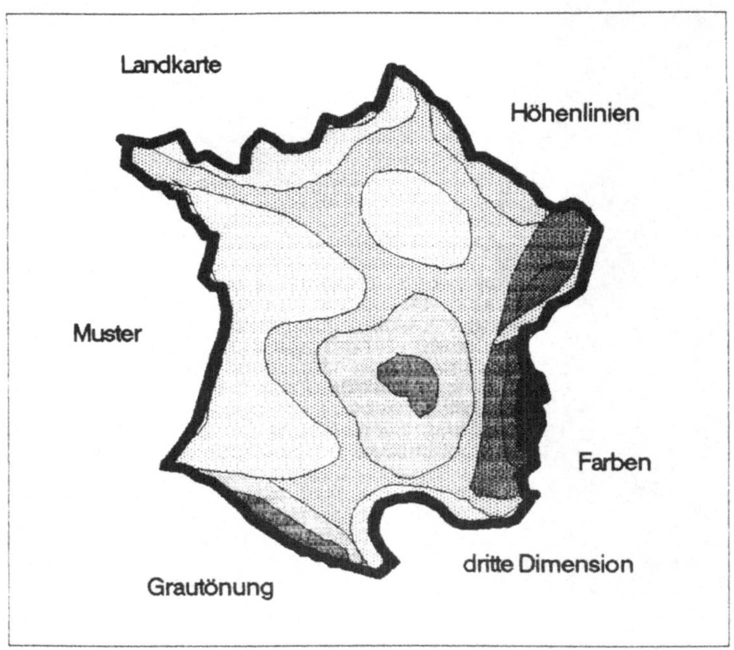

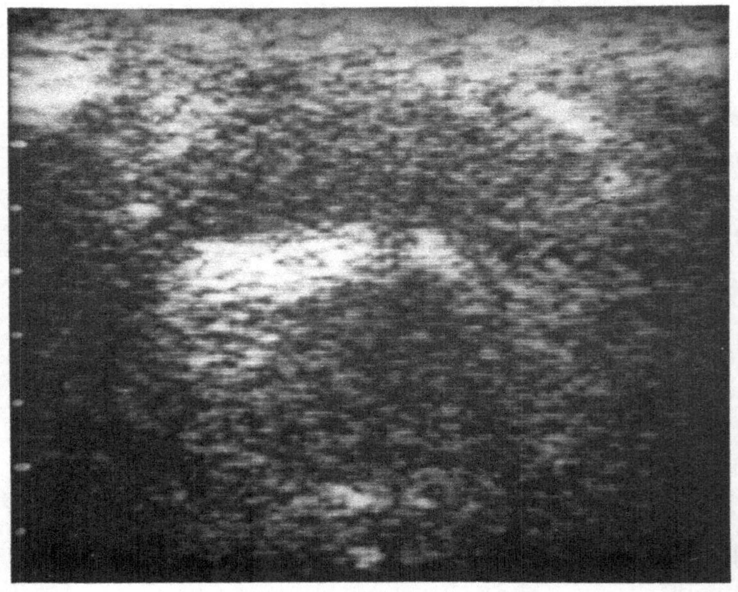

Ultraschallniere
(mit freundlicher Genehmigung von Herrn Dr. Graf, Würselen)

Kapitel 8

Farbe als dritte Dimension

In Kapitel 8 geht es um die Frage, wie man räumliche Strukturen und Oberflächen am zweidimensionalen Ausgabemedium unter Zuhilfenahme von Farb- oder Grautönen plastisch darstellen kann. Eine weitere Methode ist die der Potential- oder Höhenlinien, die für Geographie und Ingenieurwissenschaften eine bedeutende Rolle spielt. Auch hier kann die Farbe unterstützend eingesetzt werden.

Die Hauptschwierigkeit, mit der graphische Darstellung immer zu kämpfen hat, ist die Tatsache, daß die Ausgabegeräte nur ein zweidimensionales Fenster vorsehen, während die abzubildenden Körper im allgemeinen aus unserer dreidimensionalen Welt stammen. Um diesen Nachteil auszugleichen, sind Anstrengungen in die verschiedensten Richtungen unternommen worden. Die *Holographie*, die ein dreidimensionales Sehen verspricht, ist sicher die spektakulärste, aber auch die aufwendigste der neuen Techniken. Hier sind starke Laser-Lichtquellen, allerhöchste Auflösungen von tausenden Bildpunkten pro Millimeter und eine ausgefeilte Produktionstechnik gefragt. In Kapitel 12 werden wir die Idee, die hinter den *Anaglyphen* steht, erläutern. Klassisch sind die vielfältigen Projektionsmethoden, denen wir uns in Kapitel 10 widmen werden. Hier beschreiten wir nun einen anderen Weg: Die Farbe soll als dritte Dimension herhalten und einen räumlichen Eindruck vermitteln.

8.1 Oberflächenbeschreibung

Beschreibt man die Oberfläche eines dreidimensionalen Körpers durch eine Funktion, so wollen wir verschiedene Methoden diskutieren, wie die Werte dieser Funktion $f(x,y)$, $a \le x \le b$, $c \le y \le d$, oder einer Matrix $A = (a_{ik})$ am Bildschirm oder einem anderen Ausgabegerät dargestellt werden können. Dabei bieten sich im wesentlichen zwei verschiedene Methoden an. Man kann

- den Definitionsbereich der Funktion mit einem Gitternetz (d_{ik}) überziehen und die Funktionswerte durch Rundung über jedem Teilrechteck diskretisieren und normieren. Diese Werte werden in eine Matrix (a_{ik}) überführt. Jedem Teilrechteck des Definitionsbereichs entspricht aber ein Punkt oder ein Rechteck am Bildschirm, das den a_{ik} repräsentierenden Grau- oder Farbton bzw. eine Farbkombination annimmt. Hier übernimmt die Farbe die Rolle der dritten Dimension;

- die Höhenlinien, das sind alle Punkte (x,y), die der Gleichung $f(x,y) = c$ genügen, zeichnen. Interesse an derartigen Kurven besteht zum Beispiel in der Elektrotechnik, wo die Potentiallinien wichtige Erkenntnisse über Felder zulassen, oder in der Computer-Tomographie [N1], die immer größere Bedeutung in der Medizin erlangt.

Während man mit der Potentiallinienmethode gerade große Höhenunterschiede deutlich machen kann, ergeben die Linien jedoch keinen Aufschluß über die absolute Höhe. Demgegenüber veranschaulichen verschiedene Einfärbungen den Verlauf der Funktionsfläche dann gut, wenn sich die Funktionswerte gleichmäßig stetig und nicht zu stark ändern.

Beide Methoden können kombiniert werden, wenn man die Mengen zwischen den Höhenlinien mit einem passenden Farbton ausfüllt.

Dieselben Prinzipien finden natürlich auch an anderen Ausgabegeräten wie Drucker oder Plotter Anwendung.

8.2 Grautönung

Zur Erzeugung von Farb- oder Graustufen sind zwei Verfahren denkbar. Zunächst gibt man eine feste Anzahl s von Stufen vor und legt die gerundeten Funktionswerte an den Mittelpunkten der Teilrechtecke d_{ik} in der Matrix A = (a_{ik}) ab. Sodann berechnet man Maximum max und Minimum min der a_{ik} und führt a_{ik} in **int**$\{(s - 0.5)*(a_{ik} - min)/(max - min)\}$ über. Nunmehr nimmt das zugehörige Schirmrechteck r_{ik} entweder das den Matrizenwert repräsentierende Muster (vgl. Figur 8.1), einen Farbton oder eine Farbkombination an oder wird mit Hilfe eines Zufallszahlengenerators entsprechend aufgefüllt, indem man eine den Wert a_{ik} veranschaulichende Anzahl von Pixeln setzt. Dabei kann es darauf ankommen, entweder gut unterscheidbare Grau- oder Farbtöne zu benutzen oder aber möglichst fließende Übergänge zwischen den Stufen zu erzeugen und auffällige Musterungen zu vermeiden.

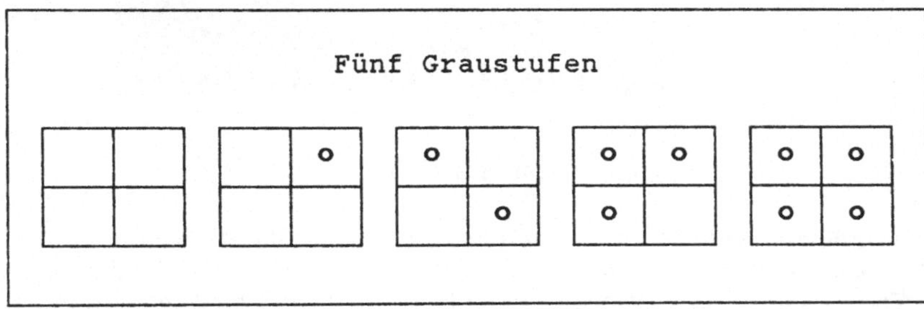

Figur 8.1

Anstelle der Graustufen können auch Schwarzweiß- oder Farbmuster treten, oder aber reine Farben, wenn genügend davon gleichzeitig am Schirm darstellbar sind. Es wirkt jedoch ästhetisch schöner, sich auf zum Beispiel vier reine Farben zu beschränken und dann verschiedene Mischungsgrade zur Abstufung zu definieren. Infrage kommen hier

Weiß - Hellblau - Dunkelblau - Schwarz,
Gelb - Rot - Cyan - Dunkelblau etc.

In Figur 8.2 ist dargestellt, wie man die sechzehn Farben der *EGA-Palette* in sechzehn verschiedene Grautöne umsetzen kann. Dazu ist ein Drucker mit einer Mindestauflösung von 180 Punkten pro Zoll erforderlich. Wie das Ausgabemuster zeigt, sind die Farben durch Muster individuell abgestuft. Man muß allerdings zugeben, daß eine gute Unterscheidung erst bei größeren gleichfarbenen Pixelbereichen möglich ist. Die Bilder der mehrdimensionalen Fraktale aus Kapitel 7 und Oberflächen aus Kapitel 14 sind mit Hilfe dieser Matrizen erzeugt.

Sehr gleichmäßige Grauraster erhält man dagegen bei der Verwendung von *magischen Quadraten*. Erklären wir kurz die Methode:

Figur 8.2

Ein magisches Quadrat der Ordnung n ist eine Matrix von n^2 Einträgen, in der die Zahlen 1 bis n^2 oder 0 bis n^2-1 so verteilt sind, daß die Summen jeder Zeile, Spalte und eventuell auch der Diagonalen gleich sind. Sie heißen ausgeglichen, wenn aus den Zahlabschnitten $[\ k \cdot n + 1,\ (k + 1) \cdot n\ ]$, $k = 0, \ldots, n - 1$, zusätzlich je genau eine Zahl vorkommt. Im Leben unserer Vorfahren haben diese Quadrate eine wichtige Rolle gespielt. Aus dem alten China stammt das Siegel des Saturns mit der Ordnung drei, und das folgende Beispiel eines magischen Quadrats der Ordnung vier ist durch Permutation aus einem Bildelement der "Melancholie" von A. Dürer (1514) [D3] entstanden.

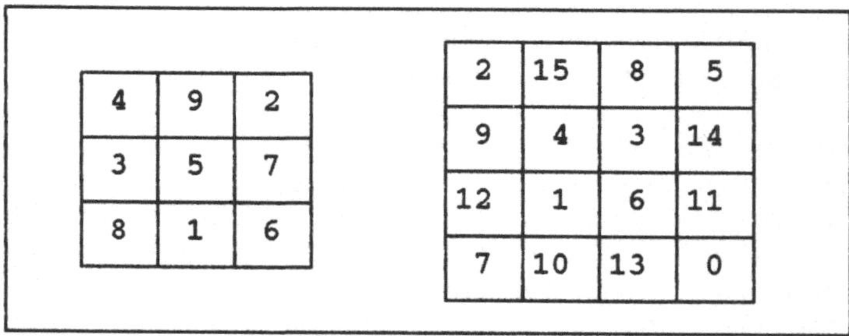

4	9	2
3	5	7
8	1	6

2	15	8	5
9	4	3	14
12	1	6	11
7	10	13	0

Figur 8.3

Eine interessante Methode zur Konstruktion magischer aus lateinischen Quadraten ist im Buche *R. A. Brualdi*: Introductory Combinatorics, Kap. 7,

North Holland 1977, detailliert dargestellt. Ihre Bedeutung zur Erzeugung von gleichmäßig verteilten Graurastern bei dennoch unterscheidbarer Stufung kann man folgendermaßen beschreiben:

Gegeben sei eine z. B. per Videodigitalisierer eingelesene Vorlage in Form einer wie oben erläutert normalisierten Matrix A = (a_{ik}). Sollen n^2 Grautöne erzeugt werden, so wähle ein magisches Quadrat der Ordnung n. Unser Beispiel n = 4 erlaubt die Wiedergabe von 16 Intensitäten. Dann durchlaufe man alle Bildschirmlinien von links nach rechts. Zu jedem Gitterpunkt (x,y) bestimmt man den zugehörigen Eintrag im magischen Quadrat s_{ik} mit $i \equiv x \textbf{ mod } n + 1$, $k \equiv y \textbf{ mod } n + 1$. Gilt dann $a_{ik} > s_{ik}$, so wird das Pixel weiß, anderenfalls bleibt es schwarz. Figur 8.4 zeigt eine Oberfläche in dieser Rastertechnik. Verfügt man über m Farben, so kann man ein Intervall $[0, s]$ von ganzzahligen Funktionswerten mit $s:=(m-1)\cdot n^2$ abdecken, indem man statt Schwarz und Weiß die Farben mit den Nummern a_{ik} **div** n^2 und a_{ik} **div** n^2 +1 verwendet.

Figur 8.4

Andere Methoden, wie der *Floyd-Sternberg* oder der *Dither* Algorithmus, sind in [R3] erläutert. Mit letzterem erreicht man noch bessere Übergänge zwischen den einzelnen Stufen unter weitgehender Unterdrückung auffälliger Musterungen. Farbtafel 4 im Anhang A.7 zeigt in zwei Beispielen beide Methoden in einer Gegenüberstellung. Man definiert die Vergleichsmatrizen S_j = (s_{ik}) für alle Ordnungen der Form 2^j und beginnt nach *Limb* bei j = 1 mit

$$S_1 = \begin{pmatrix} 0 & 2 \\ 3 & 1 \end{pmatrix}.$$

Bezeichnet I_j die Matrix der Ordnung 2^j, die als Elemente nur die Eins enthält, so definiert man rekursiv unter Erhaltung der Struktur von S_1 in allen Untermatrizen von S_j

$$S_{j+1} = \begin{pmatrix} 4S_j & 4S_j + 2I_j \\ 4S_j + 3I_j & 4S_j + I_j \end{pmatrix}.$$

Damit findet man für S_2 die Matrix

0	8	2	10
12	4	14	6
3	11	1	9
15	7	13	5

Dither-Matrix mit sechzehn Einträgen

Aufgabe 8.1

Ein magisches Quadrat sei eine (n,n)-Matrix, in der alle Zahlen von 0 bis $n^2 - 1$ vorkommen, wobei die Summen aller Zeilen und Spalten gleich $\frac{1}{2}(n^3-n)$ seien. Man zeige:

a) Bezeichne (i,j) den Platz in der i-ten Zeile und der j-ten Spalte, und ist die Zahl k so plaziert, daß

$$i \equiv (a + c\,k + e\,\mathbf{int}[k/n]) \ \mathbf{mod}\ n,$$
$$j \equiv (b + d\,k + f\,\mathbf{int}[k/n]) \ \mathbf{mod}\ n,$$
$0 \leq i \leq n - 1$, $0 \leq j \leq n - 1$, $a, b, c, d, e, f \in \mathbf{Z}_n$, $(cf-de, n) = 1$,
($(x,y) = 1$ heißt x und y teilerfremd, $\mathbf{Z}_n := \{0, \dots , n-1\}$),

so hat jede Zahl k ihren wohldefinierten Platz.

b) $(c,n) = (d,n) = (e,n) = (f,n) = 1$ ist hinreichend für die Konstruktion eines magischen Quadrats.

c) Die Diagonalsummen sind auch gleich $\frac{1}{2}(n^3-n)$, falls
$(c \pm d,\ n) = (e \pm f,\ n) = 1$.

d) Für eine Primzahl n mit $n \geq 5$ und alle ihre Produkte kann man auf diese Weise magische Quadrate mit gleichen Diagonalsummen konstruieren.

8.3 Höhenlinien

Wir wollen nun auf die Darstellung der Höhenlinien einer Funktion $f(x,y)$ zurückkommen und diskutieren, wie sich alle Lösungskurven der impliziten Gleichung $f(x,y) = c$ am Ausgabegerät darstellen lassen. Dabei stützen wir uns auf die Darstellung in [L-O]. Mit der Potentiallinienmethode kann insbesondere die Änderung der Funktionswerte gut veranschaulicht werden. Der eigentliche Wert der Funktion wird aber zunächst nicht augenfällig. Man müßte entweder die zugehörigen Werte des Parameters c an die Höhenlinien antragen, oder aber, wie es auf Landkarten geschieht, die Farbe als zusätzliches Hilfsmittel zur Charakterisierung der absoluten Höhe verwenden.

Doch zurück zu der Lösung der Gleichung $f(x,y) - c = 0$ mit einer über einem Gebiet G der Ebene definierten stetigen Funktion f. Die Lösungskurven C: $(x(t),y(t))$ können geschlossen, nicht geschlossen oder zu einem Punkt entartet sein. Oft muß die Funktion f erst als Lösung einer Differentialgleichung, wie zum Beispiel der *Potentialgleichung* $f_{xx} + f_{yy} = 0$, gefunden werden, die bei ebenen Problemen der Elektro- oder Hydrostatik auftritt. Der Lösungstheorie dieser *partiellen* Differentialgleichung wollen wir hier unser Augenmerk nicht widmen und nur darauf hinweisen, daß man mit Hilfe der *konformen Abbildung* das Gebiet G auf ein einfacheres Gebiet E abzubilden sucht, für das man die Lösung der Potentialgleichung kennt. Erwähnen wir hier ein angeströmtes stachelförmiges Hindernis (vgl. Figur 8.7), das erfolgreich auf die obere Halbebene transformiert wird mit zur u-Achse parallelen Stromlinien $f^*(u,v) = v = const.$

Wir beschränken uns auf ein rechteckiges Gebiet G, in dem unsere Gleichung $f(x,y) - c = 0$ untersucht werden soll. Das Gebiet ist durch Angabe der Eckpunkte x_l, y_l und x_r, y_r eindeutig bestimmt. Um alle Lösungskurven L zu finden, kann man verschiedene Abszissenwerte x_a daraufhin prüfen, ob L die Strecke $x = x_a$ in G schneidet. Dazu ist die Gleichung $f(x_a,y) = c$ zu lösen, was zum Beispiel mit den *Newtonschen Iterationsverfahren* geschehen könnte: Ausgehend von y_0 definiert man rekursiv

$$y_{n+1} := y_n - \{f(x_a,y_n) - c\}/f_y(x_a,y_n). \qquad (8.1)$$

Dabei hängt es jedoch stark vom Anfangswert y_0 ab, ob und gegen welche Lösung die Folge (y_n) konvergiert, und man kann, gerade wenn es mehrere gibt, leicht Lösungen übersehen. Hat man dann einen Anfangspunkt (x_a,y_a) einer Lösungskurve L auf diese Weise gefunden, so verfolgt man die Kurve mit einem geeigneten Näherungsverfahren weiter, bis sie G verläßt oder, falls L geschlossen ist, bis man an den Anfangspunkt zurückkehrt. Dabei ist es nicht ganz einfach zu entscheiden, ob man sich durch Rechen- und Rundungsfehler oder methodische Ungenauigkeiten nicht schon zu weit von der wahren Kurve entfernt hat. In [B-L1] wird daher eine Kurve nur bis zur nächsten senkrechten Tangente verfolgt, und zwar vom Ausgangspunkt aus nach beiden Seiten hin. Ist die Kurve L in G geschlossen, so wird sie mindestens zwei Schnittpunkte mit der Abszisse $x = x_a$ haben, und man kann durch Start in einem weiteren Anfangspunkt (x_a,y_b) die Kurve vervollständigen. Überzeugen kann die Methode dann nicht, wenn der Weg zu den senkrechten Tangenten weit ist.

Daher wollen wir noch einen weiteren Lösungsansatz besprechen und unterteilen das Rechteck mit den Eckpunkten (x_l,y_l) und (x_r,y_r) mit Hilfe eines Gitternetzes der Breiten (x_s,y_s). Dabei hängen die Größen x_s, y_s von der Kompliziertheit der Potentiallinien, ihrer Krümmung, Verwicklung und Verschlingung ab und sind dann angemessen klein zu wählen. Gerade die Lokalisierung singulärer Punkte, denen zu einem Punkt entartete Lösungskurven entsprechen, ist ausgesprochen schwierig.

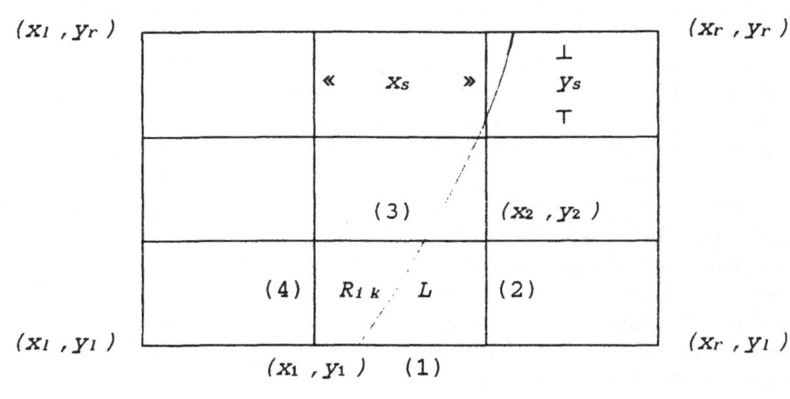

Figur 8.5

Beginnend bei dem Rechteck in der linken unteren Ecke untersuchen wir mit einem Bisektionsverfahren basierend auf den Vorzeichen der Funktionswerte in den Eckpunkten, ob eine Potentiallinie die Ränder (1) bis (4) schneidet. Haben wir einen Schnittpunkt mit genügender Präzision ermittelt, so verfolgen wir die Lösungskurve L in das Innere von R_{lk} hinein, bis sie wieder einen Rand trifft. Da die Kurven nicht im Inneren enden, führt nur ein Verzweigungspunkt zu Schwierigkeiten. Der Rand, der von L getroffen wird, wird bei der weiteren Untersuchung von R_{lk} beiseite gelassen.

Wir verfolgen die Potentiallinien mit einem einfachen Einschrittverfahren. Dazu berechnen wir die partiellen Ableitungen von $f(x,y) - c$ im Punkte (x,y) näherungsweise, indem wir sie durch eine zentrale Differenz ersetzen:

$$f_x(x,y) \approx \{f(x+h,y) - f(x-h,y)\}/(2h), \qquad (8.2)$$

und genauso für f_y. Sodann ergibt sich der normierte Tangentenvektor

$$(f_y/Q, \ -f_x/Q)^T \text{ mit } Q = \mathbf{sqrt}(f_x^2 + f_y^2), \tag{8.3}$$

und mit der Schrittweite h und (8.3) dann die Zuwächse

$$Dx = S_H \cdot h \cdot f_y/Q, \ Dy = -S_H \cdot h \cdot f_x/Q. \tag{8.4}$$

Dabei ist S_H so zu +1 oder −1 zu bestimmen, daß wir in das zu untersuchende Rechteck hineinlaufen. Der neue näherungsweise bestimmte Kurvenpunkt berechnet sich mit den Zuwächsen (8.4) zu $(x + Dx, \ y + Dy)$.

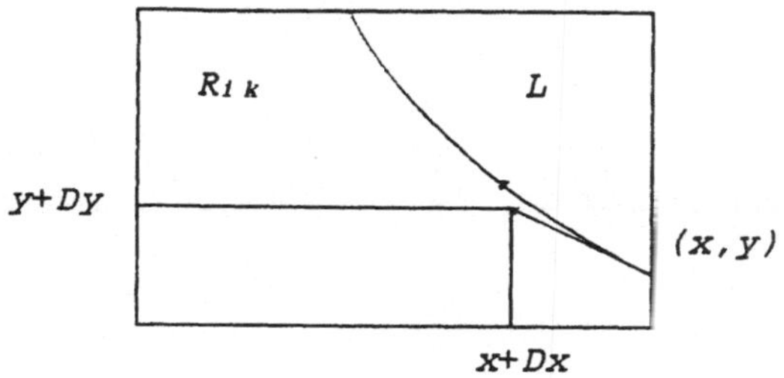

Figur 8.6

Das Verfahren hat den Vorteil, daß man über die Gitternetzbreiten x_s, y_s und die Schrittweite h die Genauigkeit gut steuern und auch kleine geschlossene Lösungskurven finden kann. So wird durch Abarbeitung der Teilrechtecke stückweise die Potentiallinie zum Parameter c zusammengesetzt, und durch Vorgabe mehrerer Parameterwerte ein anschauliches Höhenlinienbild konstruiert.

Figur 8.7 zeigt die Strömungslinien einer idealen Flüssigkeit, die in der oberen Halbebene $Im\ z > 0$ an einem stachelförmigen Hindernis der Länge eins aus Unendlich kommend vorbeiströmt. Hier ergibt sich als Gleichung

$$f(x,y) - c^2 = \mathbf{sqrt}\{(x \cdot y)^2 + ([1+x^2-y^2]/2)^2\} - (1+x^2-y^2)/2 - c^2 = 0,$$

und die Konstanten sind

$$x_l = -3, \ x_r = 3, \ y_l = 0, \ y_r = 3,$$
$$c = 0.01, \ 0.02, \ 0.05, \ 0.1, \ 0.2, \ 0.4, \ 0.8, \ 1.2, \ 1.6, \ 2.0.$$

Aufgabe 8.2
Man leite die Strömungsliniengleichung zu Figur 8.7 her unter Benutzung von $f(x,y) = (\mathbf{Im}\ \{\sqrt{(x+iy)^2+1}\})^2$ und begründe diese Beziehung.

Eine weitere Figur 8.8 zeigt die Höhenlinien der Funktion $f(x,y) := x^3 - y^3 + 3xy$ im Bereich $(-5,5) \times (-5,5)$. Hier nimmt c die folgenden Werte an:

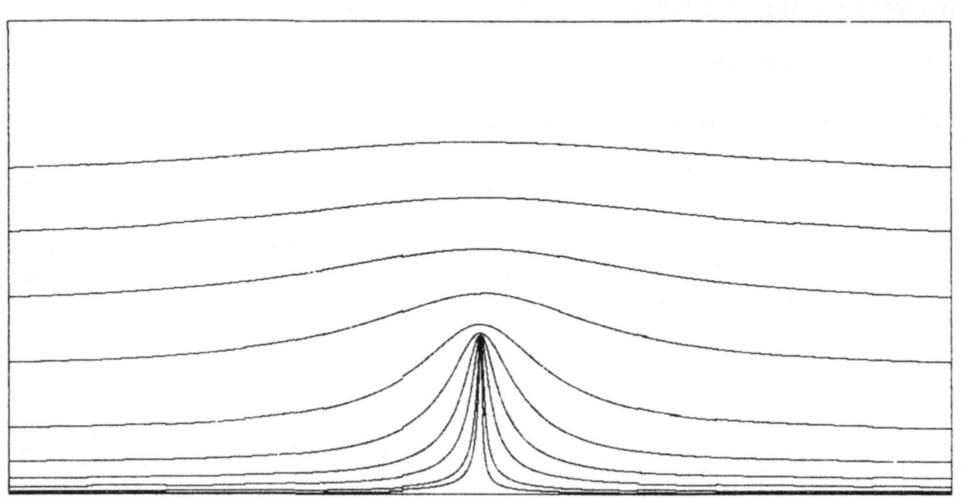

Figur 8.7

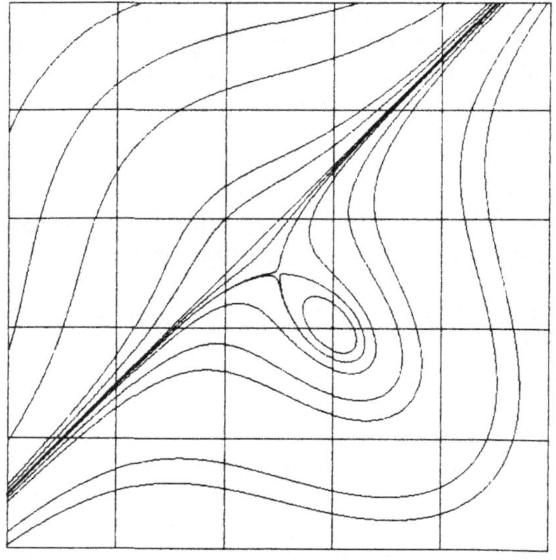

Figur 8.8

c = −180, −100, −50, −10, −1, −0.5, 0, 1, 5, 10, 30, 50, 70.

Figur 8.9

Der Sattelpunkt in (0,0) und auch der stationäre Punkt (1,−1) kommen gut zur Geltung.

Aufgabe 8.3
Man leite die Klassifizierung der beiden singulären Punkte von f her. Unter welchem Winkel schneiden sich die beiden Höhenlinien durch (0,0)?

In Figur 8.9 steht die Funktion $f(x,y) := (\sqrt{|x|} + \sqrt{|y|})$ **exp**(y^2-x^2) über [−1.6,1.6] x [−1,1] zur Diskussion. Zusätzlich sind verschiedene Grautöne zur Kontrastierung eingesetzt. Eine Farbversion befindet sich im Anhang A.7.

Die Methode der Potentiallinien bietet ein schönes Mittel, um die Lösungen einer impliziten Differentialgleichung und ihre isolierten Singularitäten zu veranschaulichen [LNRY]. Für das Beispiel

$$(x + y)\cdot dy - (y - x)\cdot dx = 0$$

gibt Figur 8.10 die spiralförmigen Kurven $r(\Phi) = c$ **exp**$(-\Phi)$ bei verschiedene Werten von c wieder. Dabei müssen die Lösungen aneinandergestückelt werden, was hier durch die Setzung $c^* = c$ **exp**(2π) geschehen ist, und zwar an der Stelle $\Phi = -\pi/2$. Im Nullpunkt liegt ein Spiralpunkt als isolierte Singularität vor.

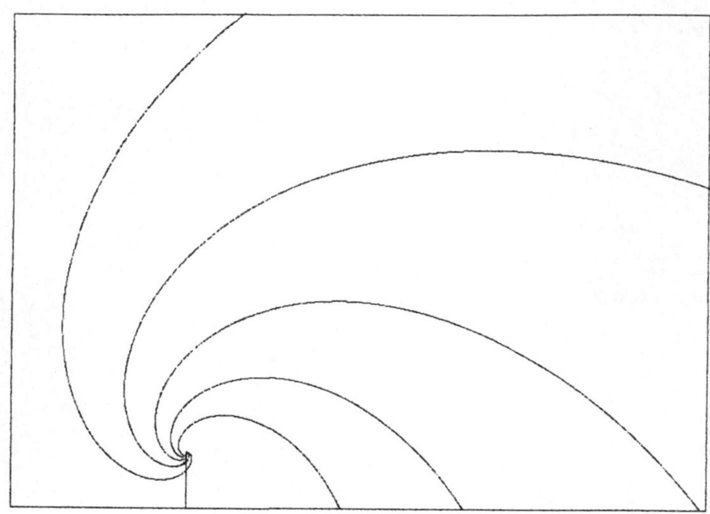

Figur 8.10

Einen Knotenpunkt demonstriert Figur 8.11, durch den alle Kurven $y = 0$ und $x = y$ **ln**(**abs**(cy)) verlaufen.

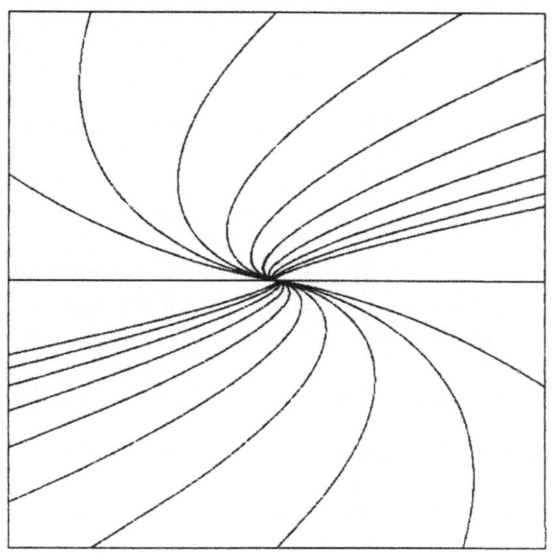

$\dot{x} = x\cdot(2-y), \quad \dot{y} = y\cdot(-2+x)$
$f(x,y) = 2\cdot\ln(xy) - x - y = c$
$c = -1.2274113, -1.25, -1.27, -1.3, -1.4, -1.5, -1.7, -2, -2.5, -3, -4, -5$

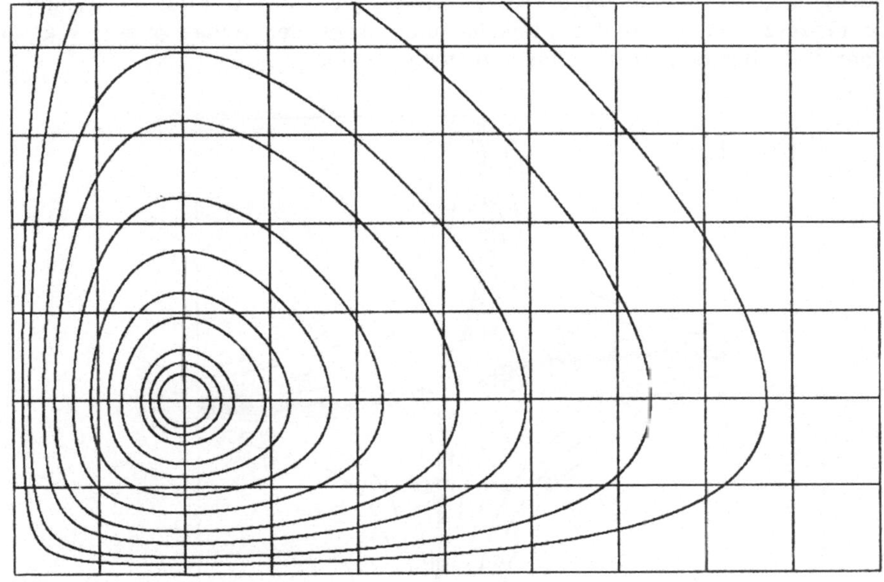

Figuren 8.11 und 8.12

Sei noch ein Beispiel mit einem Strudelpunkt in Figur 8.12 angeführt. Als Daten haben wir das Differentialgleichungssystem, die impliziten Lösungskurven und die Parameter c notiert.

Zum Abschluß stellen wir ein umfangreicheres Beispiel vor. Wir wollen die Funktion

$$f(x,y) := \mathbf{ln}(1 + x^2 + y^2) + \alpha xy - c, \ \alpha>0,$$

in Abhängigkeit vom Parameter α diskutieren. Dabei sind Lage und Charakter der Singularitäten von besonderer Bedeutung. Wir legen das Quadrat (−3,−3) − (3,3) zugrunde und nehmen für c die folgenden Werte an:

(0, ±0,05, ±0.1, 0.18, 0.193, ±0.25, ±0.5, ±1, ±2, ±3, 4 ,5).

Ist $\alpha < 2$, so liegen drei singuläre Stellen vor, nämlich

- (0,0) als Strudelpunkt und relatives Minimum,
- (±**sqrt**[1/α−1/2], ∓**sqrt**[1/α−1/2]) als Sattelpunkte.

Für $\alpha \geq 2$ ist (0,0) einzige singuläre Stelle. Es handelt sich um einen Sattelpunkt mit positivem Öffnungswinkel für $\alpha > 2$. Die drei Figuren 8.13 zeigen die drei typischen Fälle $\alpha = 1, 2, 3$.

Einen noch plastischeren Eindruck erhält man, wenn man wie in den Figuren 8.14 und 14.10 die Mittel einer räumlichen Darstellung verbunden mit Farbe einsetzt. Hier soll die Blickrichtung längs der Achse $y = -x$ gewählt und der Definitionsbereich etwas vergrößert sein.

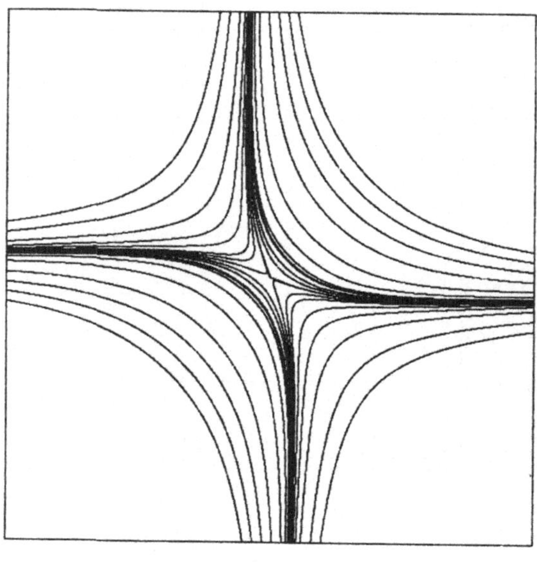

Figur 8.13
Fall α=3

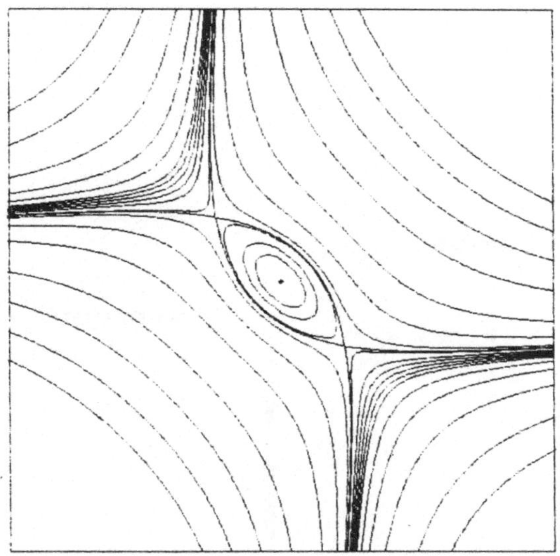

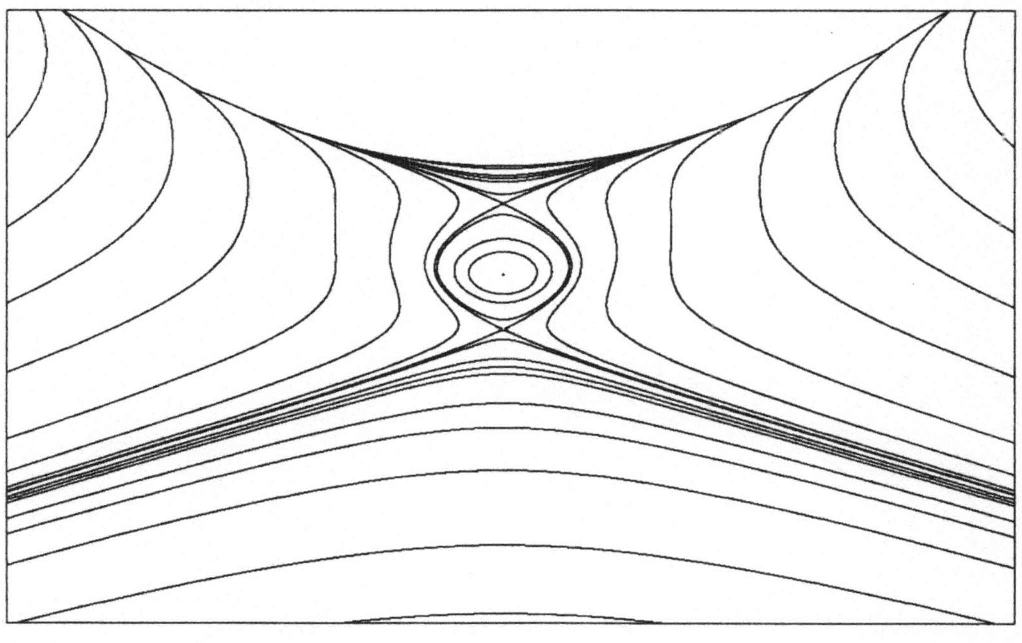

Figuren 8.13 – Fall α=1 – und 8.14

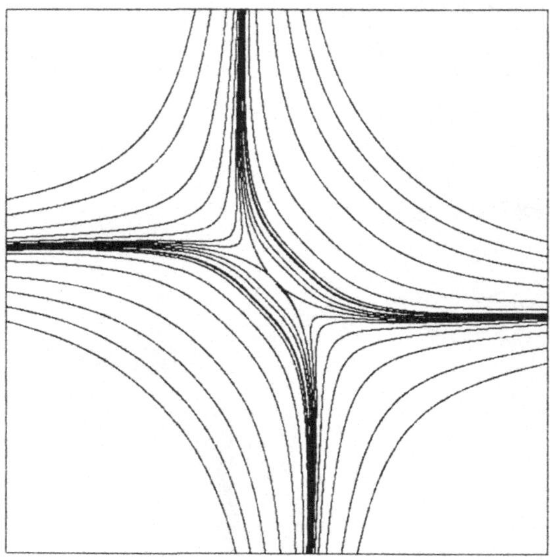

Figur 8.13 – Fall α=2

Kapitel 9

Geometrie im Raum

Nach der Besprechung der mathematischen Grundlagen in der Ebene wenden wir uns in Kapitel 9 den Bewegungen im Raum zu. Neben der Einführung von Vektoren, Geraden und Ebenen werden Translationen, Skalierungen, Scherungen, Spiegelungen und Drehungen analytisch beschrieben.

9.1 Geraden

Wie schon in Kapitel 4 für den euklidischen $\mathbf{R}^2$ wollen wir nun die Grundlagen der analytischen Geometrie und die elementaren Transformationen wie Drehung, Scherung, Skalierung und Translation im $\mathbf{R}^3$ untersuchen. Eine direkte Übertragung der Formeln ist in fast allen Fällen ohne große Abänderungen möglich. Beginnen wir mit den Elementen des $\mathbf{R}^3$, den Vektoren, die nunmehr drei statt zwei Komponenten besitzen:

$$\underline{x} = (x_1, x_2, x_3)^T, \; x_i \in \mathbf{R}.$$

Mit der komponentenweise Addition und skalaren Multiplikation bildet der $\mathbf{R}^3$ einen euklidischen Vektorraum, wenn wir das innere Produkt zweier und die Norm eines Vektors wie folgt festlegen:

$$(\underline{x},\underline{y}) := x_1 \cdot y_1 + x_2 \cdot y_2 + x_3 \cdot y_3,$$
$$|\underline{x}| := \sqrt{(\underline{x},\underline{x})}. \tag{9.1}$$

Dann kann man wie in (4.4) wieder die kartesische Orthonormalbasis

$$\underline{e}_1 := (1, 0, 0)^T, \; \underline{e}_2 := (0, 1, 0)^T, \; \underline{e}_3 := (0, 0, 1)^T$$

auszeichnen und Punkte P mittels des zugehörigen Ortsvektors

$$P : \underline{x} = x_1\underline{e}_1 + x_2\underline{e}_2 + x_3\underline{e}_3$$

charakterisieren. Diese Basis bildet ein positiv orientiertes System, da die zugehörige Determinante den Wert eins hat.

Eine Gerade g durch zwei Punkte P_1 und P_2 wird am einfachsten mit Hilfe ihrer Parameterdarstellung beschrieben:

$$g : \underline{x}(t) = \underline{x}_1 + t(\underline{x}_2 - \underline{x}_1), \; t \in \mathbf{R}. \tag{9.2}$$

Dabei zeigt der Vektor $\underline{x}_1$ zum Punkt P_1 und der Richtungsvektor $\underline{x}_2 - \underline{x}_1$ vom Punkt P_1 zum Punkte P_2.

Wir wollen nun den Rasterlinienalgorithmus von *Bresenham* aus Kapitel 2 auf den dreidimensionalen Fall übertragen. Der Algorithmus spielt eine entscheidende Rolle bei der modernen Technik des *Ray-Tracings*, die wir in Kapitel 15 näher untersuchen werden. Dabei geht es darum, eine große Anzahl von Sehstrahlen im Raum zu verfolgen unter Berücksichtigung der Reflexionen und Brechungen, die an den Körpern der Szene erfolgen, um die Lichtintensität und Farbe zu ermitteln, die das Auge wahrnimmt und die dem Durchstoßpunkt des Strahls an der Bildebene zu geben ist. Wie auch schon im zweidimensionalen Fall, muß die Koordinate ermittelt werden, in der der Abstand von P_1 und P_2 am größten ist. Sie wird die *Treiberkoordinate*, in deren Richtung bei jedem Schritt eine Inkrementation stattfindet, während bei den anderen beiden *passiven* Koordinaten nur nach Bedarf in- bzw. dekrementiert wird.

Dreidimensionaler Bresenham-Algorithmus

```
var
xpos, ypos, zpos : integer;

procedure lineto(x, y, z : integer; fs : byte) ;

var
control1, control2, vt, vn, vnn : integer ;
co0, co1, sig, dc : array[1..3] of integer ;
t : byte ;

begin
dc[1] := abs(x-xpos) ; dc[2] := abs(y-ypos); dc[3] : =abs(z-zpos) ;
vt := 1 ; (* Treiberkoordinate *)
if dc[2] > dc[1] then vt := 2 else if dc[3] > dc[1] then vt := 3 ;
if vt = 2 then if dc[3] > dc[2] then vt := 3 ;
case vt of
    1: begin  vn := 2; vnn := 3 end ;
    2: begin  vn := 3; vnn := 1 end ;
    3: begin  vn := 1; vnn := 2 end ;
    end ;

co0[1] := xpos ; co1[1] := x ; co0[2] := ypos ; co1[2] := y ;
co0[3] := zpos ; co1[3] := z ;
for t := 1 to 3 do
  if co1[t] >= co0[t] then sig[t] := 1 else sig[t] := -1 ;
control1 := dc[vt] div 2 ; control2 := control1 ;
repeat
 plot(co0[1], co0[2], co0[3], fs) ;
 control1 := control1 + dc[vn] ; control2 := control2 + dc[vnn] ;
 if control1 >= dc[vt] then begin control1 := control1 - dc[vt] ;
                                  co0[vn] := co0[vn] + sig[vn] end ;
 if control2 >= dc[vt] then begin control2 := control2 - dc[vt] ;
                               co0[vnn] := co0[vnn] + sig[vnn] end ;
 co0[vt] := co0[vt] + sig[vt]
until sig[vt]*(co0[vt] - co1[vt]) > 0 ;
xpos := x ; ypos := y ; zpos := z
end ;
```

9.2 Ebenen im Raum

Wenden wir uns nun den Ebenen E im dreidimensionalen Raum zu, die sich wie auch schon die Geraden in Parameterform

$$E : \underline{x}(u,v) = \underline{c} + u\,\underline{a} + v\,\underline{b},\ u,\ v \text{ reell}, \qquad \underline{a},\ \underline{b} \text{ linear unabhängige Einheitsvektoren,} \tag{9.3}$$

beschreiben lassen. Dabei führt der Vektor $\underline{c}$ vom Nullpunkt in die Ebene, die von den linear unabhängigen Vektoren $\underline{a}$ und $\underline{b}$ aufgespannt wird. Bildet man das *Vektorprodukt*

$$\underline{n} := \underline{a} \times \underline{b} = (a_2 \cdot b_3 - a_3 \cdot b_2,\ a_3 \cdot b_1 - a_1 \cdot b_3,\ a_1 \cdot b_2 - a_2 \cdot b_1)^T \qquad (9.4)$$

so steht dieser Vektor, der sogenannte *Normalenvektor*, senkrecht auf der Ebene. Auch er hat die Länge Eins, und die drei Vektoren $\underline{a}$, $\underline{b}$, $\underline{n}$ bilden ein orientiertes "Rechtsbasissystem": der Vektor $\underline{a}$ geht durch Drehung gegen den Uhrzeigersinn in $\underline{b}$, der Vektor $\underline{b}$ in $\underline{n}$ über. Die Ebene E kann auch mit Hilfe der *Hesseschen* Normalform (4.7) beschrieben werden

$$E : (\underline{x},\underline{n}) + d = 0, \text{ mit } d = -(\underline{n},\underline{c}). \qquad (9.5)$$

$|d|$ ist der Abstand von E zum Ursprung. Ist d positiv, so weist der Normalenvektor $\underline{n}$ von E zum Nullpunkt. Diese Form gibt uns auch eine Möglichkeit an die Hand zu entscheiden, auf welcher Seite der Ebene ein Punkt $\underline{y}$ liegt. Sei $\delta := (\underline{y},\underline{n}) + d$. Dann ist $|\delta|$ der Abstand des Punktes $\underline{y}$ von der Ebene E. Gilt nun $\delta \cdot d > 0$, so liegen $\underline{y}$ und $\underline{0}$ auf derselben Seite, ist jedoch $\delta \cdot d < 0$, so auf verschiedenen Seiten der Ebene. δ ändert also, wenn man eine Strahlgerade $\underline{y}(s)$ im Raum verfolgt, beim Durchstoßen der Ebene sein Vorzeichen. Baut man nun einen Körper wie beispielsweise einen Quader oder eine Pyramide durch Schnitte verschiedener Ebenen E_1 bis E_p auf, so kann man mit Hilfe der verschiedenen Größen δ_i entscheiden, ob der Strahl im Inneren des Körpes oder außerhalb verläuft. Es sind einfach die entsprechenden Ungleichungen nachzurechnen. Anwendung findet diese Technik beim *dreidimensionalen Clipping*. Hier geht es darum, eine Gerade am Sehpyramidenstumpf zu kappen. Der Augpunkt befinde sich dabei im Ursprung. Der Sehbereich sei durch eine Pyramide charakterisiert, die durch die sechs Ebenen

$$z = zL,\ z = zr,\ 0 \le zL < zr,$$
$$x = c \cdot z,\ x = -c \cdot z,\ y = c \cdot z,\ y = -c \cdot z,\ c > 0,$$

zu einem Stumpf begrenzt sei. Die Clippingroutine entscheidet, ob und welcher Teil einer Strecke mit Anfangspunkt *(x1,y1,z1)* und einem Endpunkt *(x2,y2,z2)* innerhalb der Pyramide liegt. Nach dem Clipping liegen der neue Anfangs- und Endpunkt *(x1,y1,z1)*, *(x2,y2,z2)* innerhalb oder auf dem Rande des Pyramidenstumpfs, und eine Projektion in die Bildebene kann vorgenommen werden. Projiziert man zunächst und nimmt dann das klassische zweidimensionale Clipping vor, so können z. B. Geraden, die nicht innerhalb der Sichtbarkeitspyramide liegen, auf dem Schirm erscheinen. Im Anhang A.2 befindet sich eine ausführliche *Pascal*-Routine.

Aufgabe 9.1

Man berechne den Abstand d zweier windschiefer Geraden

$$\underline{x}(t) = \underline{x}_1 + \underline{g}\ t,\ \underline{y}(u) = \underline{y}_1 + \underline{h}\ u,\ \underline{g} \times \underline{h} \ne \underline{0}.$$

Anleitung
Betrachte den Vektor $\underline{n} := \underline{g} \times \underline{h} / |\underline{g} \times \underline{h}|$, der senkrecht auf beiden Geraden steht und die Länge eins hat. Dann ist $d = (\underline{y}_1 - \underline{x}_1, \underline{n})$.

9.3 Transformationen im Raum

Wenden wir uns nun den linearen Transformationen im $\mathbf{R}^3$ zu. Auch hier können die Ergebnisse aus Kapitel 4 wieder einfach übertragen werden. Für eine lineare Transformation des euklidischen Vektorraumes mit unserer ausgezeichneten Orthonormalbasis in sich schreiben wir (vgl. (4.8))

$$\underline{x}' = A\,\underline{x}, \text{ bzw. } \underline{x}'^T = \underline{x}^T A^T, \; A = (a_{ik}). \tag{9.6}$$

Dabei ist A eine 3x3 Matrix, die als Spalten gerade die Bildvektoren $\underline{e}_1'$, $\underline{e}_2'$ und $\underline{e}_3'$ besitzt. Die einfachste Transformation ist wieder die Neuskalierung mit $A = (S_i\, \delta_{ik})$. Die S_i , $i = 1, 2, 3$, sind positive Skalierungsfaktoren, mit dem Kroneckersymbol $\delta_{ik} = 0$ für $i <> k$ und $\delta_{kk} = 1$. Da A eine Diagonalmatrix ist, bilden die Neuskalierungen eine kommutative Gruppe. Zur Erleichterung der Schreibweise wollen wir jetzt die Koordinaten mit x, y, z bezeichnen. Kommen wir zu den Scherungen und behandeln als Beispiel eine Scherung in z-Richtung. Hier wird

$$x' = x + S_{xz}\, z, \quad y' = y + S_{yz}\, z, \quad z' = z.$$

Die Matrizen für die Scherungen in die beiden anderen Richtungen haben das folgende Aussehen:

$$\text{Scherung in } x\text{-Richtung} \qquad \text{Scherung in } y\text{-Richtung}$$

$$\begin{matrix} 1 & 0 & 0 \\ S_{yx} & 1 & 0 \\ S_{zx} & 0 & 1 \end{matrix} \qquad\qquad \begin{matrix} 1 & S_{xy} & 0 \\ 0 & 1 & 0 \\ 0 & S_{zy} & 1 \end{matrix} \tag{9.7}$$

Auch hier bilden die Scherungsabbildungen, wenn man sie nach Richtungen getrennt betrachtet, eine kommutative Gruppe.

Wenden wir uns den Drehungen zu. Zunächst wird man Drehungen um die einzelnen Koordinatenachsen untersuchen, in einem zweiten Schritt Drehungen um eine beliebige Achse a. Die zu den Elementardrehungen gehörigen Matrizen sind in Figur 9.1 dargestellt. Sie können direkt aus Figur 4.2 übernommen werden. Allerdings ist darauf zu achten, daß bei der Drehung um die y-Achse entgegen dem Uhrzeigersinn eine kleine Zwischenüberlegung erforderlich ist. Führt man die y-Achse durch Drehung entgegen dem Uhrzeigersinn in die z-Achse über, so nimmt die z-Achse den Platz der negativen y-Achse ein, während die x-Achse ihre Position nicht geändert hat. Insgesamt hat sich also die Orientierung umgekehrt. Es muß daher mit der transponierten Matrix gearbeitet werden.

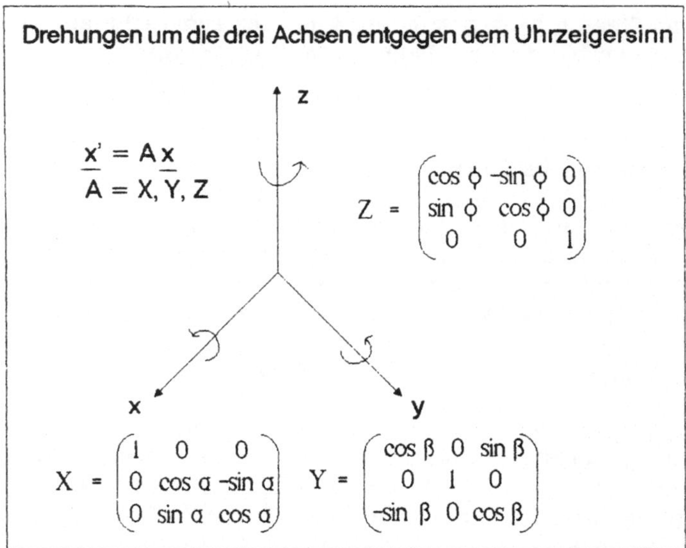

Figur 9.1

Kommen wir nun zur Berechnung der Drehmatrix um eine beliebige Achse. Eine naheliegende Möglichkeit, die Drehung eines Punktes *P* entgegen dem Uhrzeigersinn um eine Achse mit einem auf Länge eins normierten Richtungsvektor $(a1,\ a2,\ a3)^T$ zu beschreiben, besteht darin, zunächst durch zwei Drehungen die Achse *a* in Deckung mit der *z*-Achse zu bringen, sodann den Punkt um diese zu drehen und dann mittels der inversen Matrizen die Achse *a* wieder in ihre alte Position zurückzuführen.

Diese Prozedur gestaltet sich im einzelnen so: Mit r = **sqrt**$(a2^2 + a3^2)$ wird der Punkt $(a1,\ a2,\ a3)^T$ mittels der Matrix X durch Drehung um die *x*-Achse in $(a1,\ 0,\ r)^T$ überführt und sodann durch eine Drehung um die *y*-Achse mit Y in $(0,0,1)^T$. Daran schließt sich die altbekannte Drehung des Punktes um die *z*-Achse an sowie die Rückführung der Achse *a* in die Ausgangsposition mittels Y^T und X^T. Insgesamt erhält man die Transformation

$$\underline{y} = D\ \underline{x} \text{ mit } D = X^T\ Y^T\ Z\ Y\ X.$$

Setzt man Abkürzung *co* := **cos** Φ und *si* := **sin** Φ so lauten die Matrizen folgendermaßen:

$$X=\begin{bmatrix} 1 & 0 & 0 \\ 0 & a3/r & -a2/r \\ 0 & a2/r & a3/r \end{bmatrix} \quad Y=\begin{bmatrix} r & 0 & -a1 \\ 0 & 1 & 0 \\ a1 & 0 & r \end{bmatrix} \quad Z=\begin{bmatrix} \mathbf{cos\Phi} & \mathbf{-sin\Phi} & 0 \\ \mathbf{sin\Phi} & \mathbf{cos\Phi} & 0 \\ 0 & 0 & 1 \end{bmatrix}$$

$$D=\begin{bmatrix} a1^2+co(1-a1^2) & a1\cdot a2(1-co)-a3\cdot si & a1\cdot a3(1-co)+a2\cdot si \\ a1\cdot a2(1-co)+a3\cdot si & a2^2+co(1-a2^2) & a2\cdot a3(1-co)-a1\cdot si \\ a1\cdot a3(1-co)-a2\cdot si & a2\cdot a3(1-co)+a1\cdot si & a3^2+co(1-a3^2) \end{bmatrix} \qquad (9.8)$$

Aufgabe 9.2
Berechne das Bild des Einheitswürfels nach einer Drehung um 30° um die Achse $(1,1,1)^T/\sqrt{3}$.

In vielen Büchern findet man die transponierte Matrix für D angegeben. Daher beachte man folgende Korrespondenzen:

Der Übergang von einem Spaltenvektor $\underline{x}$ zum Zeilenvektor $\underline{x}^T$,
die Änderung des Drehsinnes in den Uhrzeigersinn,
der Übergang von einem Rechts- zu einem Linkssystem

bedeutet immer je eine *Spiegelung* der zugrundeliegenden Matrizen A -> A^T.

Ein einfacherer Weg, der bei mehreren Drehungen nacheinander um dieselbe Achse auch kürzere Rechenzeiten verspricht, ist in Figur 9.2 [N-W] angegeben. Man führt ein neues orthogonales, positiv orientiertes Koordinatensystem

Drehung eines Punktes $\underline{x}$ um die Drehachse $\underline{a}$ im Raum

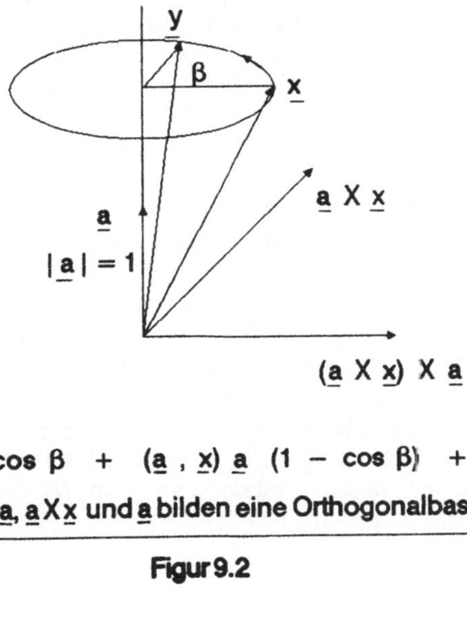

$$\underline{y} = T(\underline{x}) = \underline{x}\cos\beta + (\underline{a},\underline{x})\,\underline{a}\,(1-\cos\beta) + \underline{a}\times\underline{x}\sin\beta$$

Die Vektoren $(\underline{a}\times\underline{x})\times\underline{a}$, $\underline{a}\times\underline{x}$ und $\underline{a}$ bilden eine Orthogonalbasis

Figur 9.2

$\underline{a}$, $(\underline{a} \times \underline{x}) \times \underline{a}$, und $\underline{a} \times \underline{x}$

ein mit $\underline{a} = (a1, a2, a3)^T$. Eine Drehung um die Achse a und den Winkel Φ gegen den Uhrzeigersinn ist dann durch

$$\underline{y} = T(\underline{x}) = \underline{x} \cos \Phi + (\underline{a}, \underline{x})\, \underline{a}\, (1 - \cos \Phi) + \underline{a} \times \underline{x} \sin \Phi \qquad (9.9)$$

gegeben. Es müssen also nur einmal die Größen $(\underline{a}, \underline{x})\, \underline{a}$ und $\underline{a} \times \underline{x}$ berechnet werden, und dann sind alle Positionen $T(\underline{x})$ mittels obiger Formel nach Auswertung der Winkelfunktionen bestimmt.

Aufgabe 9.3 [N-W]
Sei $\underline{y} := T(\underline{x}) = (\underline{a},\underline{x})\, \underline{a} + (\underline{a} \times \underline{x}) \times \underline{a} \cos \Phi + (\underline{a} \times \underline{x}) \sin \Phi$ mit $|\underline{a}| = 1$. Man begründet, daß die Abbildung T eine Drehung mit den genannten Eigenschaften ist, und zeige dazu:

a) Diese Darstellung ist zu (9.9) äquivalent; (benutze $(\underline{a} \times \underline{x}) \times \underline{a} = \underline{x} - (\underline{a},\underline{x})\, \underline{a}$).)
b) $\underline{a}$, $(\underline{a} \times \underline{x}) \times \underline{a}$, und $\underline{a} \times \underline{x}$ bilden ein neues orthogonales, positiv orientiertes Koordinatensysten; (zeige, daß die Determinante > 0 ist;)
c) $T(\mu\underline{a}) = \mu\underline{a}$;
d) $(\underline{a},\underline{x}) = (\underline{a},\underline{y})$; $\underline{y} - (\underline{a},\underline{x})\, \underline{a}$ liegt in einer Ebene mit $\underline{a}$ als Normale;
e) $(T\underline{e}_1,\underline{e}_1) + (T\underline{e}_2,\underline{e}_2) + (T\underline{e}_3,\underline{e}_3) =:$ **spur**$(T) = 1 + 2 \cos \Phi$.

Kommen wir noch zur Spiegelung, deren Berechnungsgrundlagen in Figur 9.3 dargestellt sind. Während bei einer Drehung Längen, Winkel und deren Orientierung erhalten bleiben, ist letzteres bei Spiegelungen nicht mehr der Fall. Die einfachsten Spiegelungen betreffen die Ebenen durch den Koordinatenursprung, die zwei Basisvektoren $\underline{e}_i$ und $\underline{e}_j$ enthalten. Die zugehörige Matrix entsteht aus der Einheitsmatrix einfach dadurch, daß man $\delta_{kk} = 1$ in -1 überführt für den verbleibenden Index $k <> i, j$.

Nur die Translation

$$\underline{x}' = \underline{x} + \underline{x}_0$$

läßt sich nicht als lineare Abbildung schreiben. Aber durch Einführung der homogenen Koordinaten in Analogie zu (4.11)

$$(x', y', z', h') = (x, y, z, 1)\ \mathrm{H}, \quad h' = 1,$$

wie in Kapitel 4 läßt sich dieses Problem umgehen. H ist dabei eine 4x4 Matrix, die aus A^T entsteht, wenn man als vierte Zeile zunächst den Vektor $\underline{x}_0^T$ anfügt und dann als viertes Element eine Eins. In der vierten Spalte stehen ansonsten nur Nullen. Man kann jedoch die vierte Spalte dazu nutzen, Projektionen zu erzeugen, indem man von Null verschiedene Elemente p, q und r verwendet. Es ist dann

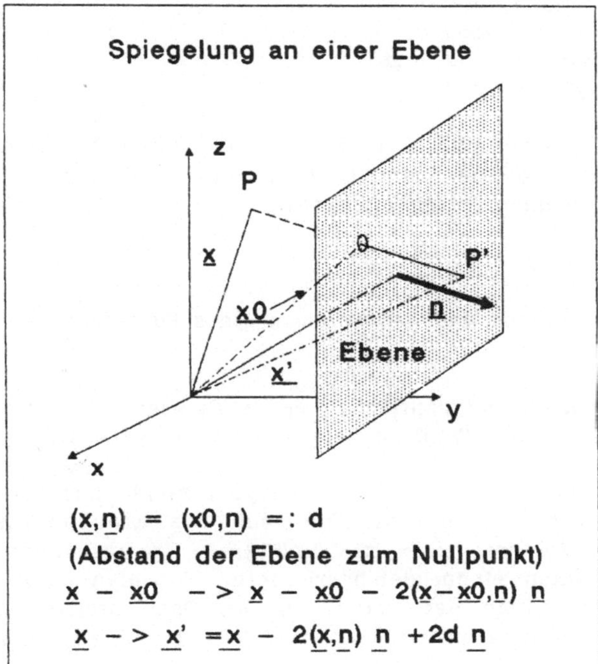

Figur 9.3

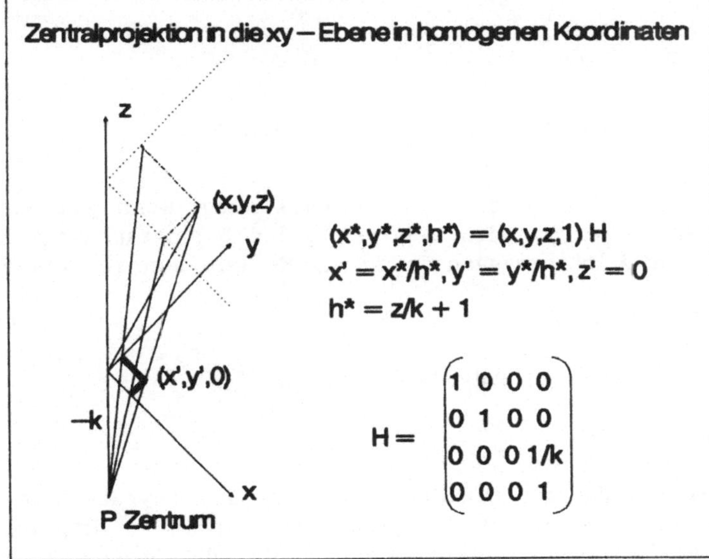

Figur 9.4

$$x' = a_{11} \cdot x + a_{12} \cdot y + a_{13} \cdot z + x_0$$
$$y' = a_{21} \cdot x + a_{22} \cdot y + a_{23} \cdot z + x_0$$
$$z' = a_{31} \cdot x + a_{32} \cdot y + a_{33} \cdot z + z_0$$
$$h' = p \cdot x + q \cdot y + r \cdot z + 1.$$

Nun muß man alle gestrichenen Koordinaten noch durch h' teilen. In Figur 9.4 ist ein einfaches Beispiel zur Zentralprojektion dargestellt, auf die wir in Kapitel 10 noch näher eingehen werden.

Aufgabe 9.4
Man bestimme die Oberfläche und das Volumen eines Polyeders.

Anleitung
Das Polyeder sei durch die Polygonflächen P_1 bis P_m begrenzt. Wir berechnen zunächst die Fläche von P_k. Dazu benutzen wir Aufgabe 4.3.

Es gelte $Pk := \{(x_1, y_1, z_1), \ldots, (x_{n+1}, y_{n+1}, z_{n+1})\}$ mit $(x_1, y_1, z_1) = (x_{n+1}, y_{n+1}, z_{n+1})$. P_k werde so durchlaufen, daß das Kreuzprodukt zweier aufeinanderfolgender Vektoren $\underline{x}_i - \underline{x}_{i-1}$ und $\underline{x}_{i+1} - \underline{x}_i$ ins Innere des Polyeders weist. Wir wollen einen gleichgerichteten Normalenvektor $\underline{n}$ finden, dessen Länge gerade gleich der Fläche F_k ist. Dazu projizieren wir das Polygon in die drei Koordinatenebenen $x = 0$, $y = 0$ und $z = 0$ und finden

$$n_1 = ½ \sum_{i=1}^{n} (y_i - y_{i+1})(z_i + z_{i+1}), \quad y_{n+1} = y_1, \quad z_{n+1} = z_1.$$

$$n_2 = ½ \sum_{i=1}^{n} (z_i - z_{i+1})(x_i + x_{i+1}), \quad x_{n+1} = x_1, \quad z_{n+1} = z_1.$$

$$n_3 = ½ \sum_{i=1}^{n} (x_i - x_{i+1})(y_i + y_{i+1}), \quad y_{n+1} = y_1, \quad x_{n+1} = x_1.$$

(Man hätte diese Formel auch direkt herleiten können, wenn man von der Formel für die Fläche des von den Vektoren $\underline{a}$ und $\underline{b}$ aufgespannten Parallelogramms $F_P = |\underline{a} \times \underline{b}|$ ausgegangen wäre.) Es gilt nun für die Fläche

$$F_k = \sqrt{n_1^2 + n_2^2 + n_3^2}, \tag{9.10}$$

und die für die Oberfläche des Polyeders folgt

$$O = F_1 + \ldots + F_m.$$

Wenden wir uns dem Volumen zu: Hier zerlegt man das Polyeder in m Pyramiden über den Polygonen P_k mit der gemeinsamen Spitze im Ursprung. Für das Volumen jeder Pyramide gilt dann, wenn h_k die Höhe bezeichnet, unabhängig vom Grundpolygon

$$V_k = h_k \cdot F_k/3.$$

h_k ist aber gerade gleich dem Abstand des k-ten Polygons vom Nullpunkt. Benutzt man die Hessesche Normalform und gibt Pyramiden, die außerhalb des Polyeders liegen, ein negatives Volumen, so darf man $h_k \cdot F_k$ mit F_k aus (9.10) durch die Beziehung $V_k := - n_1 \cdot x_1 - n_2 \cdot y_1 - n_3 \cdot z_1$ ersetzen, wobei (x_1,y_1,z_1) der Anfangspunkt des k-ten Polygons und $(n_1,n_2,n_3)^T$ sein Normalenvektor ist. Dann folgt schließlich nach Berechnung dieser Größen für alle m Polygone

$$V = (V_1 + \ldots + V_m)/3. \tag{9.11}$$

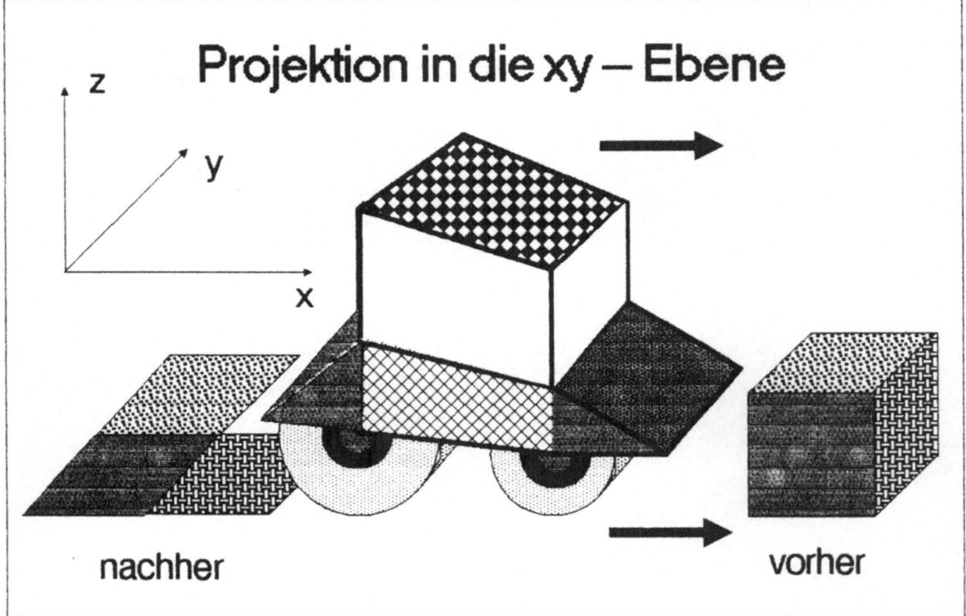
Projektion in die xy – Ebene
z
y
x
nachher
vorher

Kapitel 10

Projektionen in eine Bildebene

Um dreidimensionale Körper am Bildschirm darzustellen, wenden wir uns in Kapitel 10 den Projektionen zu. Zentral- und Parallelprojektion werden einander gegenübergestellt und die Grundlagen der Axonometrie dargelegt. Ausgewählte Beispiele demonstrieren die Grundregeln perspektivischen Zeichnens.

Wenn man ein vorgegebenes räumliches Gebilde nicht durch ein eventuell verkleinertes oder vereinfachtes Modell darstellen will, muß man sich eine eindeutige Abbildungsvorschrift auf eine Zeichen- oder Bildebene Γ bzw. einen Ausschnitt derselben vorgeben. Dabei soll das Bild möglichst maßgetreu und anschaulich den räumlichen Körper wiedergeben, oft zwei Forderungen gegensätzlicher Natur. Ausgezeichnet sind die *Projektionen*, die im allgemeinen die Geraden als besonders häufig vorkommendes Konstruktionselement wieder auf Geraden abbilden. Wir diskutieren nun die gebräuchlichen Projektionsverfahren in den Bezeichnungen der *Darstellenden Geometrie* nach *Müller-Kruppa* [M-K] und *Reutter* [R2].

10.1 Zentralprojektion

Wir verbinden einen festen Punkt O, der dem Auge oder dem Projektionszentrum entspricht, mit dem Punkt P auf dem Körper, der abgebildet werden soll, durch den *Sehstrahl*. Dann bringen wir diesen nach einer eventuellen Verlängerung mit der Projektionsebene Γ oder einem Teil derselben zum Schnitt. So erhalten wir den Bildpunkt oder *Riß* P' und insgesamt ein Abbild des Körpers. Liegt der Augpunkt O im Unendlichen, so sprechen wir von einer *Parallelprojektion*, die wir später behandeln, ansonsten von einer *Zentralprojektion*. Mehrere Einschränkungen und Erklärungen sind erforderlich:

- Zentralprojektionen erzeugen eine recht anschauliche Darstellung, aber es ist schwierig, Größenverhältnisse exakt zu beschreiben. Sie sind für die Computergraphik gut geeignet, da die Option *Linie von einem festen Punkt aus* in allen Graphikpaketen vorhanden ist.

- Schneidet der Sehstrahl OP die Ebene Γ nicht oder liegt der Schnittpunkt außerhalb des sichtbaren Fensters, so hat der Punkt P keinen Bildpunkt. Das ist immer der Fall für Punkte in der sogenannten *Verschwindungsebene*, der Ebene, die parallel zur Projektionsebene Γ liegt und durch O geht.

- Bewegt sich der Punkt P auf einer Geraden g, so streicht der Sehstrahl über eine Ebene, deren Schnittgerade g' mit der Projektionsebene die Bildpunkte P' enthält. Der Durchstoßpunkt der Geraden g durch die Bildebene, der mit seinem Bildpunkt identisch ist, heißt *Spurpunkt*, der Durchstoßpunkt durch die Verschwindungsebene dagegen *Verschwindungspunkt*. Die Bilder paralleler Geraden sind nun im allgemeinen nicht mehr parallel sondern schneiden sich im *Fluchtpunkt* G_u'. Dieser Punkt ist dadurch ausgezeichnet, daß sich die Bildgeraden auch aller anderen zu g parallelen Geraden in ihm schneiden.

- Startet man auf der Bildgeraden g' in einem Punkt und bewegt sich auf den Fluchtpunkt zu, so strebt der entsprechende Urbildpunkt auf g gegen einen unendlich fernen Punkt G_u, den man mit Recht als Urbild zum Fluchtpunkt bezeichnen darf. Dieser Punkt wird *Fernpunkt* genannt und erhält seine Bedeutung dadurch, daß man ihn als Schnittpunkt aller zu g parallelen Geraden im Unendlichen ansieht. Der Sehstrahl OG_u' ist übrigens ebenfalls zu g parallel.

* Man denke sich eine Ebene E aufgespannt zwischen dem Projektionszentrum O und der Projektionsebene Γ mit den Basisvektoren $\underline{a}$ und $\underline{b}$. Dann erzeugen die zu $\underline{a}$ und $\underline{b}$ parallelen Geraden in Parallelebenen zwei Fluchtpunkte, die man durch die sogenannte *Fluchtlinie* verbinden kann. Nach ihrer Konstruktion ist sie genauso Fluchtlinie zu allen zu E parallelen Ebenen und kann als Bild der Schnittgeraden aller dieser Ebenen im Unendlichen, der *Ferngerade*, interpretiert werden. Alle Ferngeraden bilden dann die *Fernebene*. Die Fluchtpunkte zweier Geraden werden vom Auge unter dem Winkel gesehen, den die Geraden einschließen.

In Figur 10.1 werden die Begriffe noch einmal verdeutlicht, in Figur 10.2 sind die Koordinaten des Punktes P' angegeben, wenn die Projektionsebene parallel zur xz-Ebene liegt. Damit ist die Thematik aus Bild 9.4 noch einmal aufgenommen. Der Fall einer allgemeinen Lage ist in Abschnitt 10.4 erläutert. In Figur 10.3 genannt *Der Zeichner der Laute* hat *Dürer* das Wesen der Zentralprojektion künstlerisch vertieft dargestellt. In densel-

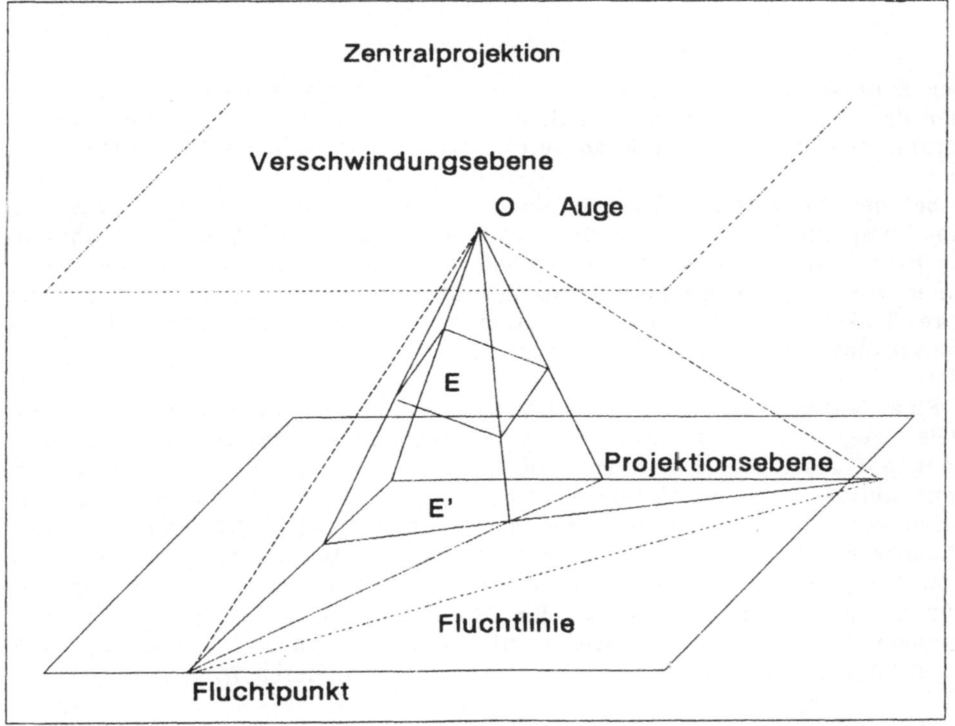

Figur 10.1

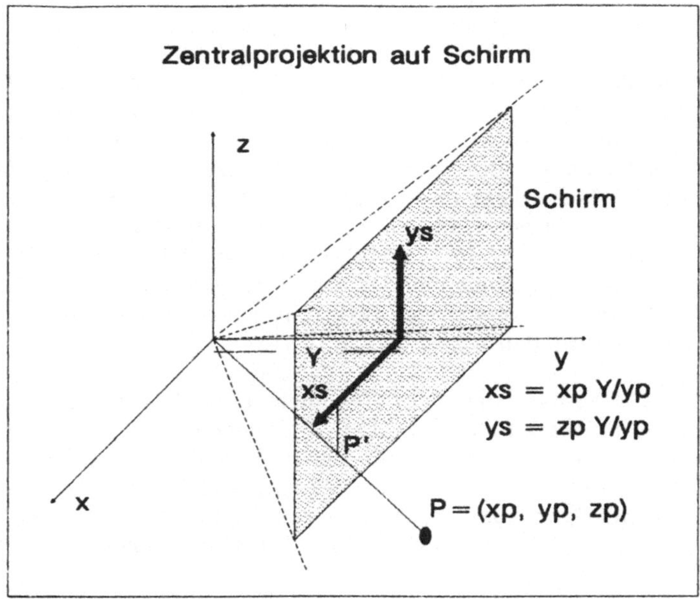

Figur 10.2

ben Kontext gehören auch der *Zeichner des sitzenden Mannes* und der *Zeichner der Kanne* [D3]. In allen Fällen ist der Spurpunkt mit Hilfe eines Sehstrahls oder eines an der Wand befestigten Fadens konstruktiv ermittelt.

Bei der Zentralprojektion sind es nur wenige Größen, die sich unter der Abbildung nicht verändern. Eine ebene Figur und ihr Abbild sind ähnlich, d. h. die Größenverhältnisse bleiben dann erhalten, wenn die Figur in einer zur Projektionsebene parallelen Ebene liegt. Genauso bleiben auch ihre Winkel und das Doppelverhältnis vierer auf einer Geraden liegenden Punkte unter der Abbildung invariant.

Eine Zentralprojektion liegt auch bei einer etwas anderen Betrachtungsweise zugrunde: Stellt man sich eine stabförmige Lichtquelle aufrechtstehend auf einer Ebene vor, so sind die Schatten, die Materiepunkte werfen, Zentralbilder der punktförmigen Lichtquelle *O*. Den Lotfußpunkt *H* der Laterne nennt man *Hauptpunkt* und spricht von einem *Schattenbild*. In vergleichbarer Weise kann man eine Photographie als *Lichtbild* interpretieren. Hier entspricht *O* dem Objektivmittelpunkt. *H* erhält man, wenn man das Lot auf die Filmebene fällt. *H* ist der Fluchtpunkt aller zur Projektionsebene normalen Geraden. Die Fluchtlinie aller waagerechten Ebenen ist der *Horizont* durch *H*, die der senkrechten die *Vertikallinie* durch *H*.

Je nachdem, wieviele Koordinatenachsen die Projektionsebene schneiden, unterscheidet man zwischen einer *Ein-*, *Zwei-* oder *Dreipunktperspektive*. Im ersten Fall haben wir einen Fluchtpunkt im Lotfußpunkt zu *O*. Die zwei an-

Figur 10.3

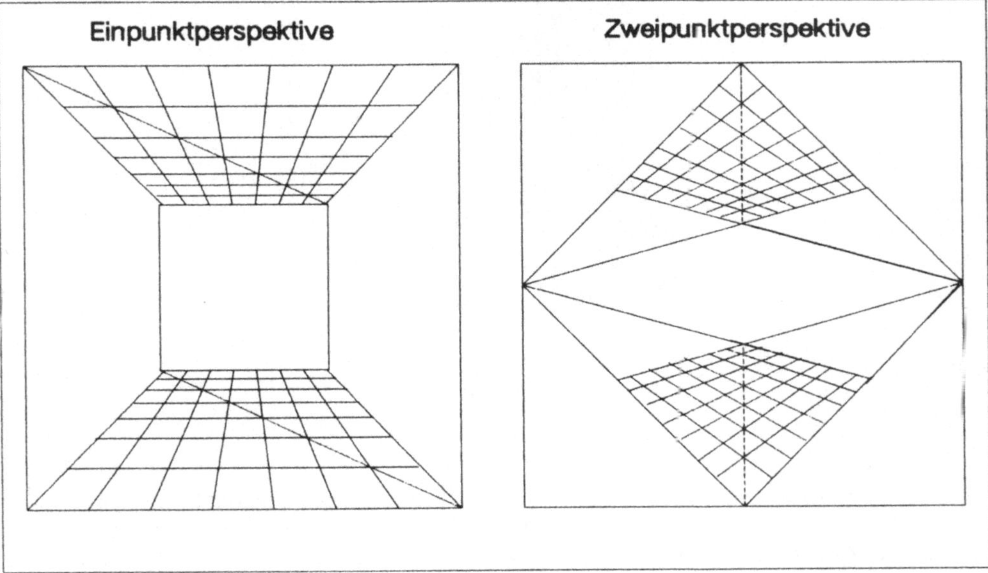

Figur 10.4

deren Fluchtpunkte liegen in Unendlich. In den verbleibenden Fällen liegen zwei oder drei der Fluchtpunkte im Endlichen.

Figur 10.4 zeigt das Prinzip einer Ein- und einer Zweipunktperspektive. Dabei sei besonders auf die Staffelung der horizontalen Linien hingewiesen, die eine realistische Tiefenwirkung erzielt. Die Einpunktperspektive findet bei Künstlern und Architekten ausgesprochen gern Verwendung. Figur 10.5 zeigt eine einfache Realisation am Bildschirm. Bezeichnet *d* den Abstand des Auges vom Hauptpunkt, so ist der Distanzkreis bestimmt durch die Spur aller durch *O* führenden Geraden, die senkrecht gegen die Projektionsebene um einen festen Winkel geneigt sind. Der Radius des Distanzkreises ist im allgemeinen *d*, die Schnittpunkte *D1* und *D2* mit der Horizontlinie *h* werden Distanzpunkte genannt. Sie spielen eine wichtige Rolle bei der Erzeugung einer Tiefenwirkung.

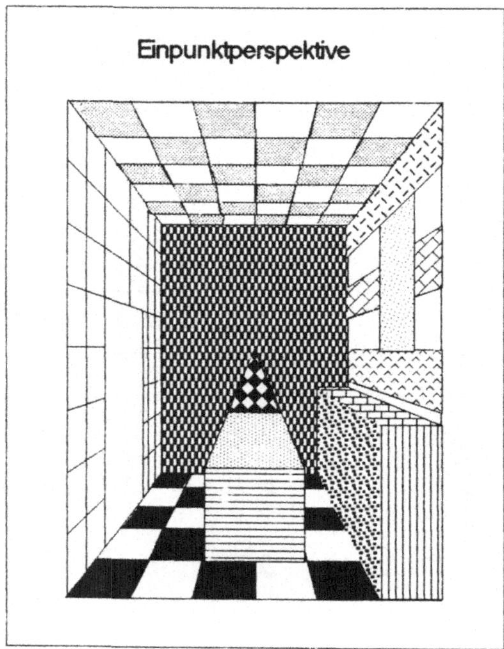

Figur 10.5

In Figur 10.6 ist die Methode der Distanzpunkte verdeutlicht frei nach einer künstlerischen Darstellung des Italieners *Alberti* aus dem 15. Jahrhundert. Man erkennt die Distanzpunkte *D1* und *D2* in gleichem Abstand vom Hauptpunkt *H* oder markiert sie in Verallgemeinerung so, daß das Produkt der Abstände konstant ist, und erhält dann das Bild einer quadratisch getäfelten Fläche.

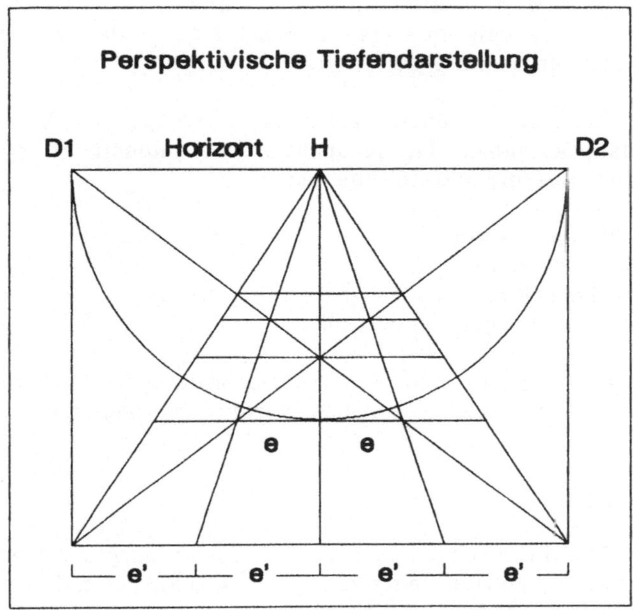

Figur 10.6

Das perspektivische Bild eines Würfels [R2] ist in Figur 10.7 dargestellt.

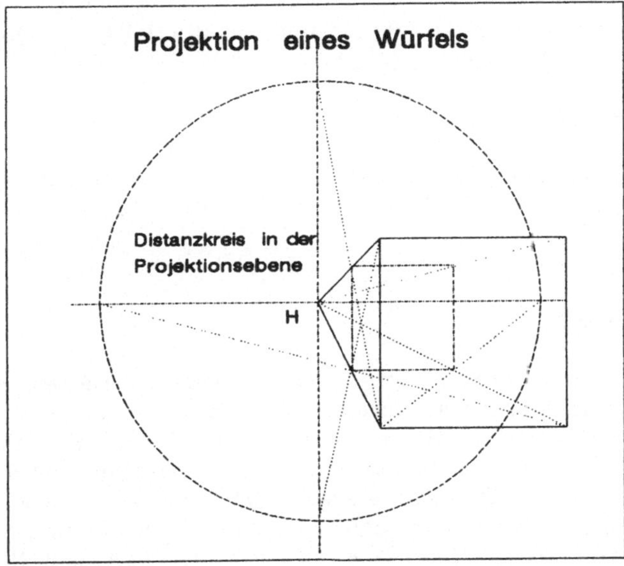

Figur 10.7

Der *Distanzkreis* wird hier durch die Spur aller durch *O* gegen die Projektionsebene um 45° geneigten Geraden beschrieben. Die Schnittpunkte mit dem Horizont *h* ergeben *D1* und *D2*.

In den sehr anschaulichen Buch *Geometrische Perspektive* von *F. Rehbock* [R1] sind die Hauptaufgaben der perspektivischen Konstruktion ausführlich behandelt: Es sind dies die Darstellung von

* parallelen Kanten,
* rechten Winkeln,
* beliebigen Winkeln,
* Strecken von gegebener Größe,

im Zentralbild. Diese Regeln und Konstruktionsmethoden sind natürlich bei der Konstruktion am Bildschirm genauso verbindlich wie am Graphiktablett oder auf Papier.

Aufgabe 10.1
Gegeben sei die Projektionsebene $E : (\underline{n}, \underline{x} - \underline{x}_0) = 0$, $\underline{n}$ normierter Normalenvektor, und das Projektionszentrum $O : \underline{c} = (c_1, c_2, c_3)^T$. Man berechne das Bild $\underline{x}'^T = \underline{x}^T$ P in homogenen Koordinaten unter einer Zentralprojektion und zeige für die Fluchtpunkte $\underline{f}_i$ der Hauptrichtungen $\underline{e}_i$ die Beziehung $\underline{f}_i = \underline{c} + \underline{e}_i \cdot d/n_i$ mit $d = d_0 - d_1 = (\underline{n}, \underline{x}_0) - (\underline{n}, \underline{c})$, falls $n_i <> 0$, $i = 1, 2, 3$, gilt.

Anleitung
Betrachte zunächst den Fall $\underline{c} = \underline{0}$ und zeige $\underline{x}_P = \underline{x} \cdot d/(\underline{n}, \underline{x})$. Sodann stelle die zugehörige *homogene* Matrix P auf und schalte eine passende Translation vor und nach. Zeige, daß im allgemeinen Fall

$$P = d \cdot E + (n_1, n_2, n_3, -d_0)^T (c_1, c_2, c_3, 1)$$

gilt. Zur Berechnung der Fluchtpunkte untersuche man die Bilder der Einheitsvektoren $u\underline{e}_i$, $i = 1, 2, 3$, unter P, normiere sie und lasse u gegen Unendlich streben.

10.2 Parallelprojektion

Läßt man das Projektionszentrum *O* gegen Unendlich rücken, so geht die Zentralprojektion in die Parallelprojektion über. Die Projektionsrichtung ist jetzt für alle Strahlen gleich, wird durch die Angabe eines Projektionsvektors bestimmt und soll natürlich nicht parallel zur Projektionsebene verlaufen. Gegenüber der *schrägen* oder schiefen Parallelprojektion ist die *orthogonale* dadurch ausgezeichnet, daß die Strahlen senkrecht auf die Ebene auftreffen (vgl. Figur 10.8), Projektionsvektor und Normalenvektor der Projektionsfläche sind also parallel. Ist die Projektionsrichtung parallel zu einer der drei Koordinatenachsen, so projiziert man in eine der drei Koordinatenebenen und erhält Auf-, Grund- oder Seitenrisse. Bei

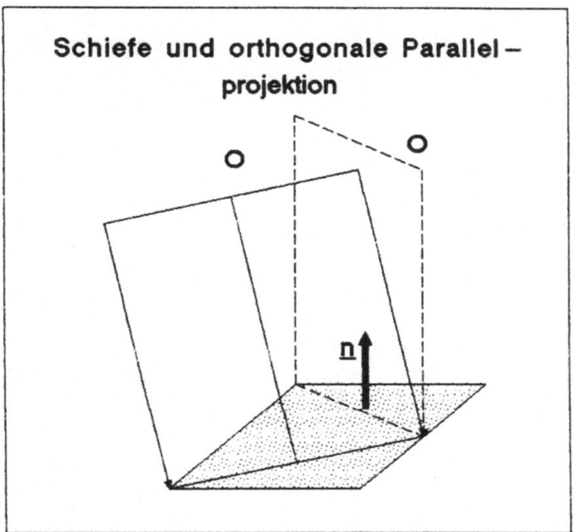

Figur 10.8

einer *axonometrischen* Projektion liegt die Projektionsrichtung dagegen zu keiner der Achsen parallel. Die Zentralprojektion erzeugt sehr anschauliche Bilder. Allerdings ist es schwierig, aus einem Bild die Größenverhältnisse exakt zu rekonstruieren. Bei der allgemeinen Parallelprojektion gibt es jedoch mehr Invarianten [R2]:

* Abgesehen von Geraden, die als Punkte abgebildet werden, gehen parallele Geraden wieder in Parallelen über;

* die Größe von Strecken, Winkeln und damit Polygonen, die in Ebenen parallel zur Projektionsebene liegen, bleibt invariant; bei Nichtparallelität bleibt das Verzerrungsverhältnis konstant;

* rechte Winkel bei orthogonaler Parallelprojektion, auch wenn ein Schenkel nicht parallel zur Bildebene verläuft, bleiben erhalten.

Kommen wir nun zu schiefen Parallelprojektionen. Wie vielfältig sie gewählt werden können, macht der *Satz von Pohlke* deutlich:

Drei beliebig lange und unter beliebigen Winkeln von einem Ursprungspunkt O' ausgehende, in einer Bildebene liegende Strecken mit den Vektoren $\underline{e}_1'$, $\underline{e}_2'$, $\underline{e}_3'$, *die nicht kollinear sind, können stets als Bild eines orthogonalen Basissystems O,* $\underline{e}_1$, $\underline{e}_2$, $\underline{e}_3$ *unter einer bestimmten Parallelprojektion angesehen werden.*

Kavalierperspektive
z
1 : 2
45°
y
x
Vogelperspektive
z
1 : 1
x
y

Kavalierperspektive

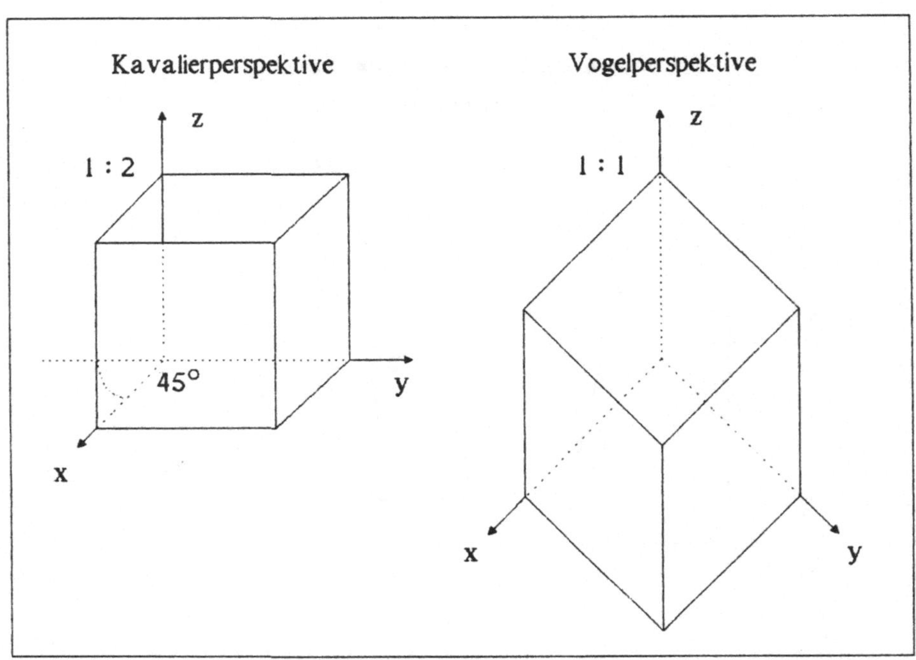

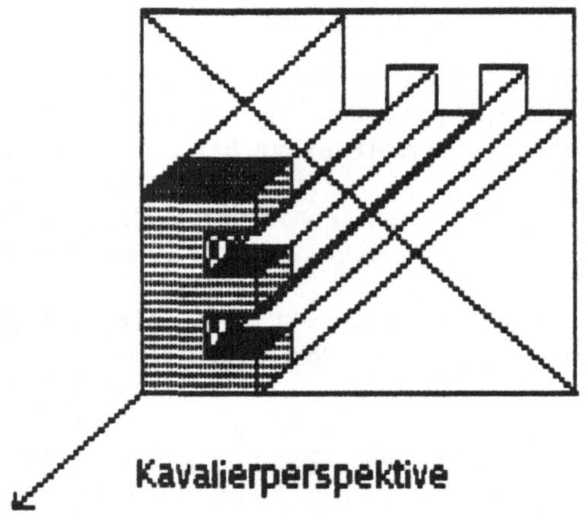

Figur 10.10

Somit hat man es in der Hand, Achsensystem und Verzerrungsverhältnisse den jeweiligen Aufgaben entsprechend zu wählen. In der Realität sind die Möglichkeiten jedoch erheblich eingeschränkt. Nur die wenigsten Perspektiven liefern brauchbare Bilder, die die wahren Größenverhältnisse erkennen lassen. Wir wollen zwei bekannte Beispiele anführen, die *Kavalier-* und die *Vogelperspektive* (vgl Figur 10.9):

Bei der Kavalierprojektion liegt die y- und z-Achse ohne jede Verzerrung in der Zeichenebene, die x-Achse wird meist unter einem Winkel $\alpha = 45°$ mit einem Verzerrungsfaktor $u = 1/2$ abgetragen. Höhen und Breiten erscheinen so in wahrer Größe, Tiefen werden dagegen verkürzt. Figur 10.10 zeigt den Buchstaben **E** in einer Kavalierperspektive. Bei der Vogelperspektive können der Grundriß wie auch Höhen in wahrer Größe an den Achsen gezeichnet werden.

10.3 Axonometrie

Beleuchten wir den Fall der orthogonalen Parallelprojektion noch näher. Die Projektionsrichtung fällt nun mit dem Normalenvektor der Projektionsebene zusammen, und wir müssen ein orthogonales Achsensystem in die Ebene projizieren, dessen Richtungen nicht mit der Projektionsrichtung übereinstimmen. Dabei kommt es entscheidend auf die Angabe der drei Verzerrungsverhältnisse u, v, w an. Man unterscheidet zwischen folgenden Unterkategorien:

- Isometrische Parallelprojektion:
  Die drei Achsen des räumlichen Basissystems sind in der Projektion gleich lang. Die Projektionsrichtung bildet mit den drei Hauptachsen den gleichen Winkel.

- Dimetrische Parallelprojektion:
  Zwei der drei Hauptachsen erscheinen in der Projektion um den gleichen Faktor verkürzt.

- Trimetrische Parallelprojektion:
  Drei ungleiche Winkel und Verzerrungsverhältnisse sind hier gegeben.

Beginnen wir mit der *isometrischen Axonometrie* und modifizieren die Basisvektoren $\underline{e}_1$, $\underline{e}_2$, $\underline{e}_3$ folgendermaßen:

Zunächst soll eine Drehung um den Winkel β um die y-Achse erfolgen, dann eine Drehung um den Winkel α um die x-Achse. Am Ende stehe eine Projektion $z' = 0$. In Figur 9.1 sind die entsprechenden Drehmatrizen X und Y angeben. Wir erhalten damit die folgende Transformation:

$$(x',y',z')^T = \mathrm{X}\ \mathrm{Y}\ (x,y,z)^T. \tag{10.1}$$

Die Bilder der Einheitsvektoren $(1,0,0)^T$, $(0,1,0)^T$ und $(0,0,1)^T$ ergeben sich als die Matrizenspalten:

$$\begin{aligned} \underline{e}_1' &= (\cos\beta,\ \sin\alpha\,\sin\beta,\ -\cos\alpha\,\sin\beta)^T \\ \underline{e}_2' &= (\ 0\ ,\ \cos\alpha,\ \sin\alpha)^T \\ \underline{e}_3' &= (\sin\beta,\ -\cos\beta\,\sin\alpha,\ \cos\alpha\,\cos\beta)^T. \end{aligned} \tag{10.2}$$

Schließlich ist zur Projektion noch die dritte Koordinate zu Null zu setzen. Wir bezeichnen die projizierten Vektoren mit $\underline{e}_x'$, $\underline{e}_y'$ und $\underline{e}_z'$ und notieren zunächst die Beziehung

$$\underline{e}_x'^2 + \underline{e}_y'^2 + \underline{e}_z'^2 =$$
$$\cos^2\beta + \cos^2\alpha + \sin^2\beta + \sin^2\alpha\,(\sin^2\beta + \cos^2\beta) = 2.$$

Bei der isometrischen Axonometrie sind die Längen aller dieser Vektoren gleich. Die gemeinsame Länge der drei projizierten Einheitsvektoren ist demnach $\sqrt{2/3}$. Gerundet ergibt sich mit $u = 0.82$ der aus der Praxis des technischen Zeichnens her bekannte gemeinsame Verkürzungsfaktor. Zur Berechnung der Drehwinkel setzen wir

$$\cos^2\beta + \sin^2\alpha\,\sin^2\beta = \cos^2\alpha = \sin^2\beta + \cos^2\beta\,\sin^2\alpha.$$

Durch Addition des ersten und dritten Ausdruckes finden wir das Doppelte des zweiten

$$1 + \sin^2\alpha = 2 - 2\sin^2\alpha \quad -> \quad \sin^2\alpha = 1/3,\ \alpha = \pm 35.2644°.$$

Daraus schließen wir durch Einsetzen in den ersten und dritten Ausdruck

$$\cos^2\beta = \sin^2\beta\ ,\ \sin^2\beta = 1/2.$$

und der Drehwinkel β ist zu $\pm 45°$ ermittelt.

Aufgabe 10.2
Man stelle die Matrix X·Y auf und berechne die Bildpunkte des Einheitswürfels (0,0,0), ... , (1,1,1) nach ihrer Projektion in der xy-Ebene.

Anleitung
Die Orthonormalmatrix aus (10.1) und (10.2) lautet

$$\begin{bmatrix} 1/\sqrt{2} & 0 & 1/\sqrt{2} \\ 1/\sqrt{6} & 2/\sqrt{6} & -1/\sqrt{6} \\ -1/\sqrt{3} & 1/\sqrt{3} & 1/\sqrt{3} \end{bmatrix}. \tag{10.3}$$

(1,1,1) geht über in $(\sqrt{2}, 2/\sqrt{6})$ etc. Man kann die Punkte auch direkt an den neuen Achsen abtragen.

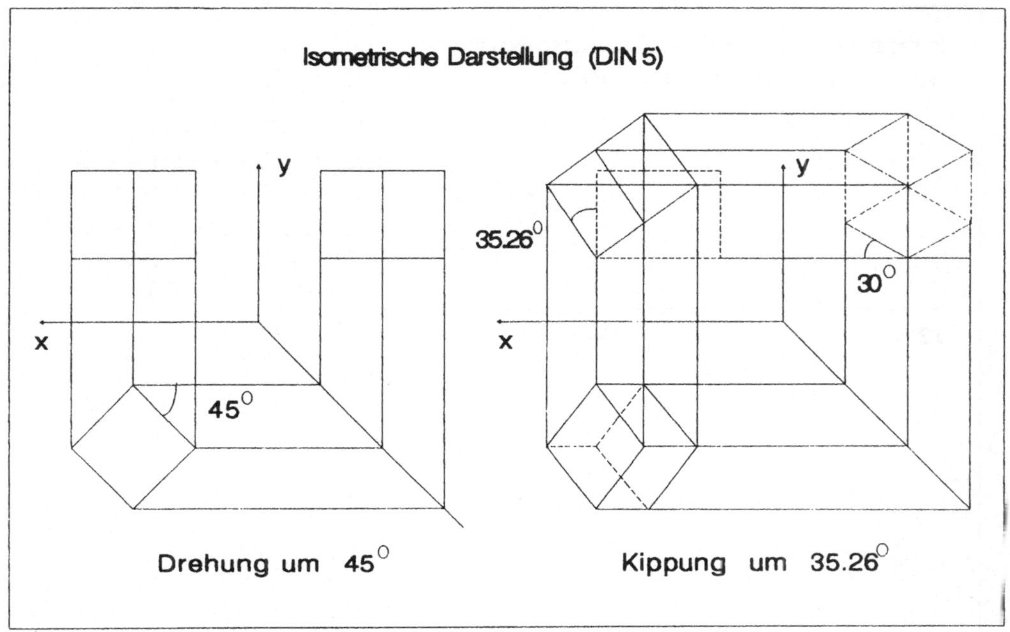

Figur 10.11

Wie unsere Figur 10.11 *Isometrische Darstellung (DIN 5)* nach *Böttcher* und *Vorberg* [B-F] zeigt, erfolgt zunächst eine Drehung um 45° um die y-Achse, sodann eine Kippung um 35.2644° um die x-Achse gefolgt von der Projektion $z' = 0$. In der Praxis werden die Kanten meist unverkürzt gezeichnet: Man trägt also nicht Strecken ux, vx, wx mit den Verzerrungszahlen u, v, w im gedrehten Achsenkreuz an, sondern stattdessen μux, μvy, μwz mit dem Ähnlichkeitsfaktor μ.

Aufgabe 10.3
Berechne das Bild eines Einheitswürfels mit den Kanten (0,0,2), ... , (1, 1,3) nach einer Drehung (10.3) der isometrischen Axonometrie und einer anschließenden Zentralprojektion mit Zentrum in $z = -1$ nach Figur 9.4.

Anleitung
Man erhält so eine Dreipunktperspektive wie in Figur 10.12.

Kommen wir zur *Dimetrie*. Hier werden zwei verschiedene Maßstäbe zur Vorderansicht und Tiefe benutzt. Wir setzen die Längen von $\underline{e}_x'$ und $\underline{e}_y'$ gleich und finden aus (10.2)

$$\cos^2\beta + \sin^2\alpha \sin^2\beta = \cos^2\alpha = (2 - \sin^2\beta - \cos^2\beta \sin^2\alpha)/2.$$

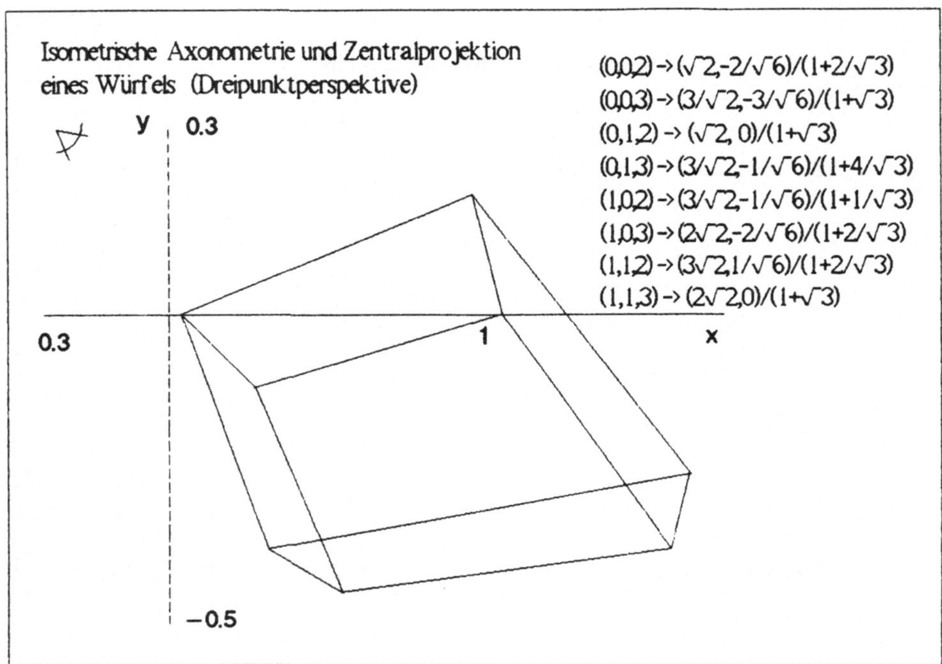

Figur 10.12

Sei nun

$$\underline{e_z}'^2 = \sin^2\beta + (1 - \sin^2\beta)\sin^2\alpha =: a^2,$$

so ergibt sich

$$\cos^2\beta + \sin^2\alpha \sin^2\beta = \cos^2\alpha \rightarrow 1 = \cos^2\alpha\,(1 + \sin^2\beta)$$
$$\rightarrow \sin^2\alpha = \cos^2\alpha \sin^2\beta \rightarrow$$
$$\sin^2\beta\,(1 + \sin^2\beta) + (1 - \sin^2\beta)\sin^2\beta = a^2\,(1 + \sin^2\beta)$$
$$\rightarrow \sin^2\beta = a^2/(2-a^2) \rightarrow \cos^2\alpha = 1-a^2/2 \rightarrow \sin^2\alpha = a^2/2.$$

Interessant ist der Fall der Verhältnisse 2:2:1. Dann ist $a^2 = 2/9$, $\sin^2\alpha = 1/9$, $\sin^2\beta = 1/8$.

Wir wollen noch die Drehwinkel für die bekannte Ingenieuraxonometrie mit den Verhältnissen 1:2:2 zugrunde legen. Die Winkel α und β ermitteln sich aus (10.2) folgendermaßen:

$$4\cos^2\beta + 4\sin^2\alpha \sin^2\beta = \cos^2\alpha = \sin^2\beta + \cos^2\beta \sin^2\alpha$$

Aus dem zweiten und dritten Ausdruck folgt

$$\cos^2\alpha = \sin^2\beta + \cos^2\beta\,(1 - \cos^2\alpha) = 1 - \cos^2\alpha\,\cos^2\beta$$
$$\cos^2\alpha = 1/(1 + \cos^2\beta).$$

Der erste und zweite Term werden analog nach Einsetzen von $\cos^2\alpha$ zu

$$4\cos^2\beta + 4\sin^2\beta\,(1 - 1/(1 + \cos^2\beta)) = 1/(1 + \cos^2\beta)$$
$$4\cos^2\beta\,(1 + \cos^2\beta) + 4\,(1 - \cos^2\beta)\cos^2\beta = 8\cos^2\beta = 1.$$

Und schließlich findet man als Resultat

$$\cos^2\beta = 1/8,\ \cos^2\alpha = 8/9.$$

Man hat also zunächst eine Drehung um 69.3° um die y-Achse und sodann eine Kippung um 19.47° um die x-Achse gefolgt von der Parallelprojektion. Trägt man die Einheitsvektoren im Verhältnis 1:2:2 ab, so ergibt sich ein Ähnlichkeitsfaktor $\mu = 3/\sqrt{2}$.

Unsere Figur 10.13 zeigt die Konstruktion des axonometrischen Dreibeins bei gegebenen Verzerrungszahlen u, v, w. Man teilt eine waagerechte Strecke im Verhältnis $u^2{:}w^2{:}v^2$ und schlägt um die innenliegenden Teilungspunkte je einen Kreis mit dem Radius u^2 und v^2. Ein Schnittpunkt bildet dann den

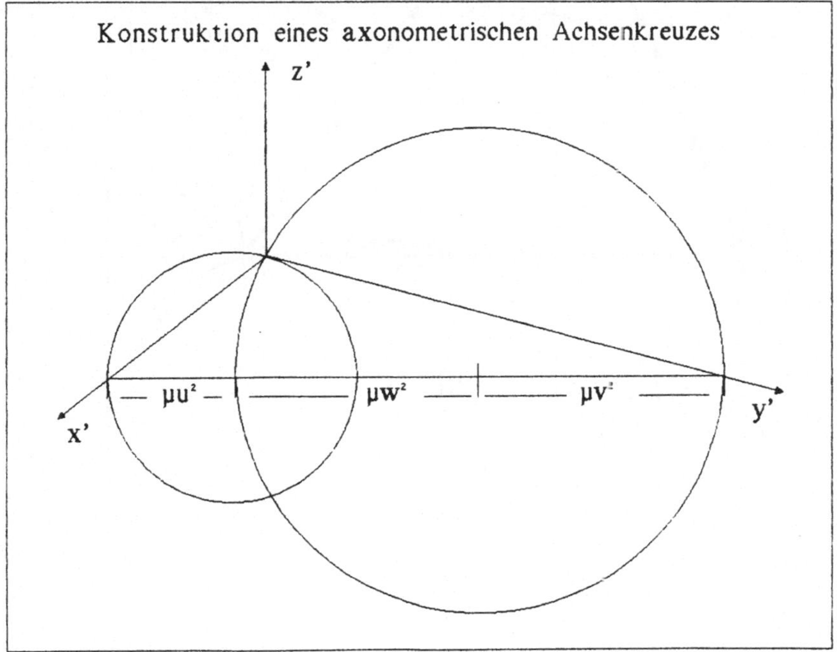

Figur 10.13

Ursprung, auf dem die z'-Achse senkrecht steht, die äußeren Teilungspunkte verbindet man mit dem Ursprung und erhält so die x'- und y'-Achse.

Umgekehrt kann man auch aus gegebenem Dreibein die Verkürzungsverhältnisse konstruieren. In Figur 10.14 ist zugleich die axonometrische Darstellung eines Quaders aus zwei Normalschnitten erklärt. Durch Antragen der Thaleskreise über dem Konstruktionsdreieck erhält man über zwei seiner Seiten zwei rechtwinklige Hilfsdreiecke mit den vorgegebenen Achsen als Höhen. Aus den Einheitsstrecken in diesen ebenen Koordinatensystemen kann man die verkürzten Einheitsvektoren durch Antragen der Parallelen konstruieren, was auch in einfachen Graphikpaketen ohne Schwierigkeiten zu bewerkstelligen ist.

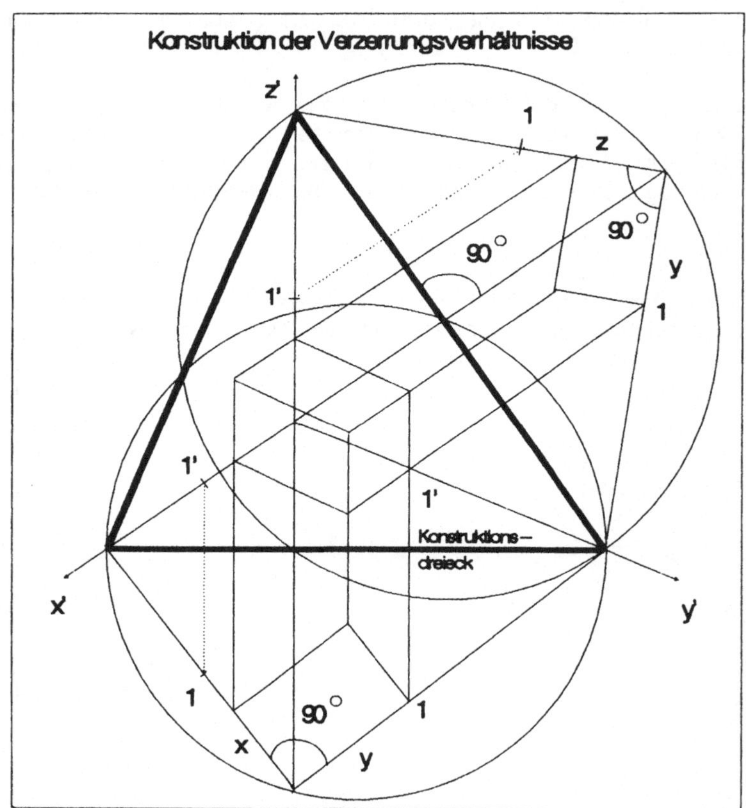

Figur 10.14

10.4 Projektion auf eine beliebige Ebene

Wir wollen nun annehmen, daß das Projektionszentrum *O* sich nicht im Ursprung des Koordinatensystem befinde, sondern im Punkte $P = (p1, p2, p3)^T$ mit den Kugelkoordinaten $(r \cos \alpha \sin \beta, r \sin \alpha \sin \beta, r \cos \beta)^T$ (vgl. Figur 10.15). Die Projektionsebene gehe durch den Ursprung, und der Ortsvektor von *P* sei ihr Normalenvektor. Es soll ein neues Koordinatensystem dann so eingeführt werden, daß der Nullpunkt mit *P* übereinstimmt, die *zo*-Achse mit dem umgekehrten Normalenvektor zusammenfällt und die *xo*- und *yo*-Achsen parallel zur Projektionsebene liegen.

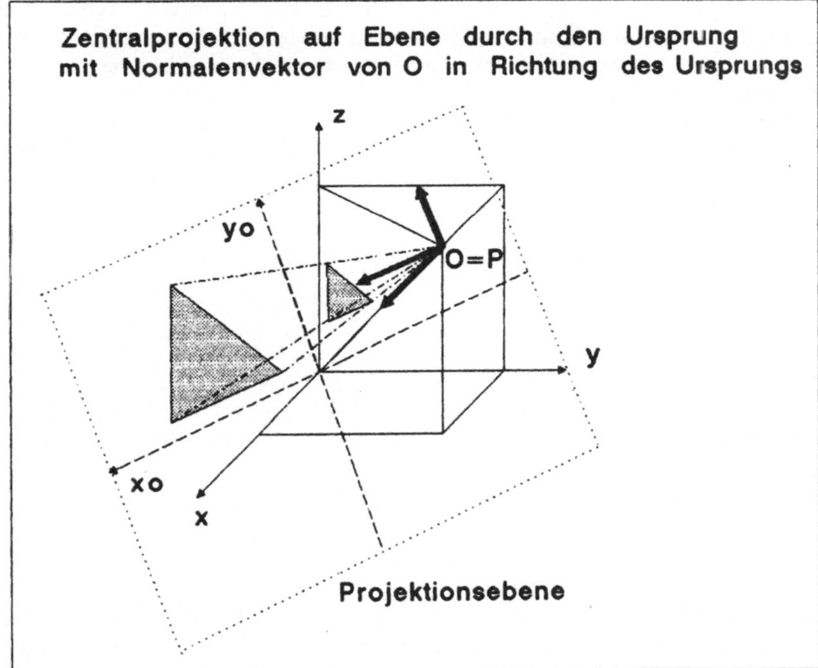

Figur 10.15

Das alte Koordinatensystem kann mit Hilfe zweier Drehungen sowie einer Translation in das neue System überführt werden. Die erste Drehung um die *z*-Achse mittels der Drehmatrix A transformiert den Punkt $(p1, p2, p3)^T$ in $(0, r \sin \beta, r \cos \beta)^T$. Dieser Punkt geht sodann mittels einer Drehung um die *xo*-Achse in $(0,0,-r)^T$ über, und es schließt sich eine Translation nach $(0, 0, 0)^T$ an. Die zweite Drehmatrix sei B, und die gesamte Transformation ist durch $\underline{x}' = B \cdot A\ \underline{x} + (0,0,r)^T$ gegeben. Dabei beschreibt $\underline{x}'$ die Koordinaten eines Punktes im neuen *xo,yo,zo*-, $\underline{x}$ seine Koordinaten im alten *x,y,z*-System. Die drei Drehmatrizen lauten wie folgt:

$$A = \begin{bmatrix} \sin\alpha & -\cos\alpha & 0 \\ \cos\alpha & \sin\alpha & 0 \\ 0 & 0 & 1 \end{bmatrix} \quad B = \begin{bmatrix} 1 & 0 & 0 \\ 0 & -\cos\beta & \sin\beta \\ 0 & -\sin\beta & -\cos\beta \end{bmatrix}$$

$$B\,A = \begin{bmatrix} \sin\alpha & -\cos\alpha & 0 \\ -\cos\alpha\cos\beta & -\sin\alpha\cos\beta & \sin\beta \\ -\cos\alpha\sin\beta & -\sin\alpha\sin\beta & -\cos\beta \end{bmatrix} \qquad (10.4)$$

Beide Koordinatensysteme sind Rechtssysteme, die Projektion findet längs der neuen zo-Achse statt, die Achse xo ist so gewählt, daß der zugehörige Vektor in der xy-Ebene liegt. Sowohl eine Parallel- wie auch eine Zentralprojektion mit Zentrum O auf die Projektionsebene mit Normalen längs der zo-Achse ist nunmehr in den neuen Koordinaten $\underline{x}'$ leicht zu berechnen, da der Abstand der Ebene gleich r ist. Im ersten Falle muß nur die zo-Koordinate angepaßt werden, und man kann x' und y' direkt am Bildschirmkoordinatensystem abtragen, im zweiten Falle wendet man den Strahlensatz wie in den Figuren 10.2 oder 9.4 an und findet $X' = x'r/z'$, $Y' = y'r/z'$ als neue Koordinaten. Auch die Umkehrtransformation ist leicht zu ermitteln wegen

$$(B \cdot A)^{-1} = A^T \cdot B^T = (B \cdot A)^T.$$

Rechenbeispiel:
Sei $P = (2,3,3)^T$. Dann ergibt sich

$$r^2 = x^2+y^2+z^2,\ \sin\alpha = y/\sqrt{r^2-z^2},\ \cos\beta = z/r,$$
$$\underline{xo} = (3,\ -2,\ 0)^T/\sqrt{13},\ \underline{yo} = (-6,\ -9,\ 13)^T/\sqrt{286},\ \underline{zo} = (-2,-3,-3)^T/\sqrt{22},$$
$$r = \sqrt{22},\ \cos\alpha = 0.5547,\ \sin\alpha = 0.832,\ \cos\beta = 0.64,\ \sin\beta = 0.769,$$

und man kann die Einträge in der Matrix (10.4) vornehmen.

Aufgabe 10.4
Berechne das Bild des Punktes $(1,1,1)^T$ unter der Zentralprojektion mit Zentrum O mit den obigen Formeln im neuen und ursprünglichen Koordinatensystem.

Anleitung
$\underline{x}' = BA\underline{x} + (0,0,r)^T$, $X' = x' \cdot r/z'$, $Y' = y' \cdot r/z'$, $Z' = r$, und das Bild unter der Projektion wird $\underline{X} = (B \cdot A)^T(X', Y', 0)$.

Kapitel 11

Konvexe Körper im Raum

In Kapitel 11 beleuchten wir Polyeder, deren Seiten von ebenen Polygonbereichen gebildet werden, und diskutieren ihre Beschreibungsmöglichkeiten und Eigenschaften. Die fünf *Platonischen Körper* sind in ihrer einfachen und symmetrischen Bauart besonders ausgezeichnet. Sie können als Grundbausteine komplizierterer Objekte dienen. Abschließend wird eine einfache Computeranimation mit einem Drahtmodell erläutert.

11.1 Vielflache

Unter einem *Vielflach* oder *Polyeder* versteht man einen aus Polygonflächen derart aufgebauten Körper, daß jede Seite eines Vielecks an genau eine Seite eines anderen Vielecks anschließt. Die Vielecke sind die *Flächen* des Polyeders, ihre Spitzen die *Ecken* und ihre Seiten die *Kanten*. Mathematisch ausgedrückt ist ein Polyeder eine beschränkte, abgeschlossene Menge des $\mathbf{R}^3$, deren Rand aus endlich vielen, einfach geschlossenen, ebenen Polygonbereichen besteht, die nur Kanten gemeinsam haben. Das Polyeder heißt konvex, wenn die Verbindungsstrecke zweier Punkte wieder ganz im Polyeder liegt. Hier ist es hinreichend, wenn man nur die Eckpunkte der begrenzenden Polygone untersucht. Das Polyeder wird dann von endlich vielen Ebenen aus dem Raum "herausgeschnitten". Ein einfacher Test gestaltet sich folgendermaßen:

Für jede Seitenfläche des Polyeders durchlaufe man folgende Schritte.

* Stelle die Hessesche Normalform $(\underline{n}_i,\underline{x}) - d_i = 0$ der Ebene auf, die die Seitenfläche enthält.

* Setze die Koordinaten der Eckpunkte aller Polygonseitenflächen in die Hessesche Normalform ein.

* Hat die Differenz immer das gleiche Vorzeichen, so heißt das Polyeder konvex bezüglich der Seite.

Ist das Polyeder konvex in Hinblick auf alle Seiten, so ist es konvex. Nichtkonvexe Polyeder können in konvexe Teilpolyeder zerlegt werden, indem man nach Feststellung der Konkavität bezüglich einer Seite das Polyeder in zwei Teilpolyeder splittet. Dabei legt man den Schnitt in die Seitenebene und beginnt dann die Untersuchung auf Konvexität von neuem.

Faßt man die Ecken aller Seitenflächen zusammen und bezeichnet sie, so kann man den Vielflach durch Aufzählung der Ecken beschreiben. In Figur 11.1 ist ein Würfel durch Angabe der sechs begrenzenden Polygonseiten und ihrer Ecken $\underline{E}_k$ definiert. Legt man einen Durchlaufsinn geeignet fest, so wird man mit Hilfe der die Ecken verbindenden Vektoren $\underline{a} = \underline{E}_k - \underline{E}_{k-1}$, $\underline{b} = \underline{E}_{k+1} - \underline{E}_k$ die Normalenvektoren der Polygonseiten berechnen: $\underline{n} = \underline{a} \mathbf{X} \underline{b}$, und sie zeigen ins Innere des Parallelepipeds. Sie haben zwei wichtige Bedeutungen. Mit ihrer Hilfe kann man feststellen, ob man sich beim Durchstoßen einer Polyederseite ins Innere oder ins Äußere des Körpers gewegt, das Skalarprodukt aus Richtungsvektor und Normalenvektor ist dann nämlich positiv oder negativ. Ebenso kann man die Sichtbarkeit einer Seite eines konvexen Polyeders von einem Beobachter O aus entscheiden. Führt der Vektor $\underline{b}$ vom Beobachter zum Fußpunkt der Normalen $\underline{n}$, so ist die Seite genau dann sichtbar, wenn $(\underline{n},\underline{b}) > 0$ gilt. Der Wert des Skalarprodukts ist auch als Maß für die reflektierte Intensität einer diffusen Ausleuchtung verwendbar. Nach Bestimmung der Ecken kann der Körper mit Hilfe von Bewegungen im Raum, wie in Kapitel 9 behandelt, beliebig manipuliert werden: Wir müssen nur die neuen Koordinaten aller in der Eckenliste aufgeführten Ecken berech-

Beschreibung eines Körpers (Parallelepiped)

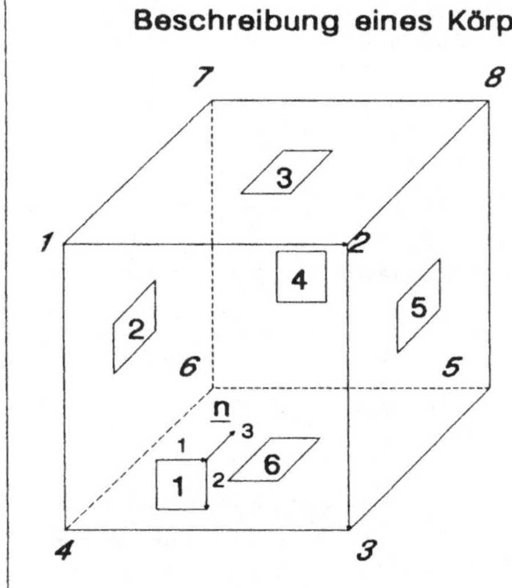

Ein Parallelepiped oder Pyramidenstumpf wird durch sechs polygonberandete Flä- chen begrenzt und besitzt acht Ecken, die durch Angabe der Raumkoordinaten beschrieben sind. Beim Durchlaufen im Uhrzeigersinn werden die Ecken der Außenflächen in ein Tableau eingetragen:

(1, 2, 3, 4)	(7, 1, 4, 6)
(1, 7, 8, 2)	(8, 7, 6, 5)
(2, 8, 5, 3)	(3, 5, 6, 4)

Dabei schaut man von außen auf die Flä- chen. Der Normalenvektor zeigt ins Innere.

Figur 11.1

nen und die entsprechenden Punkte miteinander verbinden. In [B-L2] ist ein *PASCAL*-Programm zur Drehung eines Parallelepipeds um eine beliebige Achse a vorgestellt.

Aufgabe 11.1
Man schreibe ein Programm zur Drehung eines Sechsflachs um eine Achse.

Anleitung
Die Deklaration der Ecken und Kantenliste könnte in *TURBO PASCAL* folgendermaßen aussehen:

```
(* Rotation eines Parallelepipeds *)

  type

    ecke = 1..8;
    coord = 1..3;
    seite = 1..6;
    kante =1..4;

(* Würfel, Parallelepiped oder Pyramidenstumpf *)
```

```
koerper = record
            ecken : array[ecke, coord] of real;
            eckenfolge : array[seite, kante] of ecke
            end;

const
  anfangswerte : koerper = (ecken:
  ((-45, -45, 30), (45, -30, 15), (45, -30, -15),
   (-45, -45,-30), (45, 30,-15), (-45, 45,-30),
   (-45, 45, 30), (45, 30, 15)); (* Schirmkoordinaten *)
                        eckenfolge:
  ((1, 2, 3, 4), (7, 1, 4, 6), (1, 7, 8, 2),
   (8, 7, 6, 5), (2, 8, 5, 3), (3, 5, 6, 4)));
   (* Pyramidenstumpf - Ecken und Eckenfolge der
      sechs Körperseiten *)
```

Die Sichtbarkeitsuntersuchung kann, wie schon gesagt, bei einem konvexen Polyeder mit Hilfe des Skalarproduktes erfolgen. Ist $\underline{p}$ der zum Betrachter zeigende Richtungsvektor einer Parallelprojektion und $\underline{n}_i$ der ins Äußere gerichtete Normalenvektor der i-ten Seite, so ist diese Seite nur sichtbar, wenn $(\underline{p},\underline{n}_i)>0$ gilt. Seien nun s konvexe Polyeder $P_1, \ldots, P_s$ in der Szene enthalten. Dann wird man zunächst die Kanten und Seiten der P_j bestimmen, die bezüglich sich selbst ohne Einbeziehung der anderen Polyeder sichtbar sind, und die verborgenen ausschließen. Zeichnet man nun die verbleibenden Kanten der P_j, so hat man nicht berücksichtigt, daß Teile davon durch davorliegende P_k verdeckt werden können. Mit Hilfe des Algorithmus von *Roberts* werden sichtbare Teilstücke verbliebener Kanten jedes der P_j ermittelt. Seien also zwei konvexe Polyeder P und Q herausgegriffen und die sichtbaren Kanten von P bezüglich sich selbst bereits ermittelt. Eine dieser Kanten sei durch die Eckpunkte $\underline{a}$ und $\underline{b}$ beschrieben. Ein Teil der Kante wird nun genau dann von Q verdeckt, wenn der Projektionstrahl

$$\underline{g}(t,u) := t\underline{p} + u\underline{a} + (1-u)\underline{b},\quad t\geq 0,\quad 0\leq u\leq 1,$$

von einem Punkt der Kante aus das Polyeder Q trifft. Dazu stellen wir die Gleichungen der Ebenen auf, die die Seiten von Q enthalten:

$$(\underline{x},\underline{n}_i) = (\underline{f}_i,\underline{n}_i) = r_i,\quad i = 1, \ldots, m.$$

$\underline{n}_i$ sei der ins Äußere gerichtete Normalenvektor der i-ten Seite, $\underline{f}_i$ eine der Ecken. Der Projektionsstrahl g schneidet nun Q genau dann, wenn das System mit m+3 Ungleichungen

$$\mathrm{N}\,\underline{g}(t,u) \leq \underline{r},\quad -t \leq 0,\quad -u \leq 0,\quad u \leq 1,\quad \mathrm{N} = (\underline{n}_1, \ldots, \underline{n}_m),$$

eine Lösung hat. Da Q konvex ist, genügt es, einen maximalen Wert u_{max} und einen minimalen Wert u_{min} zu bestimmen, die dann zu den Endpunkten der verborgenen Teilkante führen:

$$\underline{a}' = u_{min}\underline{a} + (1-u_{min})\underline{b},\quad \underline{b}' = u_{max}\underline{a} + (1-u_{max})\underline{b}.$$

Zur Erleichterung werden wir noch den Parameter t eliminieren und bedenken dazu, daß der Projektionsstrahl im Falle der Lösbarkeit unseres Ungleichungssystems mindestens eine sichtbare Seite der Polyeders Q schneidet. Wir finden

$$(u\underline{a} + (1-u)\underline{b} + t\underline{p}, \underline{n}_i) = r_i,$$
$$t = \{r_i - u(\underline{a}-\underline{b},\underline{n}_i) - (\underline{b},\underline{n}_i)\}/(\underline{p},\underline{n}_i), \ (\underline{p},\underline{n}_i) > 0.$$

Daher können wir die Suche nach versteckten Kantenteilen folgendermaßen modifizieren:

- Man untersuche für alle sichtbaren Seiten von Q mit $(\underline{p},\underline{n}_i) > 0$ das Ungleichungssystem mit einer Unbekannten

  $$N\{(\underline{a}-\underline{b}) - \underline{p}(\underline{a}-\underline{b},\underline{n}_i)/(\underline{p},\underline{n}_i)\}\cdot u \le \underline{r} - N\underline{b} - N\underline{p}[r_i-(\underline{b},\underline{n}_i)]/(\underline{p},\underline{n}_i),$$
  $$(\underline{a}-\underline{b},\underline{n}_i)\cdot u \le r_i-(\underline{b},\underline{n}_i), \ -u \le 0, \ u \le 1,$$

  und bestimme gegebenenfalls die maximale und minimale Lösung $u_{i,max}$ und $u_{i,min}$ für alle infrage kommenden Werte von i.

- Sodann bilde man das Maximum u_{max} über alle $u_{i,max}$ und das Minimum u_{min} über alle $u_{i,min}$. Damit ist im Falle von $u_{min} < u_{max}$ die durch das Polygon Q verborgenen Teilkante bestimmt, und es sind zwei sichtbare Teilkanten verblieben.

- Nun müssen die verbliebenen Kanten und Teilkanten noch bezüglich der anderen konvexen Polyeder P_j im Vordergrund auf Sichtbarkeit untersucht werden. Dabei kann nur einer der aus einer Kante entstandenen Teile weiter in zwei sichtbare und eine unsichtbare Strecke zerfallen, es ergeben sich also pro Kante höchstens s sichtbare Teilstrecken.

Der Algorithmus ist in [R3] beschrieben und in rekursiver Struktur von *Bielig-Schulz* und *Schulz* [B-S] in *TURBO PASCAL* implementiert worden.

Wir wollen nun weitere Körper kennenlernen, die zum Bau komplizierterer Drahtmodelle dienen können [O-A-T]. In Kapitel 14 diskutieren wir dann Körper, die von gekrümmten Oberflächen begrenzt sind [F-H].

11.2 Die Platonischen Körper

Sind alle Seitenvielecke gleich, so verwendet man das *Schläfli-Symbol* $\{p,q\}$. Dabei bedeutet der erste Parameter, daß *regelmäßige* p-Ecke, d. h. Seiten und Innenwinkel sind gleich, als Flächen verwendet sind, von denen je q an einer Ecke zusammenstoßen. Der prominenteste Vertreter ist natürlich der *Würfel* {4,3}. Weitere bekannte Polyeder sind die *Pyramiden*. Ihre Grundflächen sind regelmäßige n-Ecke, an die sich gleichschenklige Dreiecke anschließen. Eine dreieckige Pyramide heißt *Tetraeder*. In Figur 11.2 ist die Konstruktion eines Tetraeders aus einem Würfel dargestellt. Sind alle Dreiecke gleichseitig, so ist das Tetraeder regelmäßig.

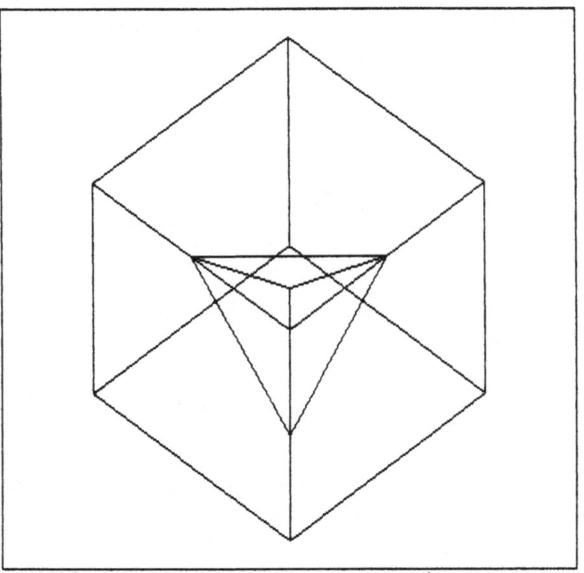

Figur 11.2

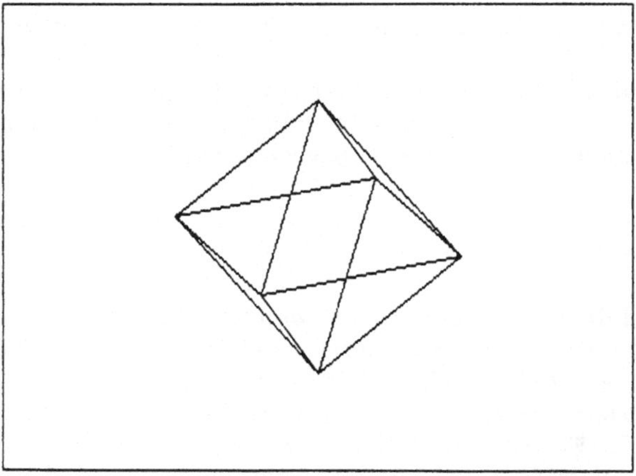

Figur 11.3

Prismen sind aus zwei regelmäßigen n-Ecken und n Rechtecken aufgebaut. Für $n = 4$ ergibt sich als regelmäßiger Spezialfall wieder der Würfel. Das *Antiprisma* [C1] erhält man aus dem Prisma, indem man statt der n Rechtecke $2n$ gleichschenklige Dreiecke zur Verbindung mit den zwei Grundflächen verwendet. Sind im Falle $n = 3$ alle verwendeten Dreiecke gleichseitige, so haben wir ein *Oktaeder* (vgl. Figur 11.3) vor uns.

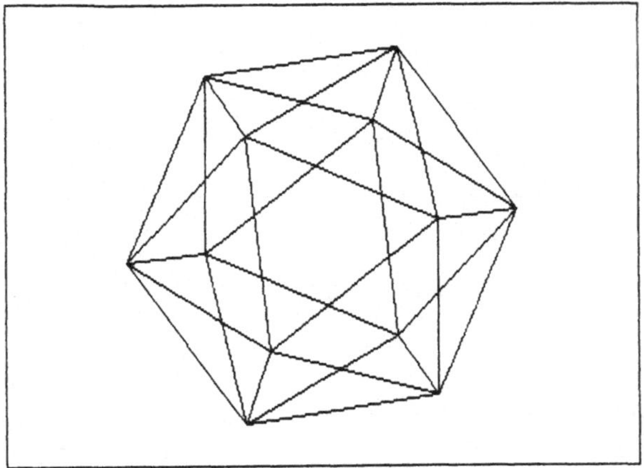

Figur 11.4

Stoßen an jeder Ecke fünf gleichseitige Dreiecke aneinander, so erhält man das aus 20 Flächen aufgebaute *Ikosaeder*, bei dem fünfeckige Pyramiden das hervorstechende Bauelement bilden (vgl. Figur 11.4). Das fünfte regelmäßige Polyeder ist das aus zwei Schalen zusammengefügte in Figur 11.5 wiedergegebene *Dodekaeder* {5, 3}. Jede Schale besteht aus einem gleichseitigen Fünfeck, um das sich je fünf weitere Fünfecke gruppieren. Damit haben wir die fünf *Platonischen Körper*, übrigens die einzigen konvexen regelmäßigen Polyeder aufgezählt.

Einfache Beweise für diese Aussage finden sich in den Büchern von *Behnke et al.* [B-B] und *Coxeter* [C1] über Geometrie. Letzterer argumentiert etwa folgendermaßen:

Man geht aus von der *Eulerschen* Anzahl-Formel für konvexe Polyeder

$$E(\text{cken}) - K(\text{anten}) + F(\text{lächen}) = 2,$$

die leicht einzusehen ist, wenn man den Körper schrittweise aufbaut und nur die Änderung der Werte von E, K und F beim Hinzufügen einer neuen Kante betrachtet. Sodann berücksichtigt man die Beziehungen

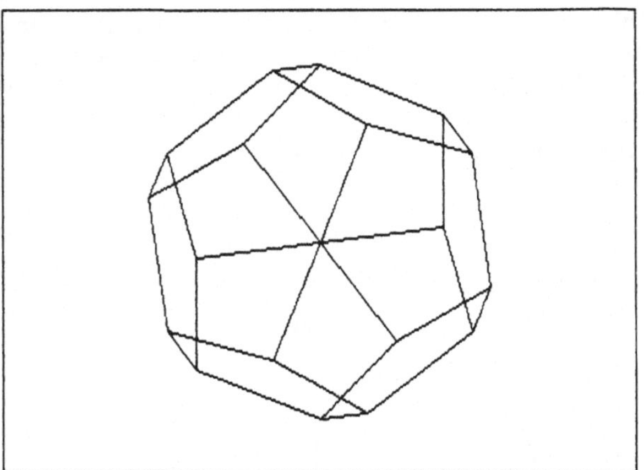

Figur 11.5

$$q \cdot E = 2K = p \cdot F$$

für ein regelmäßiges Polyeder $\{p,q\}$. An jeder Ecke stoßen nämlich q Flächen begrenzt von je zwei Kanten zusammen, die doppelt gezählt werden. Zum selben Resultat führt die Addition der p Kanten aller Flächen.

Diese drei Gleichungen kann man nach E, K und F auflösen und erhält mit

$$N = N(p,q) := 2(p + q) - pq$$
$$E = 4p/N, \ K = 2pq/N, \ F = 4q/N.$$

Dann folgt

$$N > 0 \text{ bzw. } (p-2)(q-2) < 4,$$

und für p und q bestehen nur fünf Möglichkeiten:

{3,3}: Tetraeder,
{3,4}: Oktaeder,
{4,3}: Würfel,
{3,5}: Ikosaeder,
{5,3}: Dodekaeder.

Diese regelmäßigen Polyeder haben wir aber bereits angegeben. Man überlegt sich sodann, daß prinzipiell andere Körper nicht existieren. Unsere Polyeder sind deswegen so wichtig für die Konstruktion am Bildschirm, weil eine Vielzahl von komplizierteren Körpern direkt mit ihrer Hilfe konstruiert werden kann. Wir wollen aus diesem Grund noch mögliche Koordinatendarstellungen und Konstruktionshinweise geben. Ein Würfel mit der Kantenlänge 2 hat als Ecken die Koordinaten $(\pm 1,\pm 1,\pm 1)$, ein Tetraeder mit den

Ecken (0,0,0), (0,1,1), (1,0,1) und (1,1,0) und der Kantenlänge $\sqrt{2}$ kann leicht eingeschrieben werden (vgl. Figur 11.2). Das gleiche gilt für ein Oktaeder mit den Ecken (±1,0,0), (0,±1,0) und (0,0,±1).

Ein wenig komplizierter ist die Konstruktion eines Dodekaeders. Seien

$$\tau := (1+\sqrt{5})/2 \text{ und } u := 1/\tau=\tau-1$$

die bekannten Größen des goldenen Schnittes. Dann schneide man nach Coxeter den Würfel (±1,±1,±1) mit den drei Rechtecken (0,±u,±τ), (±τ,0,±u) und (±u,±τ,0). Sodann verbinde man jeweils die kürzere Seite der Rechtecke mit zwei benachbarten Würfelecken im Abstand von 2u und dieselben Ecken mit einer dazwischenliegenden Rechteckecke im selben Abstand. So erhält man für jede der zwölf Würfelkanten ein, für jede kurze Rechteckseite zwei regelmäßige Fünfecke, die den gesuchten Körper ergeben.

Ähnlich kann man im Falle des Ikosaeders vorgehen. Hier legt man drei Rechtecke in die Koordinatenebenen mit den Ecken

$$(0,\pm\tau,\pm1),\ (\pm1,0,\pm\tau) \text{ und } (\pm\tau,\pm1,0)$$

und verbindet jede kurze Seite mit einer im Abstand zwei liegenden anderen Ecke. So erhält man zwölf gleichseitige Dreiecke. Die fehlenden acht ergeben sich automatisch. Unsere Figuren 11.3 - 11.5 zeigen die drei Körper in einer speziellen Axonometrie. Mit den schon früher diskutierten Transformationen können sie um eine beliebige Achse gedreht werden. *Pascal*-Programme zur Erzeugung der fünf Platonischen Körper befinden sich in [B-S].

Aufgabe 11.2
Man konstruiere am Bildschirm mit Hilfe dreier Rechtecke, deren Seiten im Verhältnis τ:1 stehen, ein Ikosaeder.

Anleitung
Nach *Coxeter* führe man einen Schnitt in der Mitte jeder Karte parallel zur längeren und so lang wie die kürzere Seite aus. Eine der Karten schneide man bis zum Rand auf. Sodann stecke man jede Karte durch die Mitte der anderen und verbinde die Ecken geeignet.

Aufgabe 11.3 [B-B]
Konstruiere ein in den Einheitskreis eingeschriebenes Fünf- und Zehneck.

Anleitung
Bezeichne s_n die Länge einer n-Eckseite und c_n ihr Komplement im Einheitskreis als Thaleskreis, also $s_n^2 + c_n^2 = 4$, so zeige man mit Hilfe des Additionstheorems für den Cosinus die *von Ceulensche* Verdoppelungsformel $c_{2n}^2 = 2 + c_n$. Sodann zeige man geometrisch mit dem Strahlensatz $1:s_{10} = s_{10}:(1-s_{10})$, also s_{10} genügt der Gleichung $s^2+s-1 = 0$ und $s_{10} = (\sqrt{5}-1)/2$. Die andere Wurzel der Gleichung ist $-c_5$. Weiter folgt $s_{10}^2 + 1 = s_5^2$. Nun konstruiere man die Strecken $s = \sqrt{5}/2$ und s_{10} am Einheitskreis, indem man

zwei senkrecht aufeinanderstehende Halbmesser benutzt, den einen halbiert und *s* dann geeignet abträgt. s_5 ergibt sich schließlich mit dem Satz des Pythagoras.

11.3 Computeranimation

Markau [M2] hat im Rahmen einer Hochschularbeit ein einfaches Programm erstellt, das eine dreidimensionale Drahtfigur am Bildschirm zum Laufen bringt. Dazu wird der Körper in unregelmäßige Vierflache zerlegt, und zwar in fünfzehn Körperteile: Unter- und Oberarme und Schenkel, Hände und Füße, Kopf, Brust und Becken. Die fünfundvierzig Ecken und siebenundachtzig verbindenden Kanten sind durchnumeriert und in eine Ecken- und Kantenliste aufgenommen (vgl. Figur 11.6). Die Ecken hat der Autor in abgewandelten Kugelkoordinaten bezogen auf einen Ursprung in der Mitte der Figur ausgedrückt:

```
x[i] := x[i-1] - sin(Koerperteil_a + a[i])·r[i];
y[i] := y[i-1] - cos(Koerperteil_a + b[i])·
        cos(Koerperteil_b + c[i])·r[i];
z[i] := z[i-1] + sin(Koerperteil_b + d[i])·r[i];
```

Der Ursprung verschiebt sich nun bei der Bewegung des Läufers. Entscheidend ist die Angabe der Winkellisten {Koerperteil_a, Koerperteil_b} für jede Momentaufnahme im Bewegungsablauf. Dabei sind die Winkel nach physikalischen wie ästhetischen Regeln bei jedem Körperteil zu ermitteln. Hier genügt es, Hauptphasen festzulegen und Zwischenphasen per Unterprogramm zu interpolieren. Schließlich ist noch eine geeignete Projektion festzulegen und das Drahtmodell für jede Momentaufnahme des Phasenablaufes am Bildschirm zu zeichnen.

Zur Realisierung sollte man die benötigten Werte der Winkelfunktionen in einer Tabelle ablegen. Da auf Rechnern mit schwächerer Rechenleistung das Über- und Neuzeichnen der Figur wegen der umfangreichen Zwischenrechnungen kaum einen kontinuierlichen Bewegungsablauf vermittelt, könnte man hier einen anderen Weg einschlagen. Durch den Drahtkörper werden nur wenige Bytes im Bildspeicher modifiziert. Daher kann man eine Bildfolge in einfacher Weise komprimieren und auf einer RAM-Disk ablegen. Dazu speichert man statt einer Vielzahl Bytes gleichen Wertes nur einmal den Wert und ihre Anzahl ab. Nach Fertigstellung wird dann die Bildfolge dekomprimiert und von der RAM-Disk schnell in den Bildschirmspeicher zurückgebracht. So ist tatsächlich, wie Experimente auf 64K Rechnern ergeben haben, ein filmartiger Phasenablauf möglich.

Aufgabe 11.4 [IEEE CG&A 7, (Juni 1987)]
Man zeige Verbesserungsmöglichkeiten zu dem hier dargestellten Beispiel auf.

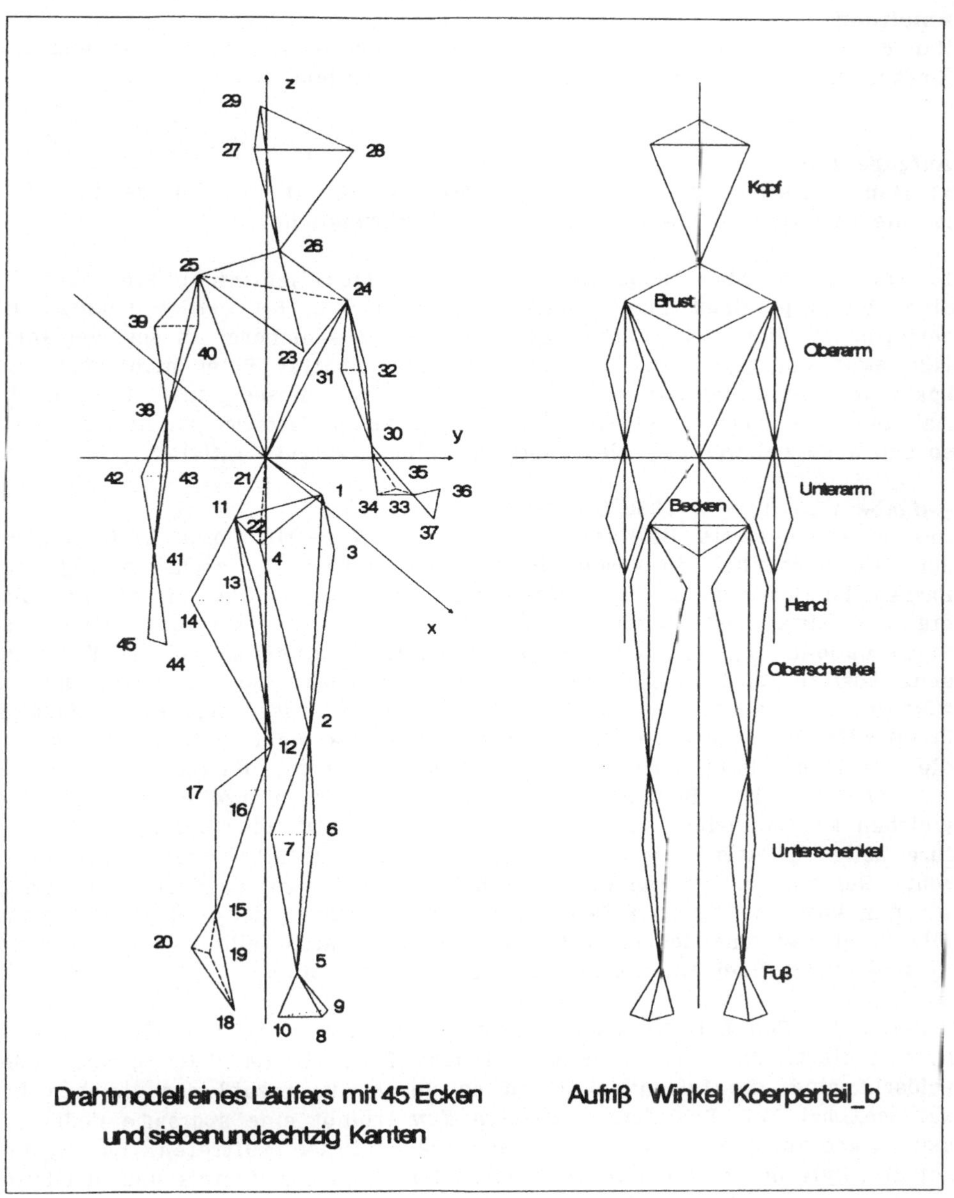

Drahtmodell eines Läufers mit 45 Ecken und siebenundachtzig Kanten

Aufriß Winkel Koerperteil_b

Figur 11.6

Anleitung
Man denke an eine Unterdrückung der nicht sichtbaren Oberflächen und eine Einfärbung entsprechend der reflektierten Lichtintensität.

Aufgabe 11.5
a) Man formuliere den Bildschirmkompressionsalgorithmus. In welchem Fall ist die komprimierte Datei länger als die ursprüngliche?

b) Bei vielen 64K Computern entsprechen bisweilen nicht alle acht Bit eines Bytes je einem Pixel, sondern ein oder zwei Bit werden benutzt, um serielle Attribute wie Farbe oder Blinken zu speichern. Dieses Verfahren läßt zwar eine individuelle Einfärbung benachbarter Pixel nicht mehr zu, spart aber Bildschirmspeicherplatz. Wie kann man dieses Konstruktionsmerkmal ausnutzen, um effektiver reine Schwarzweißbildschirme zu komprimieren, so daß auch bei wenigen Wiederholungen eine Ersparnis auftritt?

Aufgabe 11.6 (DOS 8, 1988 S.138-144)
Das pixelorientierte Bildformat .IMG von *GEM* betrifft eine Bilddatei, die den Bildschirminhalt in komprimierter Form enthält. Bei sechzehn möglichen Farben ist jedes Pixel in 4 Bit codiert, Rot, Grün, Blau, Intensität. Das ergibt maximal vier Listen für die Gesamtheit der Pixel, die zeilenweise nacheinander abgelegt werden. Die Bilddatei beginnt mit einem Kopf aus acht Wörtern im Format (H,L), der eine Versionsnummer, die Kopflänge in Wörtern, die Anzahl der Bits pro Pixel (Farben), die Länge eines Musters, Pixelbreite und -höhe in Mikrometern, die Breite einer Zeile in Pixeln und die Anzahl der Dateielemente enthält. Dem Kopf folgen die Daten für die erste, zweite, dritte Bildschirmzeile usw. Jede Bildschirmzeile ist nach dem gleichen Muster codiert. Zu Beginn stehen fakultativ vier Bytes, wenn mehrere Zeilen identisch sind, bestehend aus 00, 00, FF, Anzahl der identischen Reihen, gefolgt von den Datenblöcken der einzelnen Farben, zu denen wir nun kommen. Für jede Farbe werden entsprechend der Breite des Schirms alle Pixel nacheinander codiert. Um Platz zu sparen, gibt es drei Formate, in denen *GEM* Pixel einer Zeile und Farbe beschreibt.

Der *Solid Run* betrifft eine Anzahl identischer Pixel und wird in einem Byte codiert. Das höchstwertige Bit legt fest, ob die Pixel gesetzt oder gelöscht sind, die folgenden sieben enthalten die Anzahl der gleichen Pixel, maximal 127. Das Format *Pattern Run* erlaubt eine sparsame Codierung sich wiederholender Muster, die beim Flächenfüllen auftreten. Es beginnt mit dem Byte 00 gefolgt von der Wiederholungszahl des Musters und den Bytes des Musters selbst. Die Länge des Musters in Byte steht im vierten Wort des Kopfs, und der Standardwert ist 2. So lassen sich bei einer Wiederholungszahl von 255 dann 510 Bytes des Bilds in vier Bytes der Datei kodieren. Das *Bit String* Format ist für einmalige Muster gedacht und erlaubt keine Komprimierung. Es beginnt mit einem 80hex Byte gefolgt von der Anzahl der das Muster ausmachenden Bytes und dem Muster selbst. Durch die ein bzw. zwei Führungsbytes der vier unterschiedlichen Formate ist ihre Unterscheidung gewährleistet. Man schreibe ein Programm, das eine .IMG Datei entschlüsselt und am EGA-Bildschirm anzeigt.

Kapitel 12

Anaglyphen

In diesem Kapitel werden wir uns mit einer speziellen Darstellungsform für dreidimensionale Objekte beschäftigen, der sogenannten Anaglyphenmethode. Durch die Verwendung des Hilfsmittels Farbe erreichen wir damit eine realistische dreidimensionale Darstellung auf einem herkömmlichen Farbbildschirm.

12.1 Dreidimensionales Sehen

Bevor wir daran gehen wollen, dreidimensionale Darstellungen von Objekten zu erzeugen, müssen wir uns zuerst damit befassen, worauf die dreidimensionale Wahrnehmung des Raumes durch den Menschen beruht. Räumliches Sehen wird dadurch möglich, daß wir zwei Augen besitzen. Da unsere Augen einen gewissen Abstand zueinander haben, - ca. 6 cm -, erhalten sie geringfügig unterschiedliche Sinneseindrücke von der Umgebung. Ein kleines Experiment veranschaulicht dies.

Experiment *(Daumensprung)*

Man strecke einen Arm aus und blicke an diesem entlang über den ausgestreckten Daumen hinweg auf ein weit entferntes schmales Objekt, zum Beispiel einen Fahnenmasten. Der Daumen soll einen Teil des angepeilten Objektes verdecken. Kneift man nun abwechselnd das linke und das rechte Auge zu, so erscheint der Daumen jeweils links bzw. rechts vom anvisierten Gegenstand. Gleichzeitig verschwindet beim Zukneifen eines Auge der dreidimensionale Raumeindruck zumindestens teilweise.

Wie entscheidend es für die räumliche Wahrnehmung ist, daß beide Augen ein verschiedenes Bild erhalten, erkennt man bei Betrachtung von Figur 12.1.

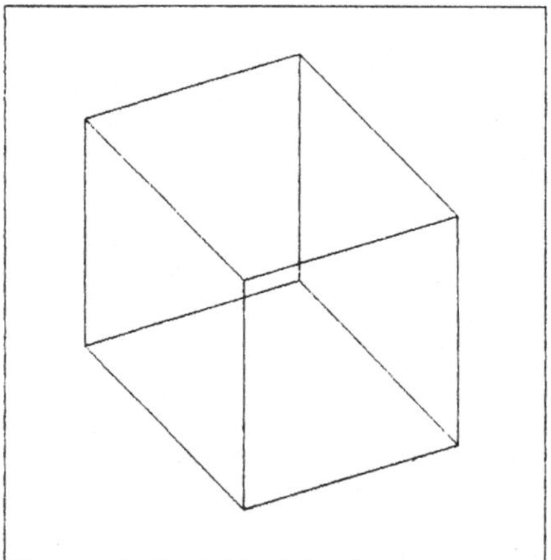

Figur 12.1

Das Gehirn ist aufgrund der von den Augen gelieferten Informationen nicht in der Lage, bei dem Drahtwürfelmodell zu entscheiden, welche Kanten im Vordergrund liegen und welche vom Betrachter weiter entfernt sind. Es gibt zwei konsistente Interpretationsmöglichkeiten, und mit etwas Übung kann man zwischen diesen beiden hin- und herschalten.

Bei der normalen Wahrnehmung des dreidimensionalen Raumes liefert die teilweise Verdeckung des Hintergrundes durch vorn liegende Gegenstände dem Auge zusätzliche Informationen, so daß diese Zweideutigkeit auf Photos nicht entsteht. Unwillkürlich ergänzt das Gehirn die Informationen der zweidimensionalen Darstellung des Lichtbilds zu einem dreidimensionalen Eindruck. Dies geschieht sogar, wie Figur 12.2 zeigt, bei Darstellungen, die gar keine dreidimensionale Szene wiedergeben.

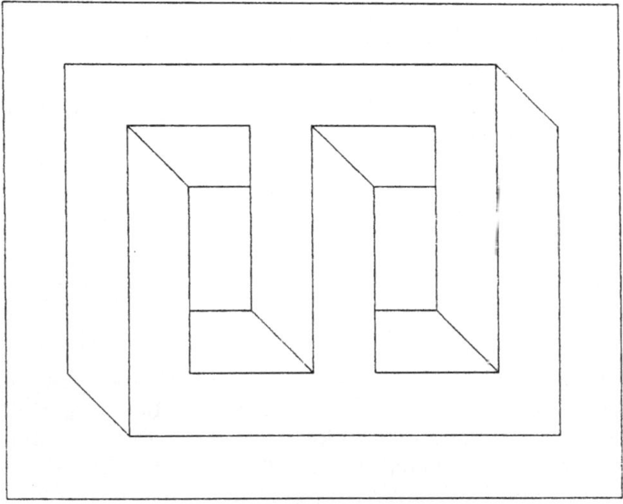

Figur 12.2

Wollen wir nun mit einem Computer einen echten dreidimensionalen Sinneseindruck hervorrufen, so müssen wir zwei Aufgaben lösen:

* Zuerst müssen wir untersuchen, wie sich die Bilder der beiden Augen voneinander unterscheiden. Diese beiden Teilbilder werden wir dann später auch getrennt voneinander mit dem Computer erzeugen.

* Im zweiten Schritt müssen wir ein Hilfsmittel bereitstellen, das dafür sorgt, daß das linke Auge nur das für es bestimmte Teilbild wahrnimmt und das rechte Auge nur das andere Teilbild sieht.

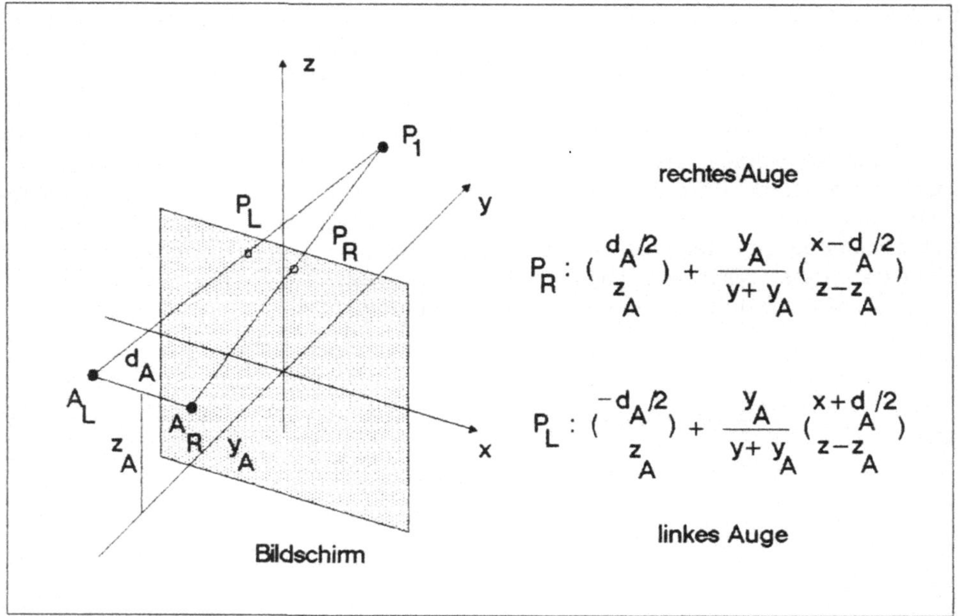

Figur 12.3

Um das erste Problem zu behandeln, betrachten wir Figur 12.3. Ausgehend von einem Objektpunkt P_1 sind zwei Lichtstrahlen eingezeichnet, die das rechte Auge (Punkt A_R) bzw. das linke Auge A_L erreichen. Die Strahlen treffen den Bildschirm, unser Fenster zum Objektraum, in den Punkten P_R und P_L. Wir geben nun die Lage aller Punkte bezüglich des eingezeichneten Koordinatensystems an, dessen Ursprung im Mittelpunkt des Bildschirms liegt und dessen *x*- und *z*-Achse zu seinen Kanten parallel liegen. Die Augen sollen sich in einem Abstand $y_A > 0$ vor dem Bildschirm befinden, und zwar symmetrisch in einer Höhe z_A über seiner Mitte. Schließlich sei der Augenabstand d_A. Die Augenpunkte A_R bzw. A_L haben damit die Koordinaten:

A_R : $(d_A/2, -y_A, z_A)$
A_L : $(-d_A/2, -y_A, z_A)$.

Mit den Objektkoordinaten des Punktes P_1 : (x,y,z) entnimmt man die Bildschirmkoordinaten (xs, zs) der Punkte P_R bzw. P_L der Figur 12.3. Die beiden Zentralprojektionen beschreiben also die Beziehung zwischen den Objektkoordinaten und den zugehörigen Bildschirmkoordinaten unter Berücksichtigung der Augenpositionen. Je nachdem, welche Projektion man verwendet, kann man damit auf dem Bildschirm das linke bzw. rechte Teilbild zeichnen.

Aufgabe 12.1
Man zeichne das linke und rechte Teilbild für das Daumensprungexperiment Stimmen die Teilbilder mit dem Experiment überein?

Anleitung
Der Daumen soll durch die Verbindungsstrecke der Punkte (0, -5, -1) und (0, -5, 1) dargestellt werden, er befindet sich also in einer Entfernung von fünf Einheiten (z. B. cm) vor der Bildschirmmitte. Der 1000 Einheiten entfernt liegende Fahnenmast sei die Verbindungsstrecke der Punkte (0, 1000, -100) und (0, 1000, 100), und für die Lage der Augen gelte $y_A = 50$, $d_A = 10$ und $z_A = 0$.

Aufgabe 12.2
Ein Punkt mit festen Koordinaten $(x,.,z)$ bewegt sich entlang der positiven y-Achse ins Unendliche. Welchen Punkten streben die zugehörigen Bildpunkte P_L und P_R zu? Man erkläre aufgrund dieses Resultats, weshalb die Genauigkeit, mit der man die Länge einer Strecke schätzen kann, mit wachsender Entfernung abnimmt.

12.2 Anaglyphentechnik

Nachdem wir nun wissen, wie wir das linke und rechte Teilbild erzeugen, müssen wir das Problem lösen, wie wir diese Teilbilder den Augen getrennt zuführen können. Eine einfache Methode besteht darin, das linke Teilbild auf die linke Bildschirmhälfte zu zeichnen und analog mit dem rechten Teilbild zu verfahren. Um zu erreichen, daß das linke Auge das rechte Teilbild nicht sieht, hält man ein Blatt Papier als Trennhilfe senkrecht zwischen die Bildschirmhälften. Nun muß man versuchen, die beiden Teilbilder beim Betrachten zur Deckung zu bringen. Das erweist sich jedoch als sehr schwierig und erfordert viel Übung, so daß diese Methode, die man manchmal in Büchern zur Betrachtung von *Stereobildern* angegeben findet, nicht akzeptabel erscheint.

Eine andere Möglichkeit wäre die Verwendung optischer Hilfsmittel, wie Linsen und Spiegel, um die Bilder den Augen geeignet zuzuführen. Aus Kostengründen wird man jedoch auch vor dieser Methode zurückschrecken.

Wesentlich einfacher ist das *Anaglyphenverfahren*, das bereits um 1855 entwickelt wurde. Es beruht darauf, die beiden Teilbilder in verschiedenen, komplementären Farben darzustellen. Die Bilder werden dann durch eine Brille betrachtet, deren Gläser entsprechend gefärbt sind, so daß jedes Auge sein Bild wahrnimmt. In den letzten Jahren wurden sogar einige Fernsehfilme in dieser Technik gezeigt. Die Teilbilder stellt man *rot* und *grün* dar, und zur Betrachtung dient eine billige Papierbrille aus gefärbten Folien, die man inzwischen bei vielen Optikern als sogenannte 3D-Brille kaufen kann. Auch einige Videospiele nutzen diese Technik.

Da Farben zur Teilbildtrennung verwendet werden, kann man mit dieser Methode nur ursprünglich schwarzweiße Szenen dreidimensional darstellen.

Wir wollen uns nun damit beschäftigen, wie man bei einem Rasterfarbbildschirm vorgehen muß, um eine Anaglyphendarstellung zu realisieren. Dazu treffen wir folgende Vereinbarungen:

* Die Zeichnung erfolgt auf weißem Hintergrund.

* Es wird eine Rot-Grünbrille zur Betrachtung verwendet, wobei das rechte Auge durch die grüne Folie blickt.

Wie müssen wir nun die Teilbilder zeichnen, damit die beiden Augen sie getrennt wahrnehmen? Da das rechte Auge den Bildschirm durch eine grüne Folie betrachtet, nimmt es den weißen Hintergrund als grün gefärbt wahr und kann eine grüne Linie nicht vom Hintergrund unterscheiden. Zeichnen wir also das für das linke Auge bestimmte Teilbild mit grüner Farbe, so wird es vom rechten nicht wahrgenommen. Umgekehrt werden wir für das rechte Teilbild rote Farbe verwenden. Die grüne Folie vor dem rechten Auge läßt rote Farbe nicht durch, so daß ihm rote Linien als schwarz erscheinen.

Im weiteren wollen wir davon ausgehen, daß sich beide Teilbilder aus Geradenstücken zusammensetzen. Beim Zeichnen transformieren wir die Objektkoordinaten der Endpunkte dieser Strecken für das linke und rechte Teilbild getrennt in die Bildschirmkoordinaten und verbinden sie mit Hilfe des zweidimensionalen Bresenham Algorithmus aus Kapitel 2.

Im allgemeinen werden sich die Teilbilder überlappen. Diejenigen Pixel, die zu beiden Teilbildern gehören, müssen so eingefärbt werden, daß sie beiden Augen als dunkel erscheinen, sie werden also schwarz gezeichnet. Da die beiden Teilbilder im Normalfall nacheinander erstellt werden, benötigen wir eine besondere Überlagerungsvorschrift beim Linienzeichnen, wie man sie mit den folgenden Prozeduren erzielen kann:

```
procedure zeichne_rot (x,y) ;
begin
if test (x,y) = 'weiß' then plot (x,y, 'rot')
  else if test (x,y) = 'grün' then plot (x,y 'schwarz')
end ;

procedure zeichne_gruen (x,y) ;
begin
if test (x,y) = 'weiß' then plot (x,y, 'grün')
  else if test (x,y) = 'rot' then plot (x,y 'schwarz')
end ;
```

Der Umstand, daß gemeinsame Punkte der Teilbilder schwarz einzufärben sind, bedingt, daß man die schon vorhandenen Routine zum Zeichnen einer Linie in einer Farbe nicht verwenden kann und den Bresenham Algorithmus modifizieren muß (vgl. Kapitel 2, 9 und Anhang A.4).

Verfügt der Computer über einen Farbpalettengenerator, wie in Kapitel 1 beschrieben, so kann man allerdings oft eine günstige Realisierung der Zeichenroutinen erreichen, wenn man den Farben geeignete Bitcodierungen so zuordnet, daß Farbmischungen einer einfachen logischen Verknüpfung entsprechen.

Beispiel

Farbe	Codierung (binär, 2 Bit)
weiß	00
rot	01
grün	10
schwarz	11

Bei dieser Codierung geschieht das Zeichnen grüner Punkte einfach durch die logische **OR**-Verknüpfung des alten Farbwertes mit «10», war der alte Wert bereits «01», so wird daraus als neuer Wert der Code «11», und es sind keine aufwendigen Abfragen erforderlich.

Bisher sind wir davon ausgegangen, daß das Zeichnen der Farben rot, grün und schwarz bei Betrachtung durch die 3D-Brille eine vollkommene Teilbildtrennung ermöglicht. Leider ist dies in der Realität nicht der Fall, da die Farbtöne der Brille und die Farben des Bildschirms nicht ideal komplementär sind. So wird im allgemeinen keine vollkommene Trennung erreicht.

Verfügt der verwendete Graphikbildschirm über mehrere Farbtöne im roten und grünen Bereich, sollte man unbedingt Töne zur Darstellung wählen, die optimale Trennungseigenschaften besitzen. Dabei sind die folgenden Kriterien maßgeblich:

1) Der grün entsprechende Farbton sollte vom rechten Auge möglichst schwach wahrgenommen werden.

2) Der rot entsprechende Farbton sollte vom linken Auge möglichst schwach wahrgenommen werden.

3) Rote bzw. grüne Bereiche sollten die entsprechenden Augen als gleich dunkel empfinden.

4) Schwarze Bereiche sollten beide Augen als gleich dunkel empfinden, und zwar genauso dunkel wie rote bzw. grüne Bereiche.

Aufgabe 12.3
Man bestimme beim eigenen Farbbildschirm die Farbtöne, die die gestellten Forderungen am besten erfüllen.

Anleitung
Zuerst zeichne man zwei gleich große Rechtecke in rot und grün auf weißem Hintergrund und betrachte diese mit der 3D-Brille. Durch wechselndes

Schließen eines der beiden Augen überprüfe man zunächst die ersten beiden Forderungen und ändere die verwendeten Farbtöne solange, bis eine optimale Trennung stattfindet. Anschließend modifiziere man die Helligkeit der beiden Farbtöne, bis Forderung 3 erfüllt ist. Im letzten Schritt färbt man ein drittes Rechteck schwarz ein und wählt die Intensität (Graustufe) so, daß auch die letzte Forderung berücksichtigt ist. Die optimale Einstellung kann von Person zu Person variieren. Es mag durchaus vorkommen, daß die Farbe Blau anstelle von Grün wesentlich bessere Ergebnisse liefert.

Aufgabe 12.4
Unter Verwendung der in Aufgabe 12.3 gefundenen Farbtöne programmiere man eine Routine zum Linienzeichnen,

line *(x1,y1,z1, x2,y2,z2, code)*,

die die Strecke zwischen zwei Objektpunkten mit den Koordinaten *(x1,y1,z1)* und *(x2,y2,z2)* zieht, und zwar für das rechte wie auch das linke Auge. Es soll die entsprechende Farbe unter Berücksichtigung, daß gemeinsame Punkte schwarz sind, Verwendung finden.

Aufgabe 12.5
Programmierer A hat die vorige Aufgabe wie folgt gelöst. Zuerst zeichnet er die Linie für das rechte Auge mit roter Farbe. Anschließend zieht er die Linie für das linke Auge punktweise unter Verwendung der oben angegebenen Routine "zeichne_gruen", die gemeinsame Punkte schwarz färbt. Ist diese Vorgehensweise korrekt, wenn man berücksichtigt, daß man später Bilder aus vielen Linien zusammensetzt?

12.3 Anwendungen

Nach der Diskussion der zur Teilbilderzeugung notwendigen Projektionen und der Erläuterung der Anaglyphentechnik zusammen mit einigen Aspekten der technischen Realisierung haben wir nun die nötigen Hilfsmittel zur Hand, um Flächen, Körper und Diagramme dreidimensional darzustellen. Die Betrachtung von Anaglyphendarstellungen erfordert allerdings eine gewisse Übung. Insbesondere die Wahrnehmung von unrealistischen Bildern bereitet dem Gehirn oft Schwierigkeiten. Aus diesem Grunde sollte man mit einfachen Darstellungen beginnen.

Aufgabe 12.6
Man stelle die Kurve

$$C : (t/4 \cos t,\ t/4 - 2,\ t/4 \sin t)^T,\quad 0 \le t \le 6\pi,$$

bei Verwendung des Koordinatensystems aus Figur 12.3 mit der Anaglyphentechnik dar.

Anleitung
Man setzt die Kurve aus Geradenstücken zusammen und verwendet die in Aufgabe 12.4 erarbeitete Routine. Die Projektionsparameter (Augenposition etc.) paßt man so an, daß bei Betrachtung durch die 3D-Brille ein guter dreidimensionaler Eindruck entsteht und klar erkennbar ist, daß sich ein Teil der Kurve vor und ein anderer Teil hinter dem Bildschirm befindet.

Neben der Darstellung von Kurven im Raum kann man auch Flächen der Form

$$y = f(x,z)$$

unter Benutzung des Koordinatensystems aus Figur 12.3 darstellen. Dazu zeichnet man einfach ein Drahtmodell über den Linien $x = const$ bzw. $z = const$ mit $y = f(x,z)$. Unsere Farbtafel 6 im Anhang stellt die Fläche

$$f(x,z) = \mathbf{sin}(x)\cdot\mathbf{sin}(z) - \mathbf{sin}(x-z)$$

vor. Bei der Betrachtung mit der 3D-Brille erkennt man gut die Extremwerte der Fläche.

In Farbtafel 6 des Anhangs ist ferner ein Anaglyphenbild dargestellt, das die Leistungsfähigkeit der Augen und des Gehirns beim dreidimensionalen Sehen demonstriert. Es stellt in der xz-Ebene zufällig verteilte Punkte dar, für deren y-Koordinate

$$y = 1, \text{ falls } |x| + |z| < 4, \qquad \text{(Bereich 1)}$$
$$y = -1, \text{ sonst,} \qquad \text{(Bereich 2)}$$

gilt. Es liegt also eine dreidimensionale Struktur zugrunde. Betrachtet man die Farbtafel ohne 3D-Brille, so kann man dies nicht erkennen. Bei ihrer Benutzung treten dagegen die Punkte des Bereichs 1 deutlich nach vorn aus der Ebene heraus, und die räumliche Struktur wird offensichtlich.

Auch komplexere Graphiken, wie zum Beispiel Hidden Line Plots aus Kapitel 13 oder die Potentiallinienbilder aus Kapitel 8 lassen sich mit der beschriebenen Technik eindrucksvoll präsentieren.

Bei der Darstellung von Szenen, bei denen eine teilweise Verdeckung des Hintergrundes durch Objekte zu berücksichtigen ist, muß man die Sichtbarkeitsprüfung für beide Augen getrennt ausführen, was doppelten Rechenaufwand bedeutet. Die praktische Erfahrung hat jedoch ergeben, daß es oft ausreicht, die nur für ein Auge gewonnenen Resultate auch für das andere Teilbild zu verwenden. Bei Szenen, die sich weiter von den Augen des Betrachters weg befinden, sehen beide Augen in etwa das Gleiche.

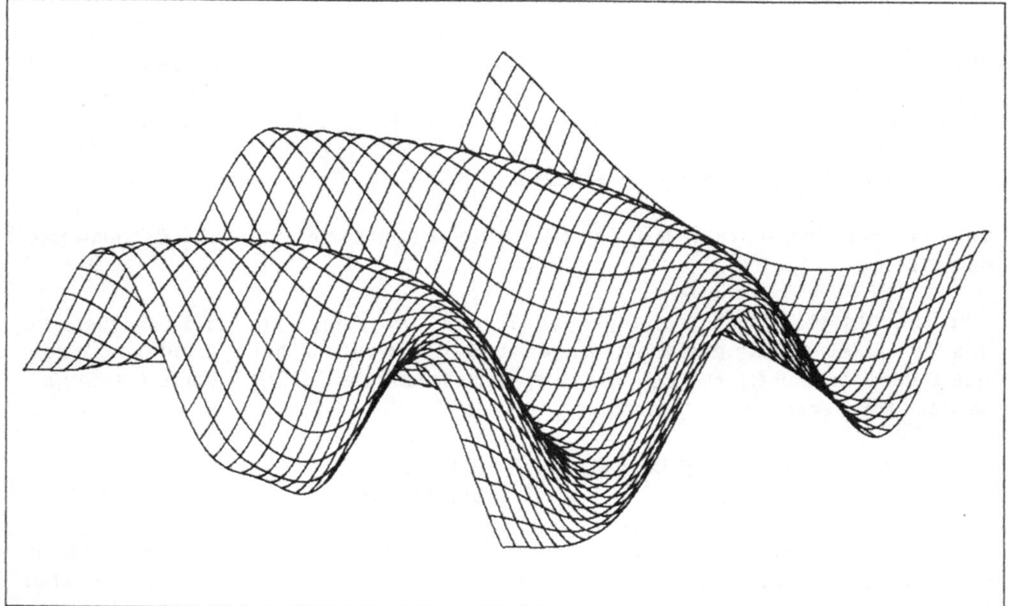

Kapitel 13

Hidden Lines

In diesem Kapitel wollen wir uns mit einem Verfahren beschäftigen, das es erlaubt, Flächen perspektivisch unter Berücksichtigung der verdeckten Partien darzustellen. Es ist das Ziel, den Leser anhand einer konkreten Programmentwicklung zum Entwurf derartiger Flächen in die damit verbundene Problematik der Sichtbarkeitsprüfung einzuführen und ihn in die Lage zu versetzen, eine jeweils gegebene Aufgabenstellung lösen.

Die Verfasser haben im Laufe mehrjähriger Praxis erfahren müssen, daß kommerzielle Software oft nicht leistet, was sie verspricht. Sie muß dann mühsam modifiziert werden. Dies erfordert ein tiefgreifendes Verständnis nicht nur der zugrundeliegenden Ideen, sondern auch eine Einarbeitung in das vorliegende Programm. Aus diesem Grund wollen wir die Ideen, auf denen unser Programm im Anhang A.4 basiert, schrittweise entwickeln. Das fertige Programm wird es uns ermöglichen, eine Vielzahl von analytisch vorgegebenen Flächen zu zeichnen (vgl. Figur 13.1).

Figur 13.1

Auf diese Weise gelangen wir zu einem modularen Aufbau, wobei der Leser die Funktion jedes einzelnen Programmteils versteht, so daß er sie auch unabhängig von den anderen Modulen in vielfältiger Weise nutzen kann. Einige Ideen zum Einsatz des Programms und seiner Modifizierung sind in Abschnitt 13.3 beschrieben. Die einzelnen Module werden in einer *PASCAL* ähnlichen Notation angegeben, die allerdings auf Details wie Variablen- und Parameterdeklaration verzichtet.

13.1 Hidden Line Algorithmus

Figur 13.1 wurde mit einem "Hidden Line"-Verfahren (Hidden Line: verborgene Linie) erstellt, das geeignet ist, Flächen der Form

$$z = f(x,y) \qquad (13.1)$$

über einem Bereich D der xy-Ebene darzustellen. Flächen, die in dieser Form gegeben sind, kommen in Anwendungen der Ingenieurwissenschaften häufig vor. In Figur 13.2 ist beispielsweise die stationäre Temperaturverteilung $T(x,y)$ innerhalb einer quadratischen Metallplatte wiedergegeben, die an drei Rändern gekühlt (Temperatur T = 0 K) ist, während die vierte Seite auf einer erhöhten Temperatur (T = 100 K) gehalten wird.

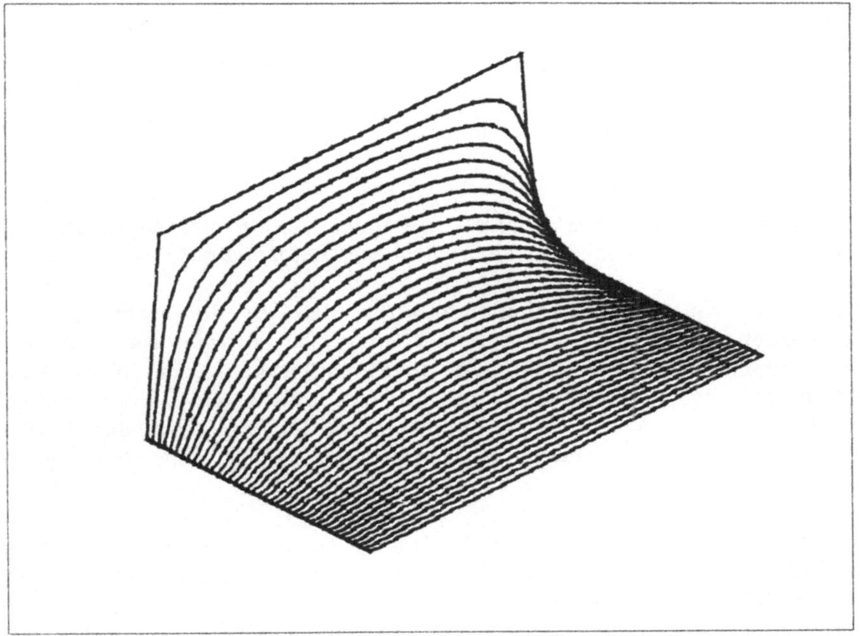

Figur 13.2

Die Zeichnung des Bildes erfolgt mittels der Darstellung von Linien mit konstantem y-Wert (siehe Figur 13.3). Zuerst wird die Linie gezogen, die für den Betrachter im Vordergrund liegt. Anschließend werden die weiter entfernt liegenden Linien nacheinander gezeichnet. Aufgrund dieser Vorgehensweise gilt die folgende Aussage:

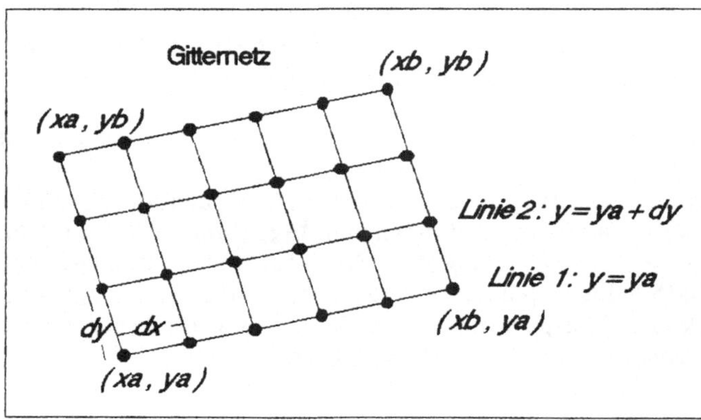

Figur 13.3

Annahme A

Jede Linie wird nur durch bereits gezogene Linien verdeckt, und später zu zeichnende Linien überdecken nicht bereits gezeichnete.

Dieser Sachverhalt ist entscheidend dafür, daß wir die Fläche mit einem relativ einfachen Verfahren darstellen können. Immer wenn man eine Fläche im dreidimensionalen Raum mit Linien so aufbauen kann, daß diese Aussage gilt, kann man den Algorithmus, den wir nun erarbeiten werden, benutzen, um sie darzustellen. Am Ende des Kapitels werden wir dann das Verfahren auf einige Beispiele anwenden, in denen die Fläche nicht von der Form (13.1) ist.

Jede einzelne Linie setzt sich aus Liniensegmenten zusammen. Jedes dieser Segmente ist eine Strecke zwischen zwei Punkten. Nur für diese Punkte, die wir im folgenden *Stützgitterpunkte* nennen wollen, wird der Funktionswert $f(x,y)$ berechnet. Jede Linie wird im $\mathbf{R}^3$ also durch die Punkte P_i beschrieben:

$$P_i : (\ x_i,\ y_i,\ z_i = f(x_i,y_i)\ ),$$
$$i = 1, \ldots , NLINESX;\ y_i = const. \qquad (13.2)$$

Die gesamte Fläche besteht aus *NLINESY* solcher Linien. Das Stützgitternetz kann mit dem folgenden Programmsegment erzeugt werden:

Programmsegment 13.1: *Erzeugung des Stützgitters*

```
dx := (xb - xa)/(NLINESX - 1) ;
dy := (yb - ya)/(NLINESY - 1) ;
```

```
y := ya ;
for LINEY := 1 to NLINESY do
   begin
   x := xa ;
   for LINEX := 1 to NLINESX do
    begin
    z := f(x,y)
    { Verarbeitung des Punktes x,y,z }
     x := x + dx ;
    end ;
   y := y + dy ;
   end ;
```

Aufgabe des Hidden Line Verfahrens ist es nun, aufgrund der gegebenen Punktekoordinaten *(x,y,z)* eine dreidimensional erscheinende Darstellung der Fläche

$$z = f(x,y),\ x = xa, \ldots, xb,\ y = ya, \ldots, yb,$$

zu erstellen und dabei die teilweise Abdeckung der Fläche durch ihre anderen Teile zu berücksichtigen. Zuerst werden die Objektkoordinaten *(x,y,z)* des $\mathbf{R}^3$ in Bildschirmkoordinaten *(XSCREEN,YSCREEN)* transformiert. Dazu verwenden wir zum Beispiel eine Zentral- oder eine Parallelprojektion, wie wir sie in Kapitel 10 besprochen haben. Vorher führen wir gegebenenfalls noch eine Drehung im $\mathbf{R}^3$ aus (vgl. Kapitel 9).

Im weiteren werden wir davon ausgehen, daß wir die Fläche auf einem Rasterbildschirm oder Plotter darstellen wollen. Die Koordinaten *XSCREEN*, *YSCREEN* sind also ganzzahlig. Die Bildpunkte sollen vorerst ganz innerhalb des verfügbaren Koordinatenbereiches liegen:

$$0 \leq XSCREEN \leq XMAX\ ,\ 0 \leq YSCREEN \leq YMAX.$$

Dadurch umgehen wir das Clipping-Problem (vgl. Kapitel 3, 9). Wie wir später noch sehen werden, ist unsere Annahme bei der hier gewählten Vorgehensweise leicht zu erfüllen. Verzichtet man auf die Unterdrückung verborgener Linien, so kann man das Programmsegment 13.1 wie folgt ergänzen, um das Liniennetz zu zeichnen:

Programmsegment 13.2: *Zeichnen eines Drahtmodells*

```
z := f(x,y) ;
XSCREEN := xprojection (x,y,z) ;
YSCREEN := yprojection (x,y,z) ;
if LINEX <> 1 then line (X1,Y1, XSCREEN,YSCREEN) ;
X1 := XSCREEN ;
Y1 := YSCREEN ;
```

Die Variablen *X1, Y1* enthalten so immer den Anfangspunkt des nächsten zu zeichnenden Liniensegments. Wenn der Punkt mit den Bildschirmkoordinaten *(XSCREEN,YSCREEN)* nicht gerade der erste Punkt einer Linie ist, wird mit der Prozedur **line** das entsprechende Liniensegment gezeichnet.

Aufgabe 13.1
Man vervollständige die Programmsegmente 13.1 und 13.2 zu einem lauffähigen Programm, welches das Drahtmodell der Fläche:

$z = 2 \cdot \mathbf{exp}(x+y)$ über dem Rechteck $x \in [-5,0]$, $y \in [-5,0]$

zeichnet. Die Prozedur **line** realisiere man mit vorhandenen Graphikroutinen. Man verwende die Projektionen:

XSCREEN := **round**$(X0 + Sx \cdot (x - 0.6y))$, $(X0,Y0)$ Bildschirmmittelpunkt,
YSCREEN := **round**$(Y0 + Sy \cdot (0.5x + 0.3y + z))$, Sx, Sy Skalierfaktoren.

Das Ergebnis ist in Figur 13.4 dargestellt.

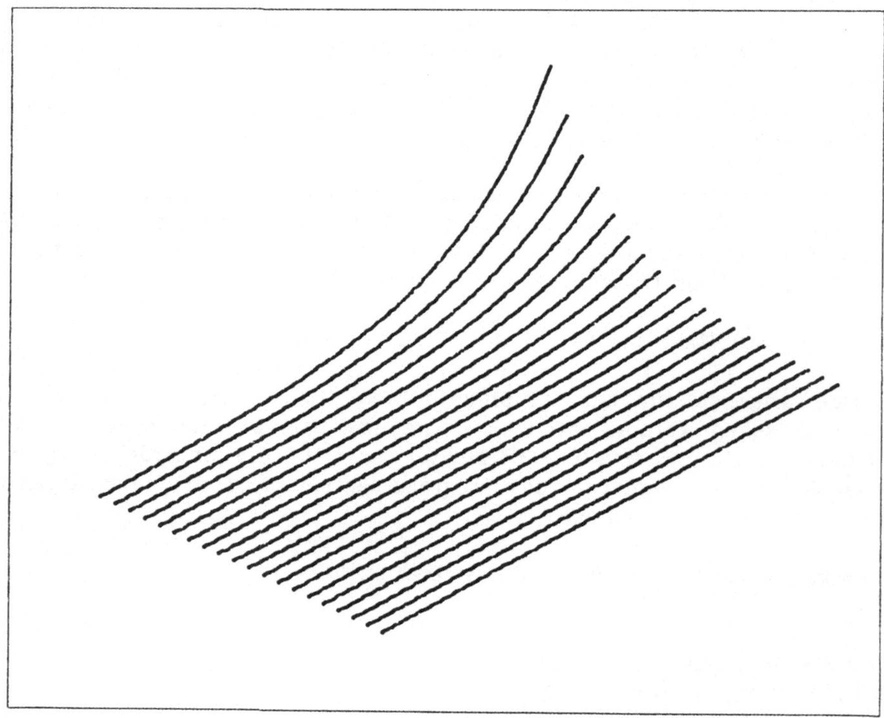

Figur 13.4

Wir wollen uns nun dem eigentlichen Hidden Line Algorithmus zur Unterdrückung verborgener Linien zuwenden und betrachten dazu Figur 13.5a und b. In Figur 13.5a sind die ersten drei Linien bereits gezogen worden, und wir wollen uns überlegen, wie die vierte Linie aufgrund der gegebenen Punkte zu zeichnen ist. (Sie ist bereits gestrichelt bzw. punktiert dargestellt.)

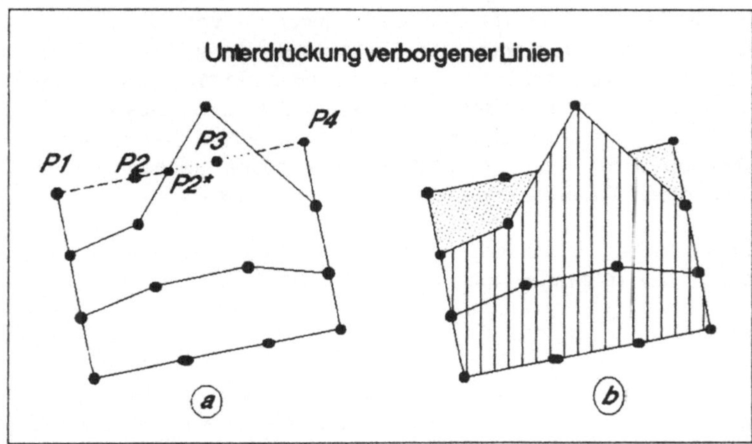

Figur 13.5

Die Linie verbindet die Punkte P_1 bis P_4 durch Geradenstücke, von denen einige ganz, einige teilweise und manche gar nicht sichtbar sind. Eine wesentliche Aufgabe des Hidden Line Algorithmus besteht nun darin, zu entscheiden, welche Teile wieweit sichtbar sind.

Die sichtbaren Teile sind gerade diejenigen, die nicht durch bereits gezogene Linien verdeckt werden. Da wir die Linien vom Vordergrund zum Hintergrund fortschreitend zeichnen, wird der bereits verdeckte Bereich des Bildschirms genau durch denjenigen Bereich festgelegt, der "zwischen" den bereits gezeichneten Linien liegt, er ist in Fig 13.5b schraffiert dargestellt.

Im weiteren werden wir diesen Bereich des Bildschirms den *verdeckten Bereich* nennen, und es müssen genau die Linienteile gezeichnet werden, die nicht innerhalb des verdeckten Bereiches liegen. In Fig. 13.5a ist dies beim Liniensegment P_2P_3 der Teil $P_2P_2{}^*$. Dabei ist $P_2{}^*$ der Schnittpunkt des Liniensegmentes mit dem Rand des verdeckten Bereich.

Für die Ausführung des Hidden Line Algorithmus müssen also derartige Schnittpunkte von Liniensegmenten mit dem verdeckten Bereich bestimmt werden können. Dazu ist es erforderlich, innerhalb des Computers eine Beschreibung des verdeckten Bereiches zu speichern, die diese Schnittpunktberechnung erlaubt.

Sind alle sichtbaren Teile einer Linie $y = const$ gezeichnet, muß der verdeckte Bereich entsprechend angepaßt werden (Update). In Fig. 13.5b sind die neu hinzukommenden Teile punktiert dargestellt. Die rechnerinterne Darstellung dieser Bereiche sollte auch eine einfache Ausführung des Update-Schritts erlauben.

Der Verdeckungsbereich ist im allgemeinen ein Polygon. Man könnte ihn also durch eine Eckpunktliste innerhalb des Bildschirmkoordinatensystems beschreiben. Bei dieser Darstellung sind aber sowohl die Schnittpunktbestimmung wie auch der Anpassungsvorgang nur schwer zu vollziehen. Eine Alternative zur Polygondarstellung wäre die Rasterdarstellung des verdeckten Bereichs auf einem Hilfsbildschirm, auf dem jedes Pixel, das verdeckt ist, markiert wird. Eine Anpassung des verdeckten Bereiches besteht in diesem Fall aus dem Füllen der neu hinzugekommenen Bereiche. Neben einem hohen Speicherplatzbedarf wird damit zusätzlich ein großer Rechenaufwand nötig, so daß wir auch diese Darstellungsform verwerfen wollen.

Um zu einer einfachen Beschreibung des verdeckten Bereiches zu gelangen, machen wir daher die folgende zusätzliche Annahme:

Annahme B

Das Polygon, welches den verdeckten Bereich beschreibt, hat zu jeder x-Koordinate genau einen unteren und einen oberen Grenzpunkt UG[X], OG[X], die den zusammenhängenden verdeckten Bereich begrenzen.

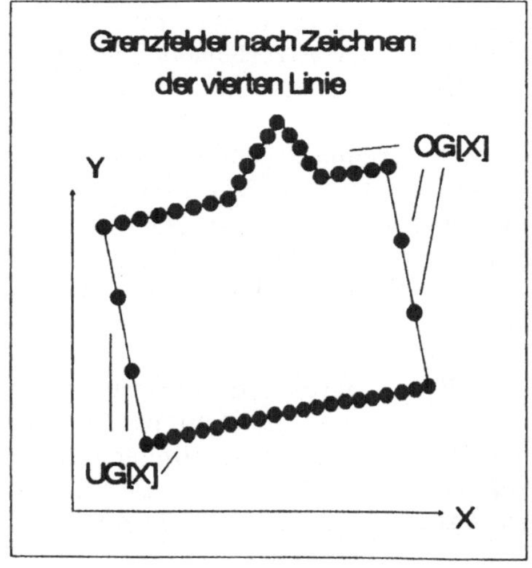

Figur 13.6

In Figur 13.6 sind für unser Beispiel aus Figur 13.5 die dadurch festgelegten Grenzlinien eingezeichnet. Macht man diese zusätzliche Annahme, so kann man den verdeckten Bereich einfach durch zwei Felder

UG, OG : **array** *[0..XMAX]* **of integer** ;

beschreiben. Der Inhalt von *UG[X]* ist dabei die *y*-Koordinate des unteren, der von *OG[X]* die des oberen Randpunktes des Polygons an der Stelle mit der *x*-Koordinate *X*.

Mit dieser Darstellungsform kann man nun auch leicht feststellen, ob ein Punkt mit den Bildschirmkoordinaten *(X,Y)* sichtbar ist oder nicht:

```
if Y < UG[X] or Y > OG[X]
then { Punkt sichtbar }
else { Punkt unsichtbar }.
```

Wie kann man nun aber von einer Linie feststellen, welche ihrer Teile sichtbar sind? In einigen Beschreibungen von Hidden Line Algorithmen wird behauptet, wenn beide Endpunkte einer Linie sichtbar seien, sei es auch die gesamte Linie. Daß dies nicht der Fall ist, sollte sich der Leser an Beispielen überlegen. Genausowenig trifft es zu, daß die Verbindungslinie zweier verdeckter Punkte insgesamt verdeckt ist. Im allgemeinen kann aus der Sichtbarkeit der Endpunkte überhaupt nicht auf die Sichtbarkeit einzelner Teile der Strecke geschlossen werden, sondern diese Entscheidung muß für jeden Punkt gesondert getroffen werden. Da wir uns aber mit der Darstellung innerhalb einer Rastergraphik beschäftigen, können wir dieses Problem leicht lösen:

Wir berechnen die Pixel *(Xi,Yi)* der Linie *(X1,Y1) - (XSCREEN,YSCREEN)* aus Programmsegment 13.2 mit Hilfe des Bresenham-Algorithmus aus Kapitel 2 oder irgendeinem entsprechenden Verfahren. Für jedes Pixel entscheiden wir einzeln die Sichtbarkeit. Nur in dem Fall, daß der Punkt im Viewport liegt und nicht verdeckt ist, zeichnen wir ihn tatsächlich auf dem Bildschirm.

Aufgabe 13.2
Man erweitere das Programm aus Aufgabe 13.1 in der folgenden Weise:

1) Man ergänze die Felder *UG, OG*.

2) Man schreibe eine Prozedur **line** *(X1,Y1, X2,Y2)*, welche die Linie *(X1,Y1) - (X2,Y2)* durch die Verwendung des Bresenham Algorithmus zieht. Das Zeichnen eines Rasterpunktes realisiere man mit einer Prozedur **pixel** *(X,Y)*.

3) In der Prozedur **pixel** überprüfe man mit Hilfe der Felder aus 1) die Sichtbarkeit eines Punktes und zeichne ihn gegebenenfalls.

4) Die Felder *UG* und *OG* besetze man so, daß aus der Mitte des Bildschirms ein quadratisches Feld als verdeckt gekennzeichnet wird.

5) Nach diesen Erweiterungen starte man das Programm und überprüfe, daß der markierte Bereich korrekt berücksichtigt wird.

Das Ergebnis von Aufgabe 13.2 ist in Figur 13.7 dargestellt. Wie man an dieser Aufgabe sieht, kann man die verwendeten Ideen zum Beispiel benutzen, um zwei Bilder ineinander zu kopieren.

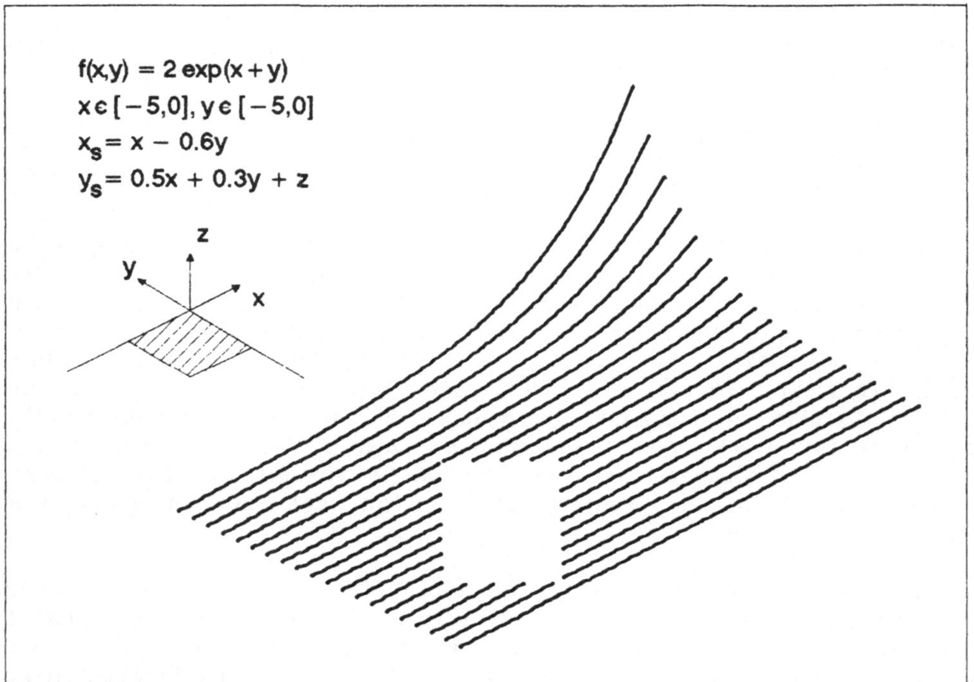

Figur 13.7

Bisher haben wir noch nicht erklärt, wie man den verdeckten Bereich bestimmt. Dazu sollen nun zwei Möglichkeiten vorgestellt werden. Zuerst muß der Inhalt der Felder *UG*, *OG* so initialisiert werden, daß die erste zu zeichnende Linie vollkommen sichtbar ist. Dies erreicht man durch die Setzung :

```
procedure CLEAR;

for X := 0 to XMAX do
  begin
  UG[X] := YMAX + 1 ; OG[X] := -1 ;
  end ;
```

Damit gilt nämlich für jeden zulässigen Punkt:

$Y < UG[X]$ bzw. $Y > OG[X]$.

Eine einfache Möglichkeit, den Inhalt der Felder *UG* und *OG* an die bereits gezeichneten Linien anzupassen, besteht darin, zuerst die gesamte Linie unter Ausführung des punktweisen Sichtbarkeitstests zu zeichnen. Anschließend berechnet man sämtliche Pixelpunkte der Linie noch einmal und nimmt folgende Aktualisierung vor:

```
if Y > OG[X] then OG[X] := Y ;
if Y < UG[X] then UG[X] := Y ;
```

Diese Befehle bewirken, daß für alle bisher gezeichneten Punkte mit den Koordinaten (X,Y) mit fester x-Koordinate gilt:

$UG[X] \leq Y \leq OG[X]$.

Damit bilden die Felder *UG*, *OG* aber genau die Grenzen des gesuchten Bereiches zwischen den bereits gezeichneten Linien.

Aufgabe 13.3
Man realisiere diese Konzept und stelle mit $r = \sqrt{x^2+y^2}$ die Fläche $z = f(x,y) = c \cdot \mathbf{cos}(r) \,/\, (1+r)$ über dem Rechteck $x \in [-10,10]$, $y \in [-10,10]$ dar. Es sollte sich das folgende Bild ergeben (vgl. Figur 13.8):

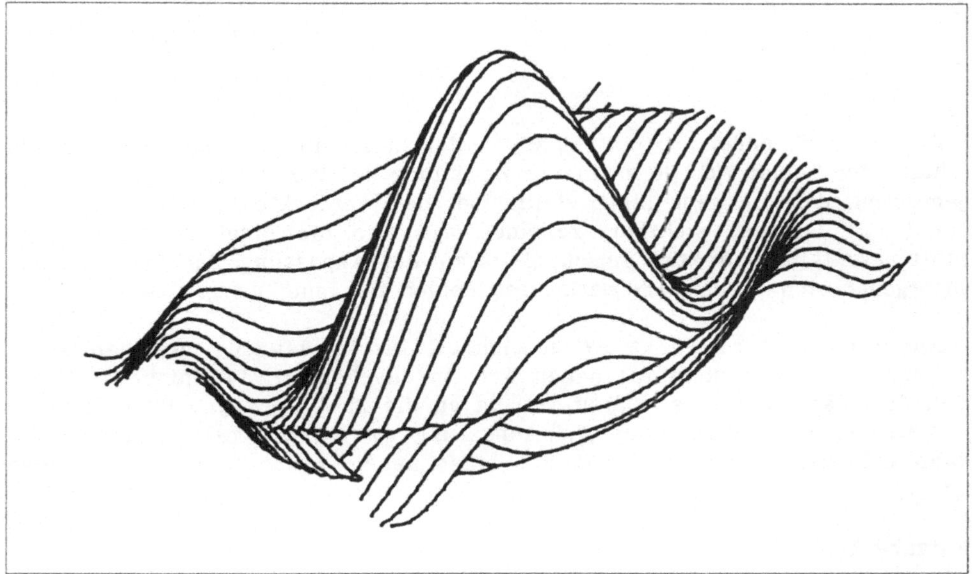

Figur 13.8

Ein Nachteil dieser einfachen Vorgehensweise ist der erhöhte Rechenaufwand, da jeder Linienpunkt des Bildes zweimal berechnet werden muß. Will man diesen Nachteil vermeiden, muß man versuchen, die Anpassung der Felder *UG*, *OG* direkt nach dem Zeichnen eines Punktes mit den Koordinaten *(X,Y)* auszuführen. Dies ist allerdings mit einem Problem verbunden, das in vielen bisher veröffentlichten Programmen nicht korrekt berücksichtigt wird. Dazu betrachten wir Figur 13.9.

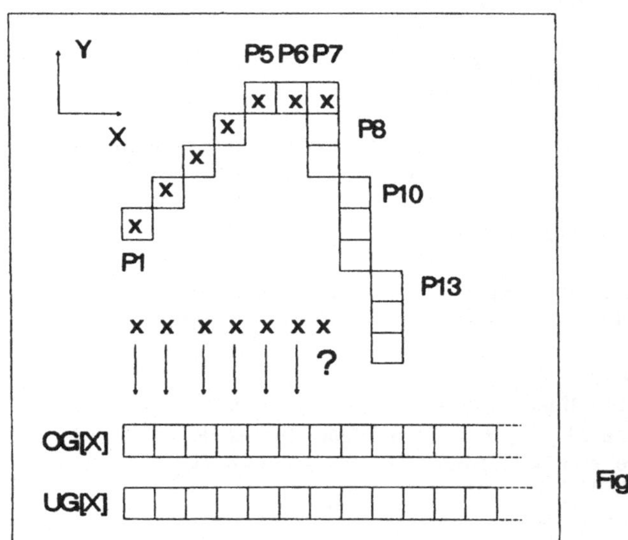

Figur 13.9

Die zu zeichnenden Pixel P1 bis P15 der Linie sind mit **«x»** markiert. Die Inhalte der Felder *UG*, *OG* seien vor Zeichnung der Punkte P1 bis P15 so angenommen, daß die neue Linie völlig über dem verdeckten Bereich liegt. Jeder Punkt ist also sichtbar. Zeichnet man nun die Pixel P1 bis P6 und führt jeweils im direkten Anschluß daran die Anpassung der Grenzen aus, so ergeben sich die mit **«x»** markierten Felder als neue Obergrenze.

Anschließend wird Punkt P7 gezeichnet. Direkt danach darf man seine y-Koordinate noch nicht als neuen Wert in das Feld *OG[X]* eintragen! Würde man dies nämlich tun, so wären von da an die Punkte P8 und P9 unsichtbar und würden nicht gezeichnet. Die Anpassung von *UG* und *OG* darf daher erst dann erfolgen, wenn ein Punkt mit einer neuen x-Koordinate zu zeichnen ist.

Aufgabe 13.4
Man realisiere dieses Konzept.

Anleitung
Man gehe wie folgt vor: Wenn die Prozedur **line**, die die Punkte erzeugt,

einen Punkt mit einer neuen *x*-Koordinate *X1* erzeugt, kopiere man die Werte *UG[X1], OG[X1]* in zwei temporäre Variable *UGTMP* und *OGTMP*. Solange im weiteren Verlauf Punkte mit dieser *x*-Koordinate erzeugt werden, überprüfe man die Sichtbarkeit anhand der Werte von *UG[X1]* und *OG[X1]*. Zur Anpassung der Sichtbarkeitsgrenzen benutze man aber die temporären Variablen *UGTMP* und *OGTMP*. Erst wenn ein Punkt *(X2,Y2)* mit einer neuen *x*-Koordinate *X2* erzeugt wird, kopiere man die neuen Grenzen aus den temporären Variablen nach *UG[X1], OG[X1]*.

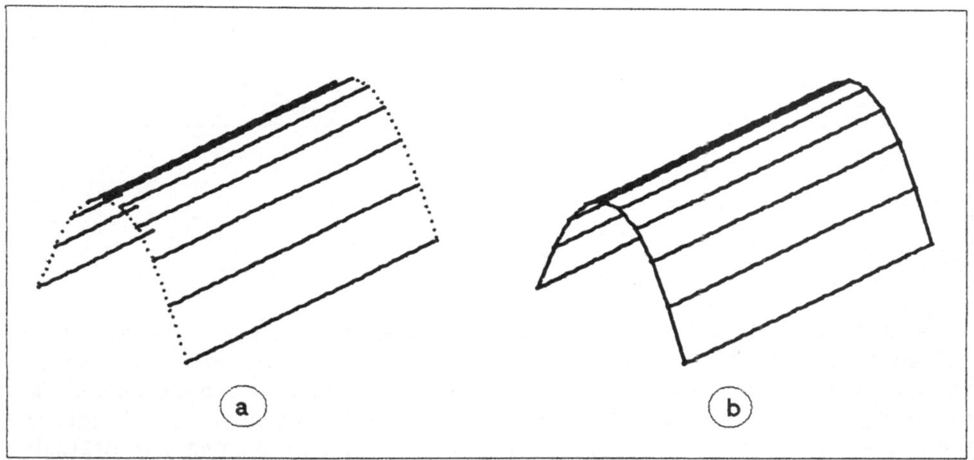

Figur 13.10

Figur 13.10a wurde mit diesem Verfahren erzeugt. Am linken Rand entdeckt man kleine Unschönheiten. Ihr Entstehen wird beim Betrachten von Figur 13.11a klar. In ihr ist der verdeckte Bereich nach dem Zeichnen der ersten drei Linien schraffiert dargestellt. Die vierte Linie gilt damit als vollkommen sichtbar. Das erscheint jedoch unnatürlich, da das Auge den in Figur 13.11b dargestellten Bereich als verdeckt annimmt, wodurch auch ein Teil der vierten Linie verdeckt wird.

Um diesen Makel zu beseitigen, fügt man zu der jeweils zu zeichnenden Linie noch die in Figur 13.11b punktiert dargestellten Randsegmente hinzu. Diese Ränder zeichnet man wiederum mit der gleichen Prozedur **line** wie die normalen Liniensegmente. Das Figur 13.10a entsprechende Bild ist in Figur 13.10b dargestellt.

Aufgabe 13.5
Man vervollständige das Programm aus Aufgabe 13.4, so daß es die erwähnten Ränder zeichnet.

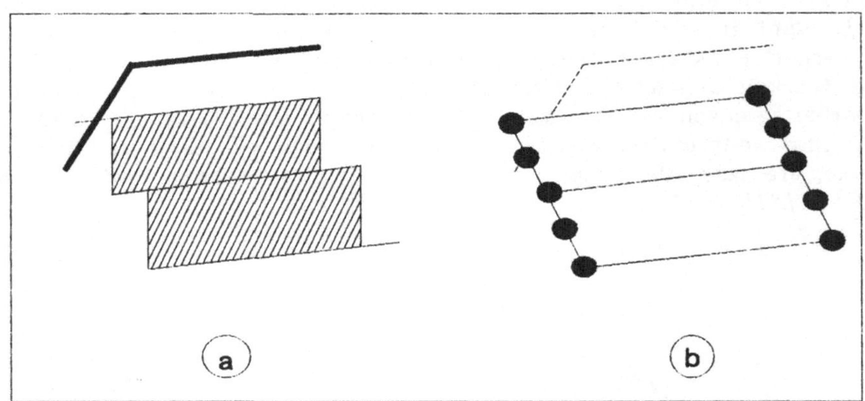

Figur 13.11

Damit haben wir alle Schritte zur Programmierung eines leistungsfähigen Hidden Line Algorithmus vorgestellt. Wenn der Leser die Ideen aufmerksam verfolgt hat, ist ihm sicher nicht entgangen, daß fast alle notwendigen Berechnungen durch reine Integer-Additionen, Subtraktionen und Vergleiche realisiert werden können. Einzige Ausnahme ist die Erzeugung der Stützgitterpunkte und ihre anschließende Projektion auf Bildschirmkoordinaten. Der gesamte eigentliche Hidden Line Algorithmus kann daher mit relativ wenig Aufwand in Maschinensprache programmiert werden.

Aufgabe 13.6 (*Floating Horizon* Algorithmus)
Was passiert, wenn man nur das Feld *OG[X]* realisiert? Welche Darstellungsform erhält man?

Aufgabe 13.7 (für Spezialisten)
Man programmiere die Kernroutinen **line** und **pixel** des vorgestellten Verfahrens in Assembler- bzw. Maschinensprache.

13.2 Plotter Ansteuerung

Bisher sind wir davon ausgegangen, daß die Fläche auf einem Rasterbildschirm dargestellt werden sollte. Das vorgestellte Konzept muß nur um ein weniges erweitert werden, um auch die Ansteuerung eines Plotters zu ermöglichen. Das im Anhang dargestellte Programm beinhaltet diese Erweiterung bereits.

Bei der Plottersteuerung erfolgt die Darstellung der Zeichnung durch das Zeichnen von Linien mittels eines **draw** *(X,Y)* **(lineto)** Befehls. Er bewirkt das Zeichnen einer Linie vom zuletzt angefahrenen Punkt zum Punkt mit den

Koordinaten *(X,Y)*. Um einen beliebigen Punkt zu erreichen, ohne eine Linie zu zeichnen, wird der Befehl **move** *(X,Y)* benutzt.

Wir müssen nun unser Programm so ergänzen, daß es das Bild unter Verwendung dieser Befehle zeichnet. Dazu führen wir eine Hilfsvariable *Penstate* ein, die festhält, ob die punkteerzeugende Prozedur **line** gerade sichtbare (*Penstate* = 1) oder unsichtbare (*Penstate* = 0) Punkte generiert. Bei jedem Wechsel sichtbar/unsichtbar und umgekehrt ändern wir den Wert dieser Hilfsvariablen und benutzen die Koordinaten des gerade zu zeichnenden Punktes zu Plottersteuerung. Bei einem Wechsel sichtbar/unsichtbar ziehen wir jeweils das sichtbare Linienstück mit **draw**, bei einem Wechsel unsichtbar/sichtbar bewegen wir den Plotter-Zeichenstift mittels **move** zu der Position, an welcher der sichtbare Linienteil beginnt. Auch wenn wir beginnen, ein neues Liniensegment zu zeichnen, ziehen wir den Rest des alten Liniensegments, sofern er sichtbar war, mit einem **draw** Befehl. Die zulässigen Koordinatenbegrenzungen und damit die Dimensionierung und Initialisierung der Felder *UG* und *OG* müssen natürlich genauso wie die Projektion an den Plotter angepaßt werden.

Aufgabe 13.8
Anhand des Programmes im Anhang A.4 veranschauliche man sich die Wirkungsweise dieses Verfahrens, indem man alle Verwendungen der Variablen *Penstate* sucht.

Mit dieser Vorgehensweise werden sozusagen die einzelnen Pixelpunkte einer Linie wieder gesammelt. Will man ein Bild abspeichern, das mit unserem Programm erzeugt wurde, ist es natürlich sinnvoll, das Bild nicht als Rastergraphik, sondern in einer Folge von Plotterbefehlen abzulegen. Auf diese Weise kann man sehr viel Platz sparen. Die Umsetzung der Pixelgraphik in Plotterbefehle ist also nicht nur für den Plotterbesitzer eine gute Programmierübung.

13.3 Darstellung anderer Flächen

Betrachtet man die Arbeitsweise des vorgestellten Programms, so erkennt man, daß durch Abänderungen in der Stützgittererzeugung (13.2) auch andere Flächen als die der Form $z = f(x,y)$ darstellbar sind. Das ist sicher ein Vorteil des hier gewählten Programmaufbaus. Durch die Einfachheit des Verfahrens und die modulare Struktur kann man nach kleinen Modifikationen Flächen anschaulich darstellen, die mit üblichen Programmen nicht behandelt werden können. Einige Vorschläge sollen hier gemacht werden:

1) Crosshatching

Zeichnet man zuerst die Fläche, wie beschrieben, durch Linien $y = const$ und vertauscht anschließend die Rollen der Koordinaten x und y, so daß man die Fläche zusätzlich noch durch Linien $x = const$ darstellt, gelangt man zu einer Abbildung wie in Figur 13.12. Diese Darstellung durch ein Gitternetz wird im Englischen als *Crosshatching* bezeichnet. In der vorgestellten Weise ausgeführt ist sie allerdings nicht ganz korrekt, was besonders bei Flächen auffällt, die Spitzen oder Punkte mit hoher Krümmung aufweisen. Dies liegt daran, daß eigentlich ein (aufwendiger) *Hidden Surface* Algorithmus notwendig wäre, um über die Sichtbarkeit der Flächenelemente zu entscheiden. In [B-L2] findet sich ein *TURBO PASCAL* Programm, das ein Gitternetz erzeugt unter Anpassung einiger Ideen dieses Kapitels.

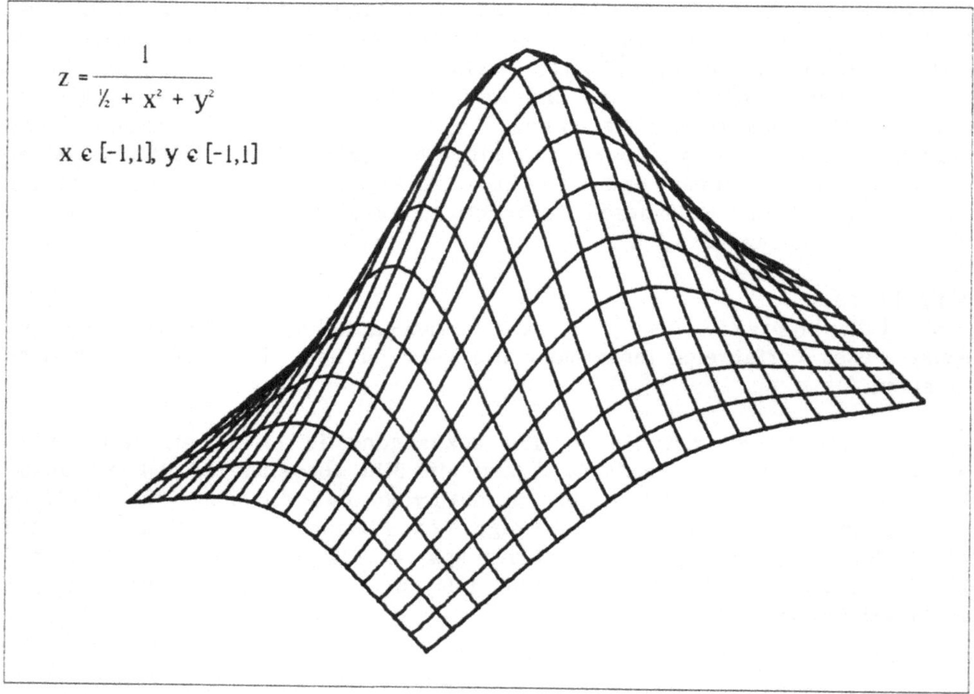

Figur 13.12

Aufgabe 13.9
Man realisiere die einfache Form des Crosshatchings und suche eine Fläche, bei der die erwähnte Unkorrektheit deutlich zutage tritt.

Aufgabe 13.10
Man zeichne die in Aufgabe 13.9 gefundene Fläche unter Benutzung der Routinen **pixel** und **line**, indem man das Gitternetz in der Weise erzeugt, wie es durch Figur 13.13 angedeutet wird (Numerierung der Punkte!). Ist das Ergebnis besser?

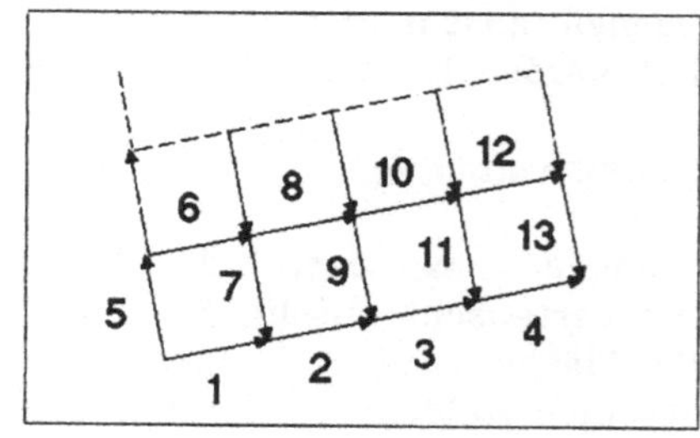

Figur 13.13

2) Rotationsflächen

Eine wesentliche Voraussetzung zur Anwendung des vorgestellten Verfahrens haben wir in **Annahme A** formuliert. Man kann nun auch Flächen, die nicht in der Form (13.1) parametrisiert sind, so durch Linien aufbauen, daß diese Aussage erfüllt wird. Figur 13.14 zeigt ein Beispiel, wie es nach kleinen Abänderungen des im Anhang gezeigten Programms erzeugt wurde. Es stellt die Oberfläche eine Seifenlamelle zwischen zwei konzentrischen Ringen gleichen Durchmessers dar.

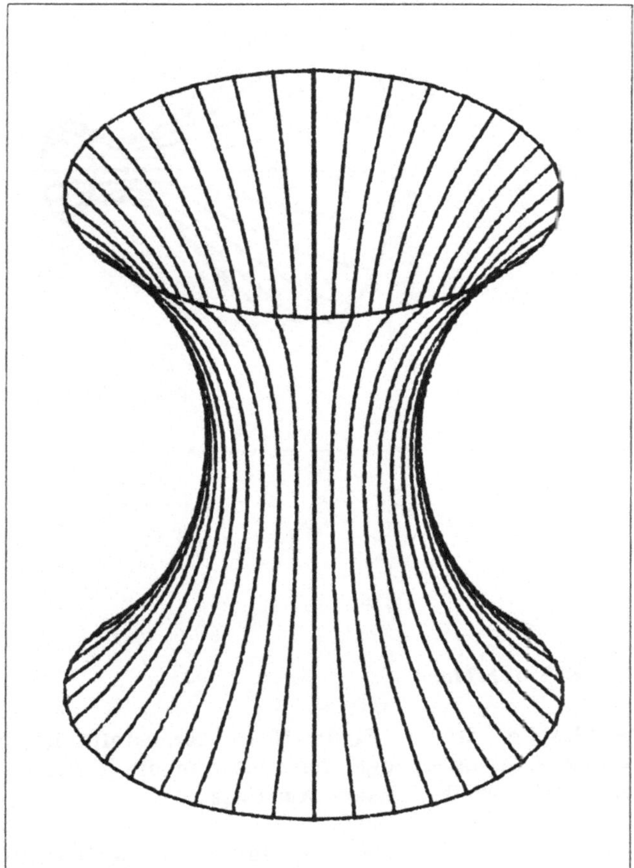

Figur 13.14

Aufgabe 13.11
Man erstelle ein Bild der Fläche, die durch Rotation der Kurve $y = 1.5 + \cos z$, $z \in [0,4]$, um die z-Achse entsteht.

Anleitung (vgl. Figur 13.15b)
Man zeichne das Bild in der skizzierten Lage und erstelle die obere und untere Hälfte getrennt. Man wähle eine entsprechende Projektion.

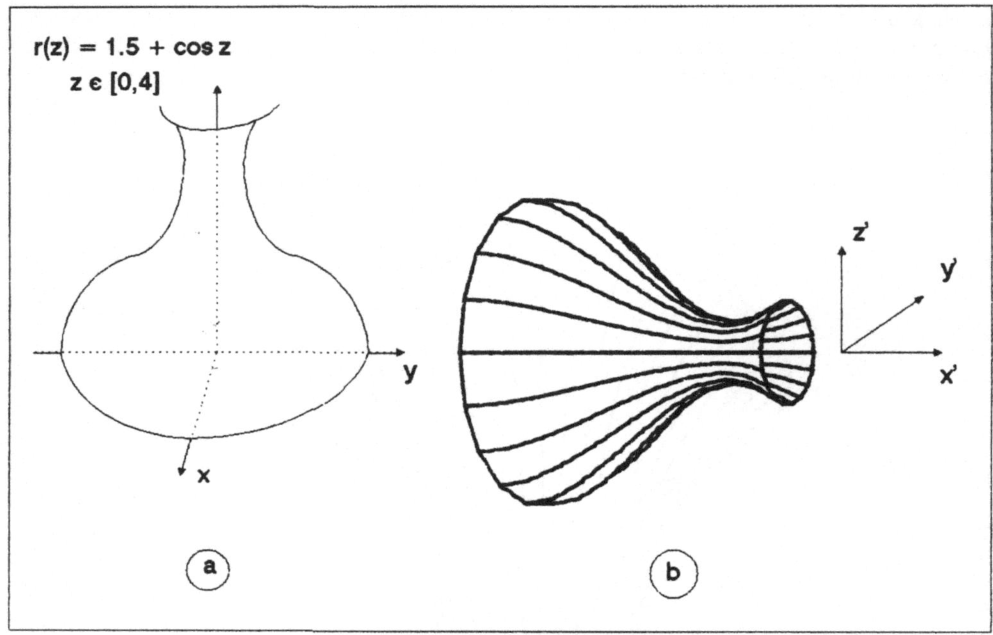

Figur 13.15

3) Darstellung einer Schraubfläche

Auch die Schraubfläche, die in Figur 13.16 dargestellt ist, wurde mit dem Programm aus dem Anhang erzeugt. Zeichnet man die Linien nämlich von "oben" nach "unten", trifft wieder unsere **Annahme A** zu.

Diese Beispiele illustrieren deutlich, wie durch eine geschickte Verwendung der Basisroutinen **line** und **pixel** sehr verschiedenartige Darstellungsprobleme von Flächen im $\mathbb{R}^3$ auf einfache Weise gelöst werden können.

Kommen wir nun noch einmal auf das Hidden Surface Problem zurück: Eine sehr einfache Methode, das Problem der verdeckten Flächen anzugehen, bietet der *Maleralgorithmus*. Die Kernidee des Algorithmus besteht darin, beim Zeichnen einer Szene mit mehreren Objekten mit demjenigen zu beginnen, das

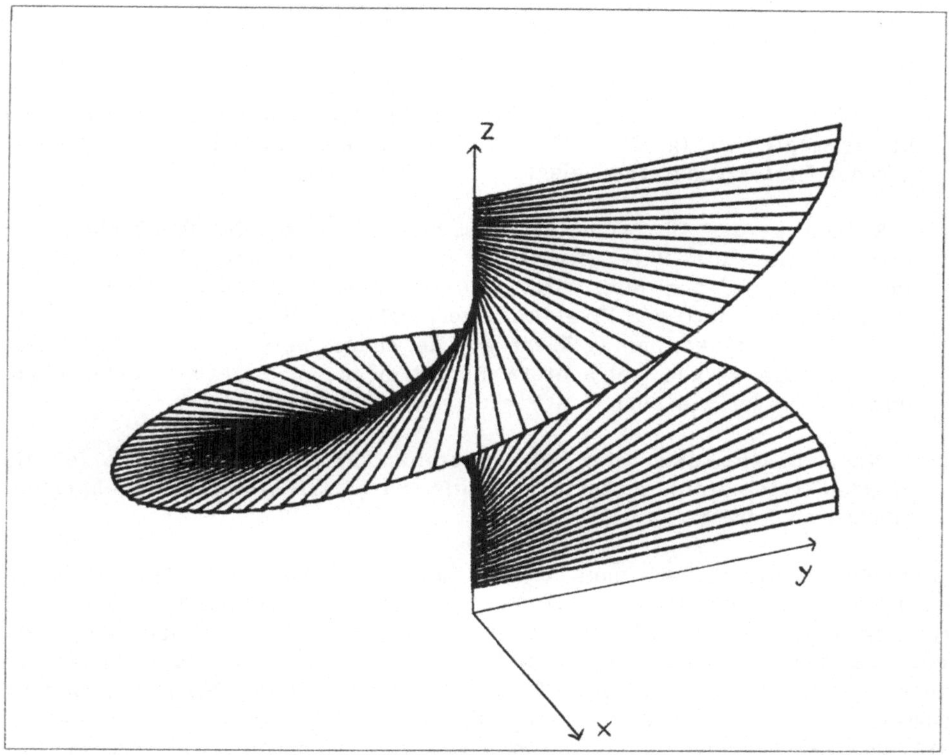

Figur 13.16

sich am weitesten im Hintergrund befindet, und anschließend in der richtigen Reihenfolge die weiteren Körper einzufügen. Dabei werden vorhandene Objekte einfach übermalt. Natürlich eignet sich diese Methode eher für Rasterausgabegeräte als für Linien zeichnende. Zusätzlich muß die Reihenfolge der Objekte für alle Punkte ihrer Oberflächen die gleiche sein. Ein einfaches Bild mit vier kleinen Häusern befindet sich im Farbanhang.

13.4 Tiefenpufferalgorithmus

Der Tiefenpufferalgorithmus gibt eine einfache Möglichkeit an die Hand, komplexe dreidimensionale Bilder unter Berücksichtigung der Sichtbarkeit der in verschiedener Tiefe angeordneten Körper am Bildschirm darzustellen. Dazu bedarf es für jeden Bildschirmpunkt der xy-Ebene einer gewissen Anzahl von Bytes, um die zugehörige z-Koordinate des betrachteten Körpers und sein Farbattribut aufzunehmen. Der Algorithmus läuft etwa folgendermaßen ab:

* Der Betrachter blicke längs der z-Achse und sei in $(0,0,k)$, $k>>0$ ($k<<0$) plaziert.

* Zunächst wird der zu jedem Bildschirmpunkt gehörige z-Wert auf den kleinstmöglichen (größtmöglichen) Wert gesetzt und das Farbattribut mit der Hintergrundfarbe belegt.

* Sodann werden für jeden Körper Linie für Linie alle Oberflächen untersucht und die Pixel ermittelt, die innerhalb der Flächen liegen, wenn diese auf den Bildschirm projiziert sind. Ihre zugehörigen z-Werte werden mit dem zum Pixel (x,y) gespeicherten bisherigen Wert $z0$ verglichen. Ist $z0$ kleiner (größer) als der neue Wert z, so wird bis auf weiteres die gerade betrachtete Körperfläche als sichtbar angenommen und ihr z-Wert wie auch das Farbattribut eingetragen.

* Nach Bearbeitung aller Körper stehen im Tiefenpuffer die jeweils größten (kleinsten) z-Werte und die Farbattribute des zugehörigen, sichtbaren Körpers.

Der Tiefenpufferalgorithmus leistet auf einfache Weise Erstaunliches: Das Problem der versteckten Flächen ist gelöst einschließlich der Durchdringung verschiedener Körper. Dabei ist zur Erleichterung hier angenommen, daß der Betrachter in die negative (positive) z-Richtung blickt. In anderen Fällen müßte noch eine Transformation mit einer Drehmatrix vorgenommen werden (vgl. Kap. 9). Nachteilig wirkt sich ein hoher Speicherbedarf aus, insbesondere dann, wenn man eine hohe Auflösung zur Verbesserung der Konturenwiedergabe der Körper anstrebt. Oft betrachtet man jedoch für jeden Punkt (x,y) alle Körper in Folge und verzichtet auf rechnerische Vorteile, die sich aus der zeilenweise Abarbeitung eines einzelnen Körpers ergeben. Hier denken wir an die Inkrementierungstechnik bei der Behandlung der Ebenengleichungen, durch die begrenzenden Randflächen ja beschrieben werden können. In diesem Fall ist die Speicherung des z-Wertes nicht mehr erforderlich.

Als Beispiel möge Figur 13.17 dienen, die zwei sich senkrecht durchdringende Kreiszylinder wiedergibt. Die Zylinder genügen den Gleichungen

$$z = (ax - by \pm \mathbf{sqrt}(512 - 9a^2x^2 - 6abxy - b^2y^2))/(2c)$$
$$z = (ax + by \pm \mathbf{sqrt}(512 - 9a^2x^2 + 6abxy - b^2y^2))/(2c)$$
mit $a = 1/\sqrt{6}$, $b = 1/\sqrt{2}$, $c = 1/\sqrt{3}$.

Der eine Zylinder ist fett gedruckt, der zweite normal, je nach z-Wert ist ein verschiedener Buchstabe zugeordnet. Die Durchdringung kommt trotz der einfachen Darstellungsweise eines Aufrisses und geringen Auflösung gut zur Geltung.

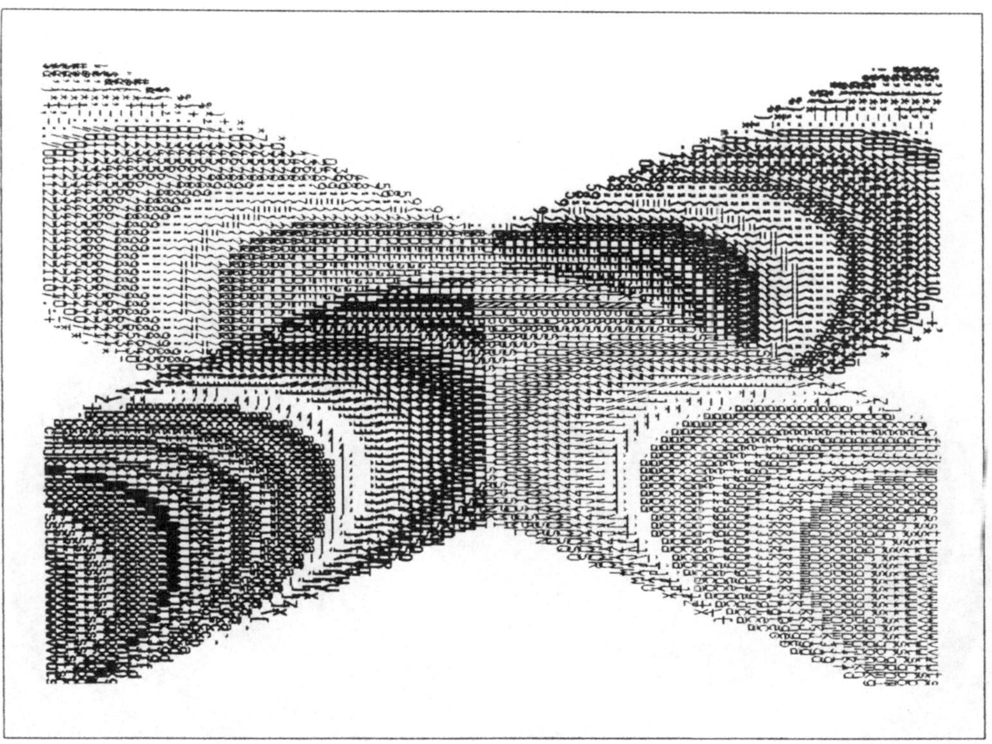

Figur 13.17

Kapitel 14

Oberflächen im Raum

In Kapitel 14 diskutieren wir Flächen zweiter Ordnung und dann allgemeiner die Eigenschaften gekrümmter Oberflächen wie Dreh- und Schraubflächen, die wiederum zum Aufbau von Objekten im Raum dienen können. Sodann stellen wir verschiedene Methoden zu ihrer Darstellung am Bildschirm vor. Ein ausführlich kommentiertes Beispiel und ein Blick auf die Anwendungen schließen das Kapitel ab.

14.1 Flächen zweiter Ordnung

Die Modellierung von Oberflächen spielt eine entscheidende Rolle in der industriellen Fertigungstechnik. Man denke dabei an die Studien zur Verringerung des Luftwiderstands und Verbesserung des Crashverhaltens durch besondere Formgebung im Automobilbau. Zur Beschreibung der Oberflächen bieten sich zwei Ansätze an. Man kann eine analytische Funktion vorgeben und dann die hierdurch beschriebene Oberfläche klassifizieren, diskutieren und skizzieren. Der umgekehrte Weg besteht darin, eine Oberfläche mittels einer Leitpunktmenge und Glattheitsvoraussetzungen wie Stetigkeit oder Differenzierbarkeit festzulegen. Danach kann man zum Beispiel die Fläche näherungsweise aus Ebenenstücken aufbauen, die die Leitpunkte enthalten und stetig aneinandergrenzen. Es ist aber auch eine Spline-Approximation mit gekrümmten Flächenstücken denkbar (vgl. Kapitel 6.6). Obwohl dieser Weg der wichtigere ist, wollen wir zunächst einfache Flächen, Körper und ihre Eigenschaften kennenlernen. Sie sollen dann als Bausteine komplizierterer Strukturen dienen.

Da sind zunächst die Ebenen E im dreidimensionalen Raum, die wir bereits in Kapitel 9 diskutiert haben und die sich in Parameterform

$$E : \underline{x}(u,v) = \underline{c} + u\,\underline{a} + v\,\underline{b},\quad u,\ v \text{ reell},\ \underline{a},\ \underline{b} \text{ linear unabhängige Einheitsvektoren},$$

beschreiben lassen. Dabei führt der Vektor $\underline{c}$ vom Nullpunkt in die Ebene, die von den linear unabhängigen Vektoren $\underline{a}$ und $\underline{b}$ aufgespannt wird. Eine andere wichtige Darstellungsmöglichkeit ist die *Hessesche* Normalform $(\underline{n},\ \underline{x} - \underline{c}) = 0,\ \underline{n} = \underline{a} \times \underline{b}$.

Nach den Ebenen wollen wir uns nun den Flächen F zweiter Ordnung zuwenden. Hier treten die Koordinaten x_1, x_2 und x_3 des Ortsvektors $\underline{x}$ und ihre Kombinationen in der beschreibenden Gleichung $h(x_1,x_2,x_3) = 0$ nur bis zur zweiten Potenz auf: [N-W]

$$F : (\underline{x},\ A\underline{x}) + 2(\underline{b},\underline{x}) + d = 0,\ A \text{ symmetrische 3x3 Matrix},\ \underline{b} \text{ reeller Vektor und } d \text{ reeller Skalar}. \qquad (14.1)$$

Man kann unter Einsatz von homogenen Koordinaten und mit der üblichen Setzung $x_4 = 1$ auch eine symmetrische 4x4 Matrix A verwenden. Dazu fügt man den Vektor (b_1,b_2,b_3,d) an und schreibt dann direkt

$$F : (\underline{x},\ A\underline{x}) = 0. \qquad (14.2)$$

Bringt man die Form (14.1) durch eine orthogonale Koordinatentransformation auf Hauptachsen, indem man die Eigenwerte l_i als Nullstellen des charakteristischen Polynoms $\mathbf{det}(A - l{\cdot}E)$ und auf Länge eins normierten Eigenvektoren $\underline{t}_i$, $i = 1, 2, 3$, als Lösungen von $A\underline{t}_i = l_i\underline{t}_i$ bestimmt, so geht (14.1) mit den Setzungen

$$\underline{x} = (\underline{t}_1,\ \underline{t}_2,\ \underline{t}_3)\underline{u} = T\underline{u},\quad \underline{u} = T^T\underline{x} \text{ und } T^T\,A\,T = L$$

über in

$$F : (\underline{u}, L\underline{u}) + 2(T^T\underline{b},\underline{u}) + d$$
$$= l_1 u_1^2 + l_2 u_2^2 + l_3 u_3^2 + 2\beta_1 u_1 + 2\beta_2 u_2 + 2\beta_3 u_3 + d = 0. \quad (14.3)$$

Verschwindet keiner der Eigenwerte l_i, so wird man durch eine Translation $y_i = u_i + \beta_i/l_i$ noch die linearen Terme in u_i wegtransformieren, und man erhält in Analogie zum zweidimensionalen Fall je nach Vorzeichen der l_i die folgenden nicht entarteten Flächen zweiter Ordnung:

$(y_1/a)^2 + (y_2/b)^2 + (y_3/c)^2 = 1$
(Ellipsoid mit den Halbachsen a, b, c – Figur 14.1)
Parameterdarstellung:
$y_1 = a \cos u \cos v$, $y_2 = b \cos u \sin v$, $y_3 = c \sin u$,
$-\pi/2 \le u \le \pi/2$, $0 \le v < 2\pi$.
Beispiel: Melone

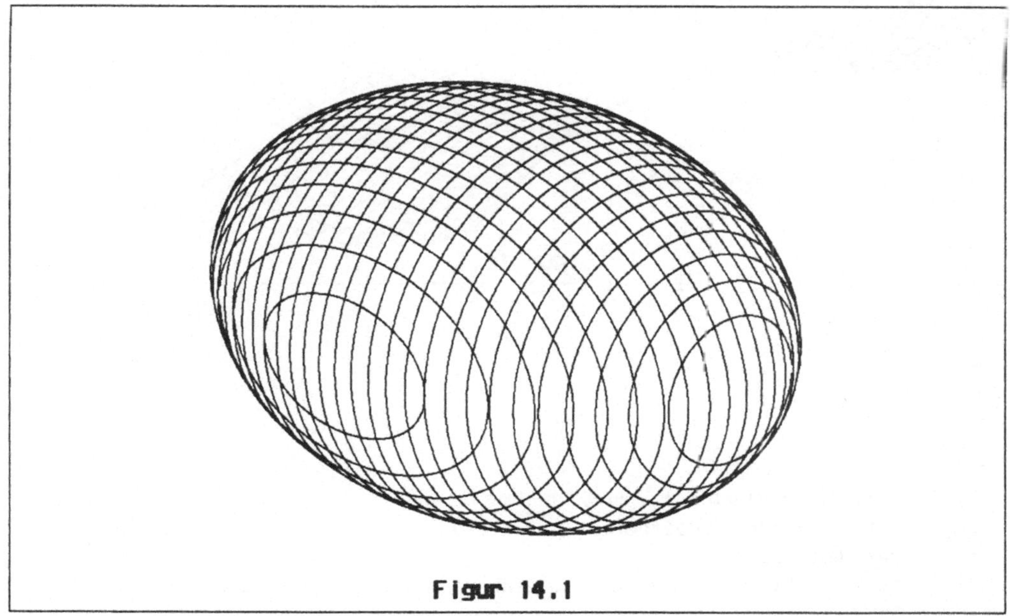

Figur 14.1

$(y_1/a)^2 + (y_2/b)^2 - (y_3/c)^2 = 1$
(einschaliges Hyperboloid – Figur 14.2)
Parameterdarstellung:
$y_1 = a \cosh u \cos v$, $y_2 = b \cosh u \sin v$, $y_3 = c \sinh u$,
$-\infty < u < \infty$, $0 \le v < 2\pi$, oder auch

$y_1 = a\ (\mathbf{cos}\ u)^{-1}\ \mathbf{cos}\ v\ ,\ y_2 = b\ (\mathbf{cos}\ u)^{-1}\ \mathbf{sin}\ v,\ y_3 = c\ \mathbf{tan}\ u,$
$-\pi/2 < u < \pi/2,\ 0 \leq v < 2\pi.$
Beispiel: Kühlturm

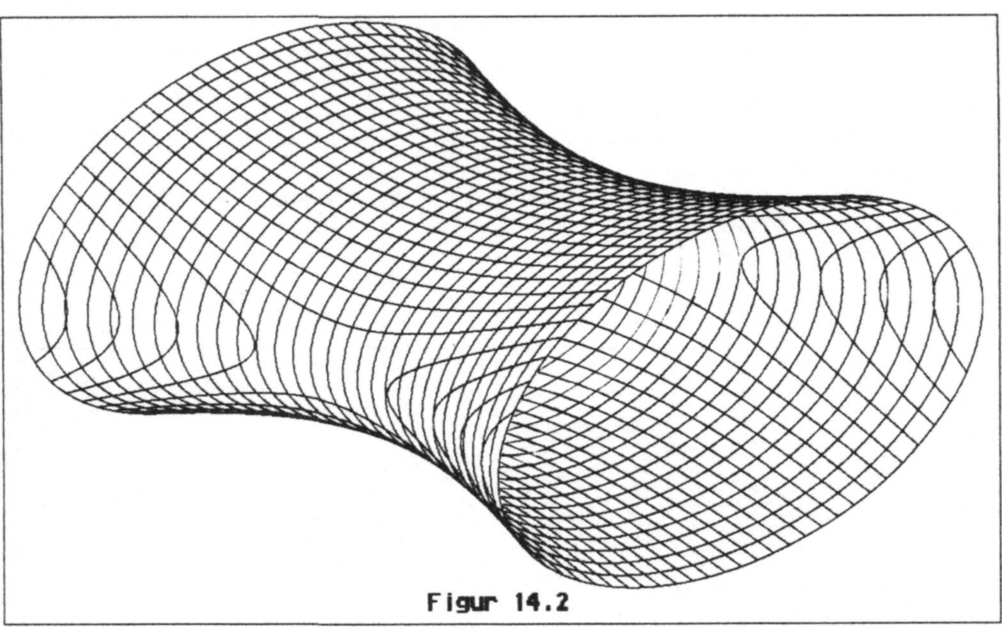

Figur 14.2

$-(y_1/a)^2 - (y_2/b)^2 + (y_3/c)^2 = 1$
(zweischaliges Hyperboloid - Figur 14.3)
Parameterdarstellung:
$y_1 = a\ \mathbf{sinh}\ u\ \mathbf{cos}\ v,\ y_2 = b\ \mathbf{sinh}\ u\ \mathbf{sin}\ v,\ y_3 = \pm c\ \mathbf{cosh}\ u,$
$0 \leq u < \infty,\ 0 \leq v < 2\pi$, oder auch
$y_1 = a\ \mathbf{tan}\ u\ \mathbf{cos}\ v\ ,\ y_2 = b\ \mathbf{tan}\ u\ \mathbf{sin}\ v,\ y_3 = \pm c/\mathbf{cos}\ u,$
$0 \leq u < \pi/2,\ 0 \leq v < 2\pi.$

$(y_1/a)^2 + (y_2/b)^2 = (y_3/c)^2$
(elliptischer Kegel - Figur 14.4).
Parameterdarstellung:
$y_1 = a\ u\ \mathbf{cos}\ v,\ y_2 = b\ u\ \mathbf{sin}\ v,\ y_3 = c\ u,$
$-\infty < u < \infty,\ 0 \leq v < 2\pi.$
Beispiel: Zuckerhut

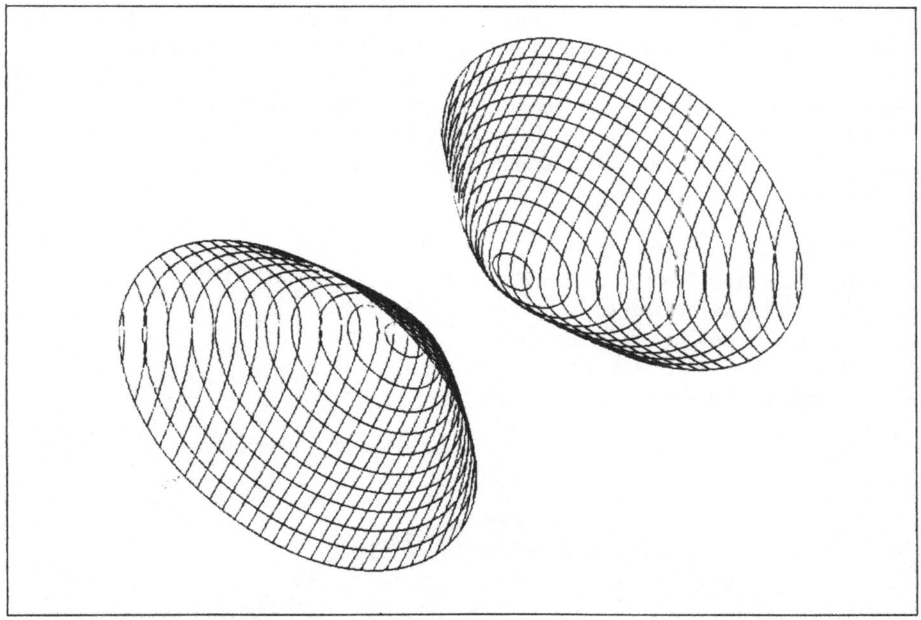

Figur 14.3

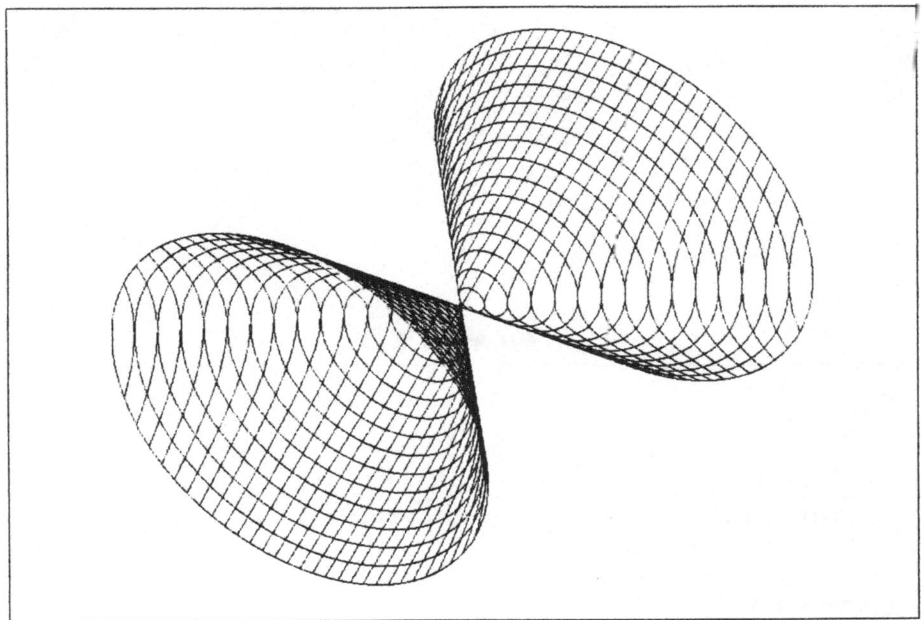

Figur 14.4

Die Namensbildung sieht man dann leicht ein, wenn man eine der Koordinaten $y_i = const$ setzt und die verbleibenden Schnittkurven identifiziert. Im Falle des zweischaligen Hyperboloids erhält man so z. B. Hyperbeln beim Schnitt mit den Ebenen $y_1 = const$, $y_2 = const$ und Ellipsen beim Schnitt mit $y_3 = const$, wenn die Konstanten passend gewählt sind. Wir wollen noch den Fall $k_3 = 0$ in (14.3) diskutieren. Dann findet man wiederum nach einer Translation

$(y_1/a)^2 + (y_2/b)^2 - y_3 = 0$
(elliptisches Paraboloid - Figur 14.5)
Parameterdarstellung:
$y_1 = a\, u \cos v,\ y_2 = b\, u \sin v,\ y_3 = u^2,$
$0 \leq u < \infty,\ 0 \leq v < 2\pi.$
Beispiel: Parabolantenne

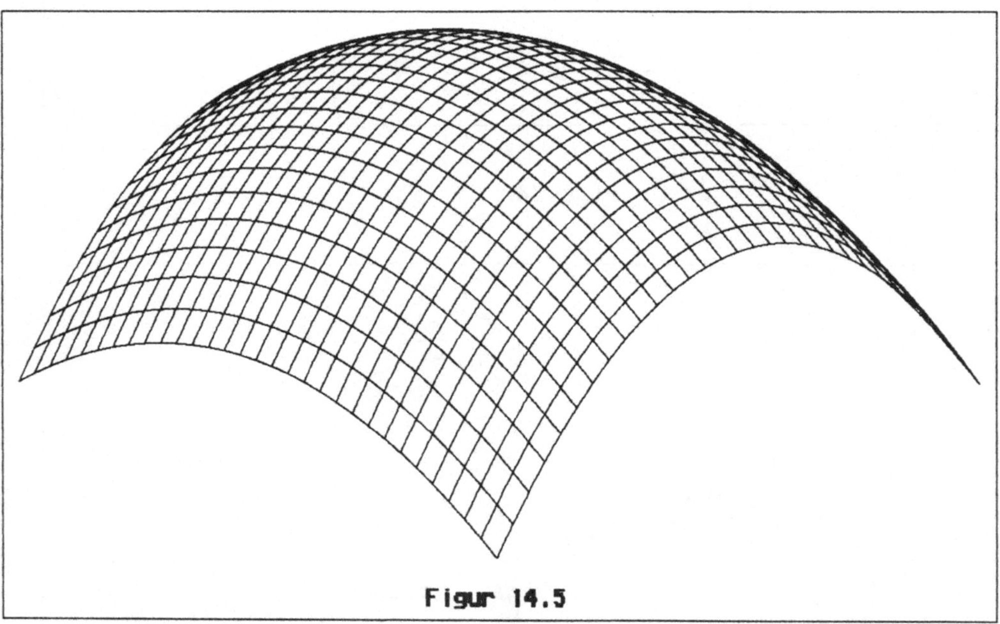

Figur 14.5

$(y_1/a)^2 - (y_2/b)^2 - y_3 = 0$
(Sattelfläche - hyperbolisches Paraboloid - Figur 14.6).
Parameterdarstellung:
$y_1 = a\, u\ ,\ y_2 = b\, v,\ y_3 = u^2 - v^2,$
$-\infty < u,v < \infty$, oder auch
$y_1 = a\, u \cosh v,\ y_2 = b\, u \sinh v,\ y_3 = u^2$, (bzw.
$y_1 = a\, u \sinh v,\ y_2 = b\, u \cosh v,\ y_3 = -u^2$,) $-\infty < u,v < \infty$.
Beispiel: Satteldach

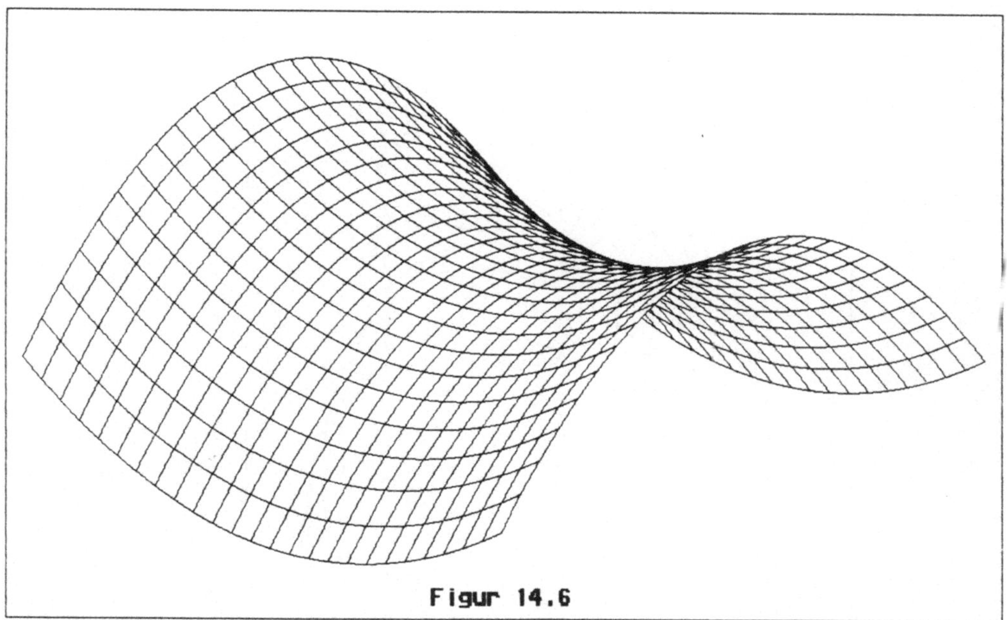

Figur 14.6

Die entarteten Fälle der Zylinder und Ebenen wollen wir beiseite lassen. Figur 14.7 zeigt einen Kreiszylinder, der ein Ellipsoid symmetrisch durchdringt. Deutlich wird bereits bei diesen Beispielen ein bedeutender Fundus an Grundflächen und Körpern zur Gestaltung und Zusammensetzung von Objekten. Bis auf eine Ausnahme handelt es sich hier um verallgemeinerte Drehflächen mit der Darstellung

$$y_1 = a\ r(u) \ \mathbf{cos}\ v,\ y_2 = b\ r(u)\ \mathbf{sin}\ v,\ y_3 = h(u),\ u \in \mathrm{I},\ v \in [0,2\pi).$$

Ist r global umkehrbar über I, so kann die Fläche auch in folgender expliziter Form beschrieben werden

$$h(r^{-1}(\sqrt{(y_1/a)^2+(y_2/b)^2})) - y_3 = 0. \tag{14.4}$$

[G-S] gibt leistungsfähige *BASIC*-Programme zur Darstellung von Dreh- und auch allgemeiner Raumflächen mit Unterdrückung der verdeckten Bereiche an.

Aufgabe 14.1 [N-W]
Man bringe den Kegelschnitt $(c+6)x_1^2 + 8x_1x_2 + cx_2^2 + 3x_3^2 = 1$ auf Hauptachsen, klassifiziere ihn in Abhängigkeit von c und drucke ihn aus.

Anleitung
Die transformierte Gleichung lautet $3y_1^2 + (c-2)y_2^2 + (c+8)y_3^2 = 1$.

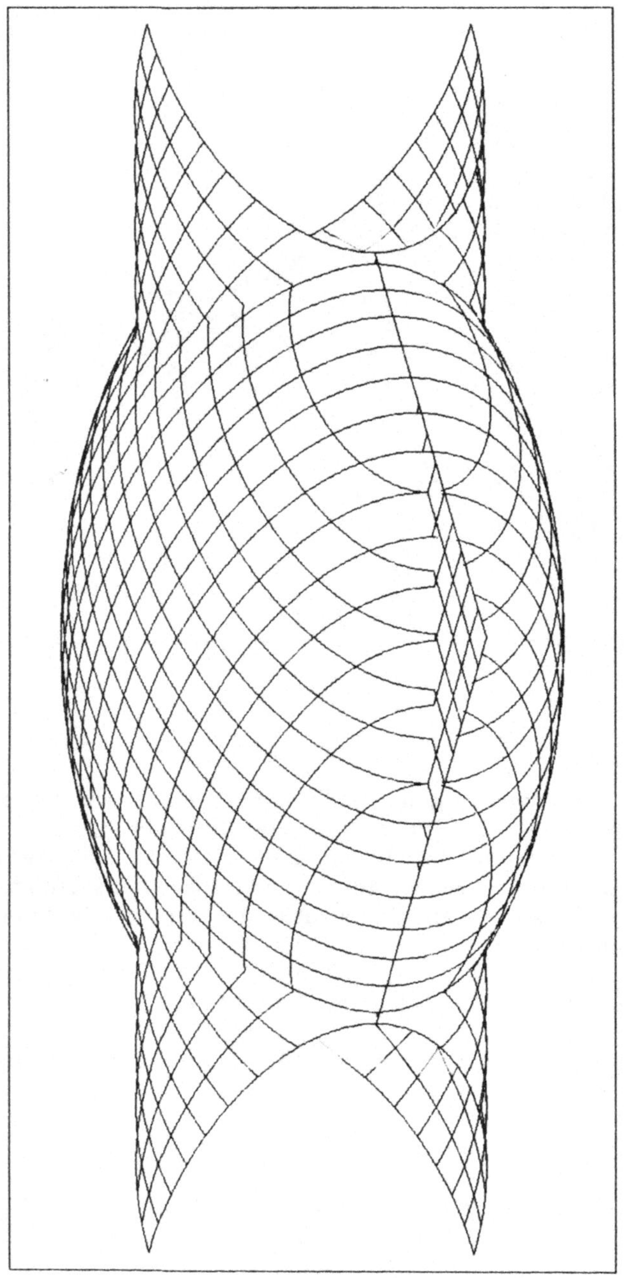

Figur 14.7

14.2 Allgemeine Flächenstücke im R^3

Sei ein Gebiet D der Ebene vorgegeben, über dem eine stetig differenzierbare, umkehrbar eindeutige Vektorfunktion $\underline{x}$: $D \to \mathbf{R}^3$ definiert sei mit

$$\underline{x}(\underline{u}) = (x_1(u_1,u_2),\ x_2(u_1,u_2),\ x_3(u_1,u_2))^T,\ \underline{u} \in D. \qquad (14.5)$$

Das Bild dieser Vektorabbildung stellt dann ein zweidimensionales, glattes Flächenstück F im Raume dar mit der Parametrisierung $\underline{x}(\underline{u})$. Wir wollen annehmen, daß die Funktionaldeterminante der partiellen Ableitungen der x_i, i = 1, 2, größer als Null ist:

$$\textbf{det} \begin{pmatrix} x_{1|1} & x_{1|2} \\ x_{2|1} & x_{2|2} \end{pmatrix} > 0 \text{ in } D.$$

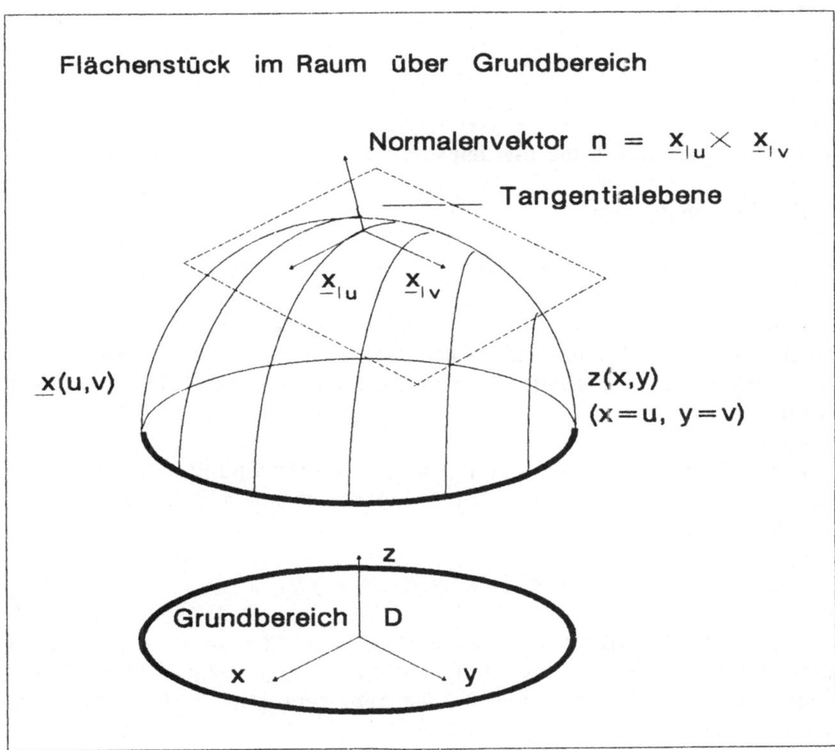

Figur 14.8

$x_1 = x_1(\underline{u})$ und $x_2(\underline{u})$ sollen nach u_1 und u_2 auflösbar sein. Dann haben wir für F die explizite Darstellung

$$F : (x_1,\ x_2,\ f(x_1,x_2))^T,\ (x_1,x_2) \varepsilon D'. \tag{14.6}$$

Setzen wir nun zur Abkürzung $u = u_1$, $v = v_1$. In jedem Punkt von D können wir mit Hilfe der partiellen Ableitungen die Tangentialvektoren $\underline{x}_{|u}$ und $\underline{x}_{|v}$ an das Flächenstück berechnen. Sie spannen die Tangentialebene im Punkte (u,v) auf (vgl. Figur 14.8). $\underline{n} := \underline{x}_{|u} \times \underline{x}_{|v}$ ist der zugehörige unnormierte Normalenvektor.

Aufgabe 14.2
Berechne den Normalenvektor $\underline{n}$ der Schraubfläche F, deren Parameterdarstellung mit der Erzeugenden $\underline{f}(u)$ und der Ganghöhe $2\pi p$

$$\begin{aligned} x_1(u,v) &= f_1(u) \cos v - f_2(u) \sin v,\quad u \varepsilon \mathrm{I},\ v \varepsilon \mathbf{R},\\ x_2(u,v) &= f_1(u) \sin v + f_2(u) \cos v,\\ x_3(u,v) &= f_3(u) + p \cdot v \end{aligned}$$

lautet.

Eine dritte Möglichkeit ist die implizite Darstellung in Form von

$$F : h(x_1,x_2,x_3) = 0, \tag{14.7}$$

soweit der Gradient $\underline{\text{grad}}\ h$ existiert, stetig ist und nicht verschwindet.

Nimmt man zu den Flächenstücken noch ihren Rand hinzu, so kann man mit ihrer Hilfe die verschiedensten Körper zusammensetzen. Dabei geht allerdings die umkehrbar eindeutige Zuordnung zwischen Oberfläche und Grundbereich verloren.

Studieren wir als Beispiel einen Torus mit Mittelpunkt im Ursprung. Seine explizite Darstellung nach (14.6) lautet, wenn wir abkürzend $x = x_1$, $y = x_2$ und $z = x_3$ setzen

$$T : (x,\ y,\ \pm\sqrt{b^2 - (r-a)^2}),\ r^2 = x^2 + y^2. \tag{14.8}$$

Legt man einen Schnitt $y = 0$, so bleiben zwei Kreise in der xz-Ebene mit den Mittelpunkten $(\pm a,0)$ und den Radien b (vgl. Figur 14.9). Der Torus kann somit als Drehfläche aufgefaßt werden, und eine andere Parameterdarstellung ist (vgl. (14.5))

$$\begin{aligned} x &= (a + b \cos u) \cos v,\\ y &= (a + b \cos u) \sin v,\quad (u,v) \varepsilon [0,2\pi) \times [0,2\pi)\\ z &= b \sin u. \end{aligned}$$

Daraus ergibt sich als implizite Gleichung (vgl. (14.8), (14.7), (14.4))

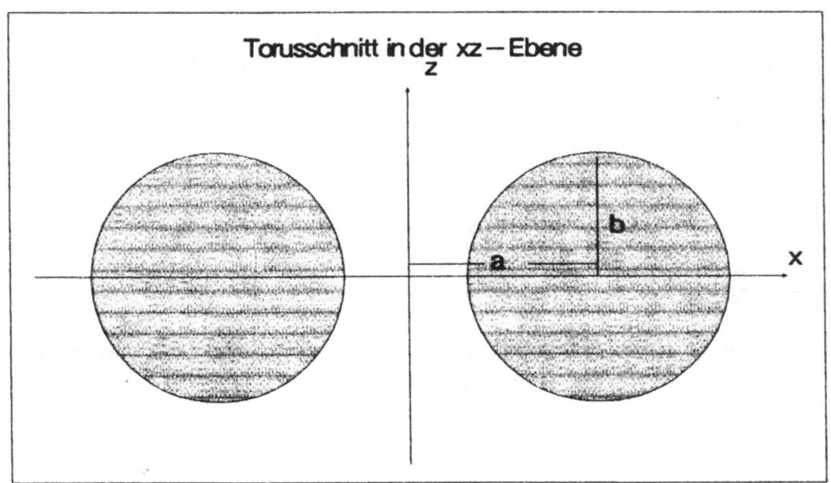

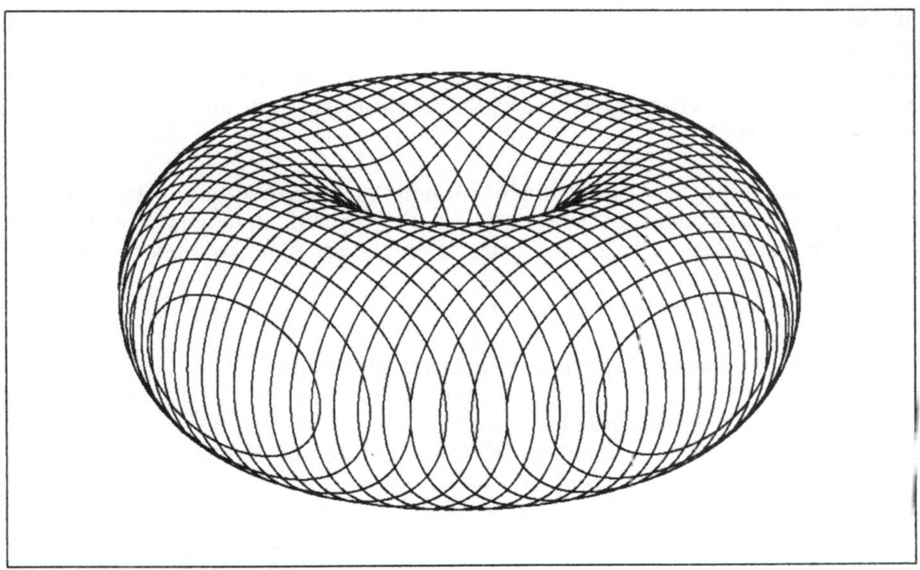

Figur 14.9

$$T : (\sqrt{x^2 + y^2} - a)^2 + z^2 - b^2 = 0.$$

Wir wollen die Lage eines Oberflächenstücks bezüglich seiner Tangentialebene in einer Umgebung des Punktes (x_0,y_0,z_0) noch etwas näher studieren. Dazu bedienen wir uns seiner expliziten Darstellung $z = f(x,y)$ und entwickeln f in eine *Taylorreihe* um (x_0,y_0):

$$\begin{aligned} f(x,y) &= z_0 + p\cdot(x - x_0) + q\cdot(y - y_0) + \\ &\quad \tfrac{1}{2}r\cdot(x - x_0)^2 + s\cdot(x - x_0)(y - y_0) + \tfrac{1}{2}t\cdot(y - y_0)^2 + \ldots \\ p &= f_x(x_0,y_0),\ q = f_y(x_0,y_0), \\ r &= f_{xx}(x_0,y_0),\ s = f_{xy}(x_0,y_0),\ t = f_{yy}(x_0,y_0). \end{aligned}$$

Die Differenz zwischen Flächenstück und Tangentialebene ist also in erster Näherung durch die quadratische Form

$$Q(x-x_0,y-y_0) = \tfrac{1}{2}\{r\cdot(x - x_0)^2 + 2s\cdot(x - x_0)(y - y_0) + t\cdot(y - y_0)^2\}$$

gegeben. Nun hilft uns unsere Diskussion der Kurven und Flächen zweiter Ordnung weiter. Ist die Determinante $rt - s^2$ der Form größer als Null, so hat F in erster Näherung das Aussehen eines elliptischen Paraboloids, das sich für $r > 0$ nach oben öffnet (Minimum), für $r < 0$ jedoch nach unten (Maximum); ist die Determinante kleiner als Null, so ähnelt F der Sattelfläche eines hyperbolischen Paraboloids (siehe Figuren 14.5 und 14.6). Verschwindet die Determinante, so ist Q entartet und eine besondere Diskussion erforderlich.

Die oben eingeführten Ableitungen können auch dazu dienen, die Krümmungen eines Flächenstücks zu berechnen. Sei dazu das Flächenstück F zweimal stetig differenzierbar und eine Kurve C auf dem Flächenstück in der Form

$$C : (x(t), y(t), f(x(t),y(t)))^T$$

gegeben. Für die Länge ihres *Bogenelements* gilt dann

$$\begin{aligned} ds^2 &= g_{11}du^2 + 2g_{12}dudv + g_{22}dv^2 \qquad (14.9) \\ &= (1+p^2)dx^2 + 2pqdxdy + (1+q^2)dy^2 \text{ (erste Fundamentalform).} \end{aligned}$$

Erinnern wir daran, daß im Falle einer allgemeinen Parameterdarstellung $F : \underline{x}(u,v)$ hier $g_{11} = (\underline{x}|_u,\underline{x}|_u)$, $g_{12} = (\underline{x}|_u,\underline{x}|_v)$, $g_{22} = (\underline{x}|_v,\underline{x}|_v)$ zu setzen und $g := g_{11}\cdot g_{22} - g_{12}\cdot g_{12} = |\underline{x}|_u \times \underline{x}|_v|^2$ das Quadrat der Länge des unnormierten Normalenvektors auf der Fläche ist. In kartesischen Koordinaten ergibt sich $g = 1 + p^2 + q^2$.

Berechnet man nun das Skalarprodukt zwischen der Ableitung des Tangentialvektors $\underline{t}'$ der Kurve C nach der Bogenlänge s (*Hautnormalenvektor*) und dem Flächennormalenvektor $\underline{n} = (\underline{x}|_u \times \underline{x}|_v)/\sqrt{g}$, so findet man die *zweite Fundamentalform*. Sie ist ein Maß für die Krümmung der Flächenkurven, die durch ebene Schnitte längst der durch $\underline{t}$ und $\underline{n}$ aufgespannten Ebene erzeugt werden (vgl. Abschnitt 5.3):

$$(\underline{t}',\underline{n})\ ds^2 = l_{11}du^2 + 2l_{12}dudv + l_{22}dv^2$$
$$= (rdx^2 + 2sdxdy + tdy^2)/\sqrt{g}. \qquad (14.10)$$

Wie oben ist im Falle einer allgemeinen Parameterdarstellung $F : \underline{x}(u,v)$ hier $l_{11} = (\underline{x}_{|u|u},\underline{n})$, $l_{12} = (\underline{x}_{|u|v},\underline{n})$, $l_{22} = (\underline{x}_{|v|v},\underline{n})$ zu setzen, und $l := l_{11}\cdot l_{22} - l_{12}\cdot l_{12}$ ist die zugehörige Determinante. Definieren wir noch die gemischte Form $m := g_{11}\cdot l_{22} + l_{11}\cdot g_{22} - 2g_{12}\cdot l_{12}$. Zur Berechnung der Hauptkrümmungen im Punkte (x_0,y_0) bestimmt man nun die Extremwerte der zweiten Fundamentalform $(\underline{t}',\underline{n})$ unter der Nebenbedingung, daß die erste Fundamentalform $(\underline{t},\underline{t}) = g_{11}u'^2 + 2g_{12}u'v' + g_{22}v'^2$ bei beliebiger Parametrisierung den Wert eins besitzt. Dazu löst man einfach die Gleichung

$$\mathbf{det}(l_{ik} - kg_{ik}) = 0.$$

Ausrechnen ergibt

$$k^2g - m\cdot k + l = 0,\ k^2 - m/g\ k + l/g = (k - k_1)(k - k_2) = 0,$$
$$K := k_{max}\cdot k_{min} = l/g, \qquad (\textit{ Gaußsche Krümmung }) \qquad (14.11)$$
$$H := (k_{max} + k_{min})/2 = m/(2g). \quad (\textit{ mittlere Krümmung })$$

Wiederholen wir noch die Werte von g, l und m für den Spezialfall der kartesischen Koordinaten:

$$g = 1 + p^2 + q^2,\ l = (rt - s^2)/g,$$
$$m = \{(1 + p^2)t + (1 + q^2)r - 2pqs\}/\sqrt{g}. \qquad (14.12)$$

Eine wichtige Rolle in der konstruktiven Geometrie spielen nach [G-S] auch *Umrisse* einer Fläche.

Ein Flächenpunkt P heißt *Umrißpunkt*, wenn für den Sehstrahlvektor $\underline{s}$ und den Normalenvektor $\underline{n}$ die Gleichung $(\underline{s}(P),\underline{n}(P)) = 0$ gilt. Der Sehstrahl ist demnach Flächentangente im Punkte P. Alle diese Flächenpunkte bilden eine Raumkurve, den wahren Umriß der Fläche. Ihre Projektion ist der *scheinbare* Umriß der Fläche.

Aufgabe 14.3 [G-S]
Zeige: Der wahre Umriß einer Fläche $F : (\underline{x},A\underline{x}) = 0$ zweiter Ordnung mit der symmetrischen 4x4 Matrix A nach (14.2) liegt bei Zentralprojektion mit dem Zentrum $O : (z_1,z_2,z_3,1)^T$ in der Ebene $(\underline{z},A\underline{x}) = 0$ und ist damit ein Kegelschnitt. Im Falle einer Parallelprojektion längs $(z_1,z_2,z_3)^T$ setze man nur $z_4 = 0$.

Anleitung
Man berechne zunächst die Gleichung der Tangentialebene im Punkte $\underline{x}_0$ in der Hesseform und setze dann den Sehstrahlvektor $\underline{s} = \underline{z} - \underline{x}_0$ bzw. bei Parallelprojektion $(z_1,z_2,z_3,0)^T$ in die Gleichung ein. Bringt man die Parameterdarstellung der Fläche in $(\underline{z},A\underline{x}) = 0$ ein, so ergibt sich ein funktionaler Zusammenhang zwischen u und v. Damit wird der wahre Umriß eine Raumkurve auf der Fläche.

Aufgabe 14.4
Berechne den wahren Umriß der Drehfläche

$$F : \underline{x}(u,v) := (r(u) \cos v,\ r(u) \sin v,\ h(u))^T$$

unter einer Zentralprojektion mit Zentrum $O : (z_1, z_2, z_3)^T$.

Anleitung
Der unnormierte Normalenvektor $\underline{n}$ ergibt sich als Vektorprodukt zu

$$(r'(u) \cos v,\ r'(u) \sin v,\ h'(u))^T \times (-r(u) \sin v,\ r(u) \cos v,\ 0)^T$$
$$= r(u)\ (-h'(u) \cos v,\ -h'(u) \sin v,\ r'(u))^T.$$

Damit setzt man die Gleichung

$$(\underline{z} - \underline{x},\ \underline{n}) = 0$$

an, und findet

$$z_1 \cos v + z_2 \sin v = (z_3 - \delta \cdot h(u))\ r'(u)/h'(u) + \delta \cdot r(u),\ \delta = 1.$$
(Im Falle der Parallelprojektion längs $\underline{z}$ ist $\delta = 0$.)

Diese Gleichung kann man jedoch i. a. nach v auflösen, wenn man $\sin w := z_1/c$, $\cos w := z_2/c$ mit $c^2 := z_1^2 + z_2^2$ setzt, mittels

$$v = -w + \arcsin(\{[z_3 - \delta \cdot h(u)]\ r'(u)/h'(u) + \delta \cdot r(u)\}/c).$$

Letztere Beziehung ist sinnvoll, wenn das Argument dem Betrag nach nicht größer als eins ist. Dann bestimmt sie die Umrißpunkte auf den Breitenkreisen der Fläche F.

Aufgabe 14.5
Man skizziere den scheinbaren Umriß des Torus

$$x_1 = (6 \pm 4 \cos u) \cos v,\ -\pi/2 \le u < \pi/2,\ 0 \le v < 2\pi,$$
$$x_2 = (6 \pm 4 \cos u) \sin v$$
$$x_3 = 4 \sin u$$

unter einer Parallelprojektion längs $(1,1,1)^T$.

Anleitung
Es ergibt sich aus $-\cos v - \sin v = \pm\tan u$ mit Hilfe von Aufgabe 14.4 $-u = \pm\arctan(\sqrt{2} \sin(v+\pi/4))$. u setzt man für beide Vorzeichen getrennt in die Parameterdarstellung des Torus ein und erhält so den wahren Umriß. Dann benutzt man die Transformation aus Abschnitt 10.4 mit $\sin \alpha = 1/\sqrt{2}$, $\cos \beta = 1/\sqrt{3}$. Am Bildschirm kann man direkt die neuen Koordinaten x' und y' abtragen. Es sind dies

$$x' = (x_1(v) - x_2(v))/\sqrt{2},\ y' = (2x_3(v) - x_2(v) - x_1(v))/\sqrt{6}.$$

14.3 Flächendarstellungen

Wir haben bereits einige Methoden diskutiert, Flächen, die zum Beispiel mittels einer Funktion $z = f(x,y)$ über einer Teilmenge der xy-Ebene beschrieben werden, in der Ebene anschaulich darzustellen. Dabei spielt die Farbe als dritte Dimension eine entscheidende Rolle: Entsprechend dem Funktionswert wird jedem Punkt (x,y) ein Farbton zugeordnet. Eine andere Möglichkeit besteht darin, die Höhenlinien $f(x,y) = const$ in der xy-Ebene zu zeichnen und sie gegebenenfalls mit den zugehörigen Werten der Konstante zu markieren. Diese 2D-Methoden bringen ohne großen Aufwand durchaus anschauliche Resultate. Nummehr stehen uns jedoch die programmtechnischen Mittel der 3D-Darstellung von Funktionsflächen aus Kapitel 13 zur Verfügung. Ein lauffähiges Pascalprogramm für IBM-kompatible Rechner befindet sich zum Beispiel auch in [B-L2]. Im allgemeinen werden zur Veranschaulichung des Flächenverlaufes die Kurven $f(c,y)$ und $f(x,d)$ für verschiedene Konstanten c und d über einem Grundbereich der xy-Ebene perspektivisch im Gitternetz dargestellt mit einer Unterdrückung der verdeckten Linien. Hier sind nun aber auch andere Ansätze denkbar. Es können zum Beispiel die Höhenlinien gezeichnet werden wie in Figur 8.14 für das schon früher behandelte Beispiel $f(x,y) := \ln(1+x^2+y^2) + xy$. Der Grundbereich sei nun mit (-6.2,6.2)x(-6.2,6.2) angenommen, und die Konstanten mit

$$c = 6, 5, 4, 3, 2, 1, 0.5, 0.193, 0.15, 0.05, 0, -0.5, -1, -2, -3.$$

Dann entsteht ein noch plastischeres Bild, wenn man die Flächen zwischen den Höhenlinien mit Farben aus einer Farbpalette ausfüllt. Dabei kann eine Stufung von Hell nach Dunkel oder umgekehrt zur Charakterisierung der absoluten Höhe eingesetzt werden (vgl. Figur 14.10). Der einzige etwas heikle Punkt ist, in die Zwischengebiete zu treffen, um den Füllalgorithmus mit dem entsprechenden Muster oder der Farbe ablaufen zu lassen. Es kann jedoch der Startpunkt einer Höhenlinie für eine Zwischenhöhe verwendet werden. Wesentlich schwieriger ist es, dieselbe Idee bei der Gitternetzdarstellung über der xy-Ebene einzusetzen. Hier entspricht einem Rechteck in der Ebene ein von im allgemeinen vier Bögen begrenztes, gekrümmtes und gedrehtes Flächenelement. Zur Anwendung eines Füllalgorithmus ist es absolut erforderlich, in das Element hineinzutreffen und einen Punkt mit der Hintergrundfarbe anzugeben. Nähert man sich jedoch der Grenze des Sichtbarkeitsbereiches oder stark gekrümmten konvexen oder konkaven Flächenabschnitten, so ist diese Aufgabe kaum zu lösen.

Hier wird man einfacher im 3D-Zeichenprogramm die Liniendichte auf der Fläche über dem Gitternetz der xy-Ebene so groß wählen und die Schrittweite so weit verkleinern, daß alle Flächenpunkte eingefärbt werden. Die Farbe richtet sich dabei nach einer wohldefinierten Funktionsvorschrift. Man kann zum Beispiel den Wertebereich der Funktion $z=f(x,y)$ in s gleich große Intervalle aufteilen. Es entspricht s der Anzahl oder einem Vielfachen der zur Verfügung stehenden Farbtöne. Je nach Funktionswert wird dann der dem Intervall zugeordnete Farbstift verwendet. Die Figuren 14.11 und 14.12 sowie die Farbtafel 7 im Anhang A.7 zeigen Vor- und Nachteile der Methode. Bei dem gewählten Beispiel $z = \cos(r) / (1+r)$ kommt die Ra-

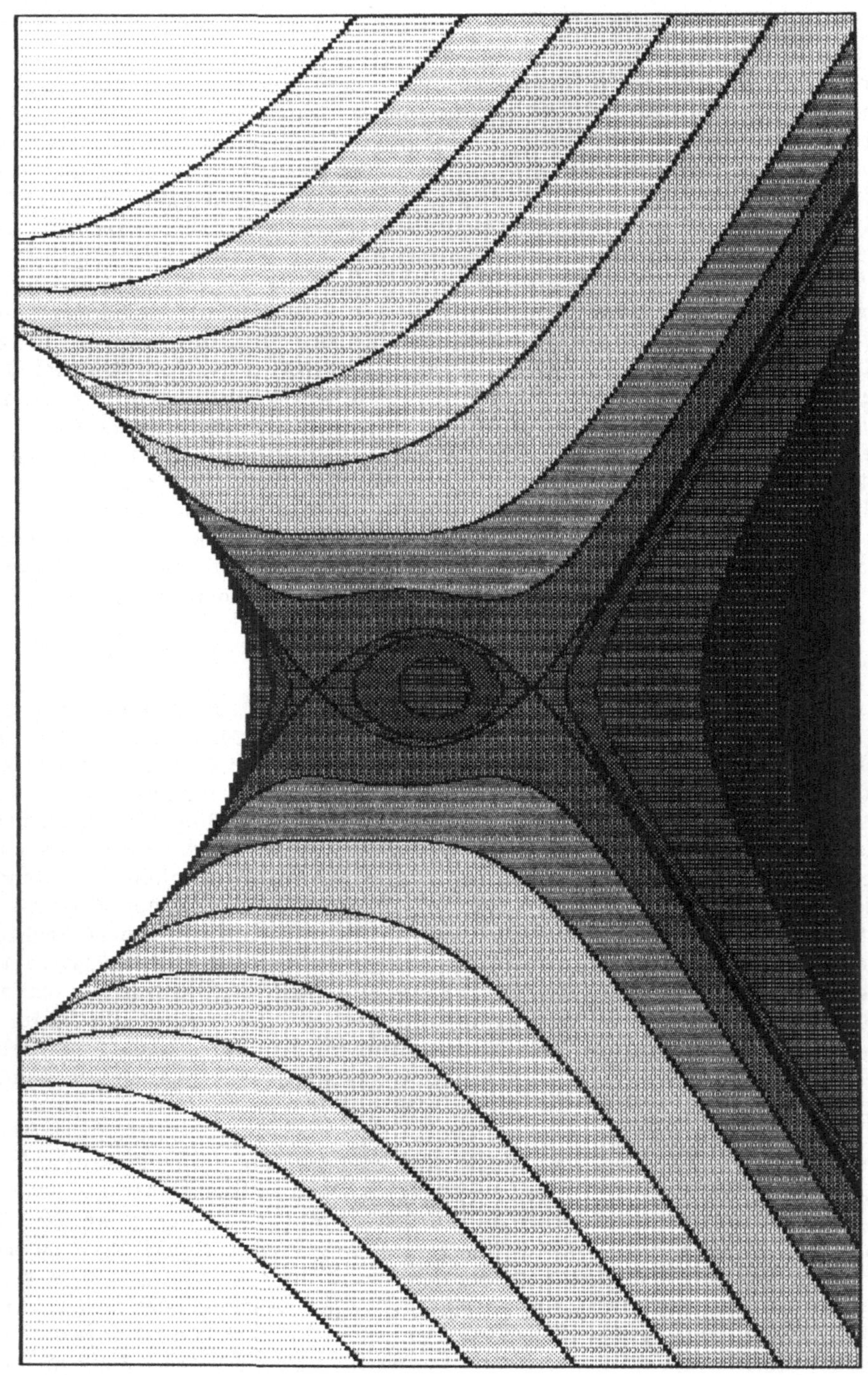

Figur 14.10

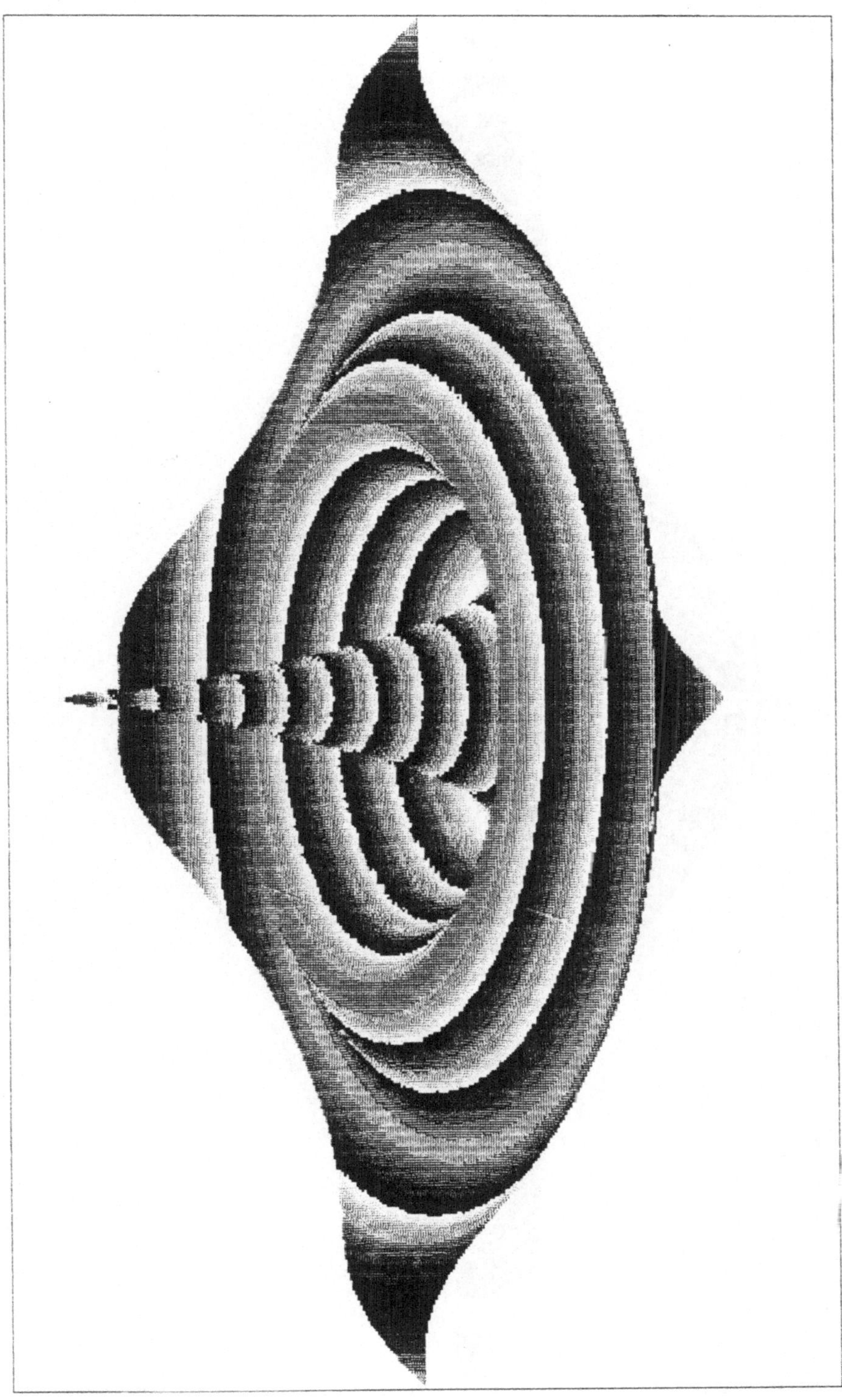

Figur 14.11

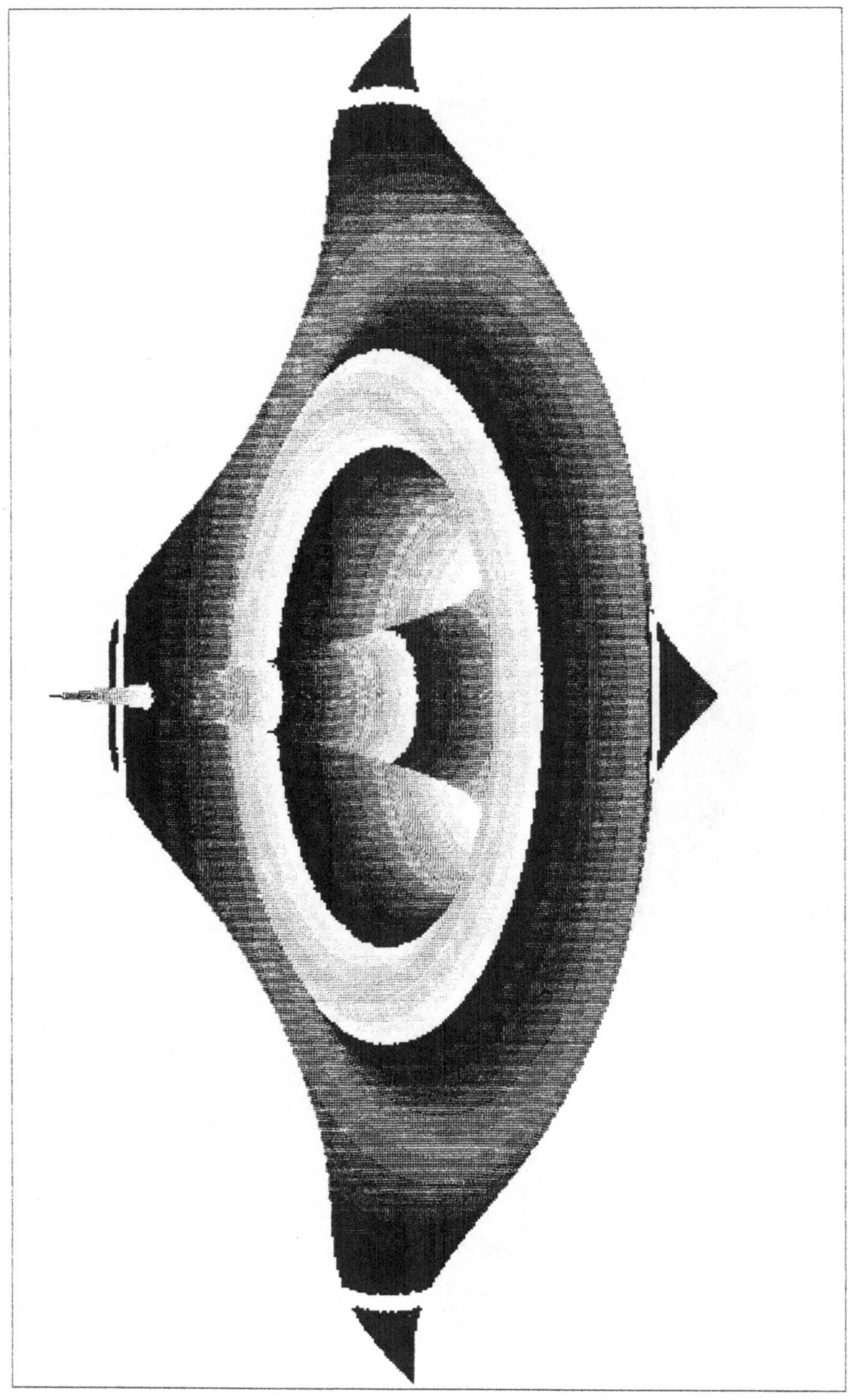

Figur 14.12

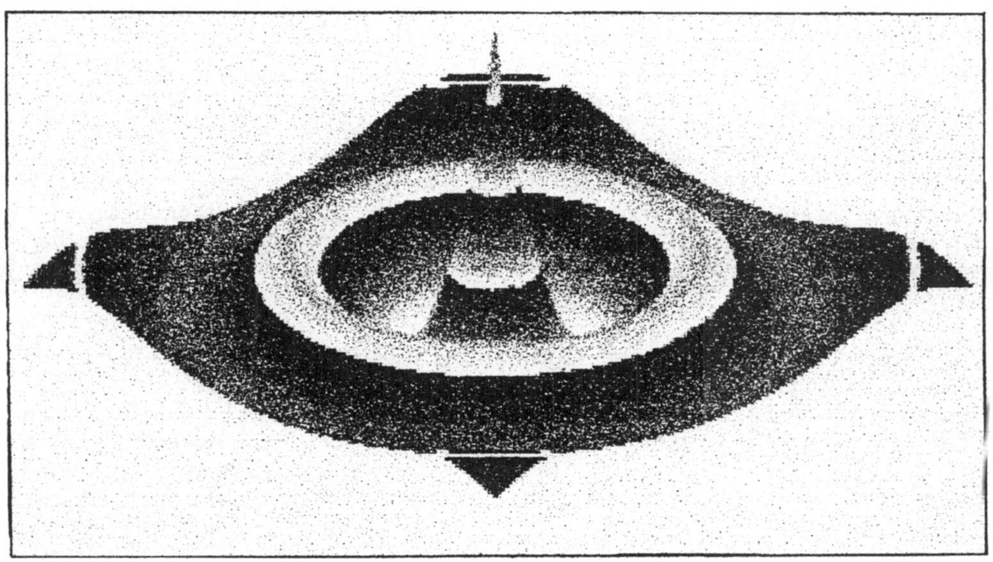

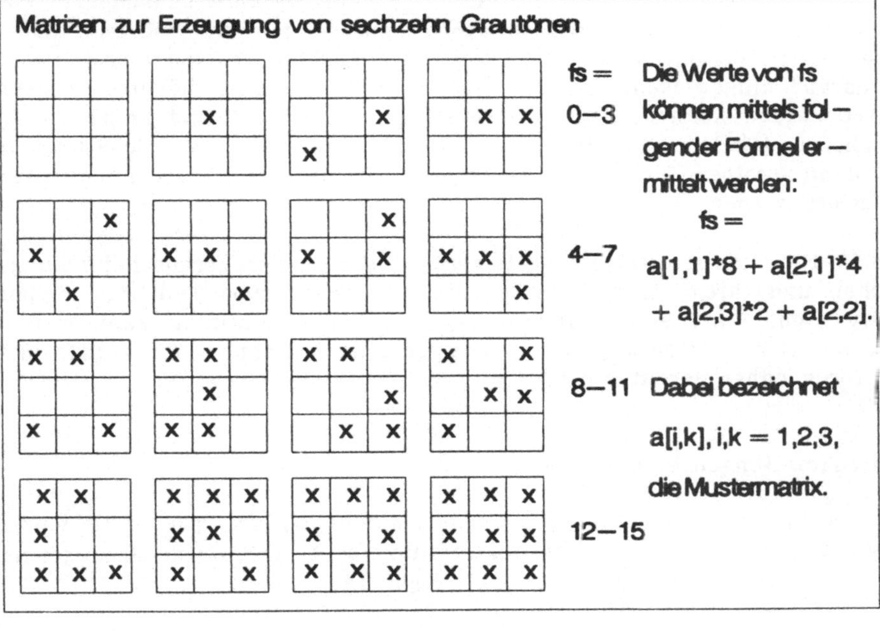

Figuren 14.13 und 14.14

dialsymmetrie sehr gut zur Geltung. Andererseits können die schroffen Farbübergänge störend wirken. In diesem Fall sollte man noch einen Weichzeichner auf das Bild anwenden, wie in Figur 14.13. Dabei wird jeweils eine Gruppe von Punkten zusammengefaßt und der Farbwert gemittelt. In unseren Beispielen sind es immer 2x2 benachbarte Pixel. Sodann erhält ein zugeordnetes Flächenelement einen passenden Grauton. Wir haben eine 4x4 Matrix gewählt und mit Hilfe eines Zufallszahlengenerators eine dem Farbwert entsprechende Azahl von Matrixzellen eingeschwärzt. Andere Halbtönungsmethoden mit einer *Ordered Dither*-Matrix oder einem magischem Quadrat wurden bereits in Kapitel 8 angesprochen.

In diesem Zusammenhang wollen wir einige Bemerkungen zur Umsetzung von Farb- in Grautöne machen: Geht man von der bei einer Graphikkarte weitverbreiteten Auflösung von 640x400 Punkten und 16 Farben aus, so sollte jedem Farbpunkt eine n x n Matrix von einfarbigen Punkten entsprechen. Nunmehr hängt es von der Auflösung des Ausgabegerätes ab, wie groß n gewählt werden kann. $n = 4$ oder 16 Schwarzweißpunkte pro Farbpunkt wären ideal und können mit einem Laserdrucker realisiert werden. Bei den weitverbreiteten Nadeldruckern ist jedoch nur eine 3x3 Matrix wegen zu geringer Nadelfeinheit möglich. Figur 14.14 zeigt, wie man sechzehn verschiedenen Grautöne verwirklichen kann, ohne pixelübergreifend zu arbeiten. Natürlich kommen die 16 Muster erst dann gut zur Geltung, wenn mehrere benachbarte Punkte die gleiche Farbe haben. Die Grautöne sind so gewählt, daß man aus vier festen Matrixelementen den entsprechenden Farbton rekonstruieren kann. Es sei darauf hingewiesen, daß mit diesem Verfahren auch höhere Auflösungen erzielt werden können. Dazu reserviert man eine genügend große Matrix im Speicher und belegt sie mit den entsprechenden Farbwerten. Zusätzlich müssen dann Treiber für die Ausgabegeräte, Bildschirm, Drucker oder Plotter integriert werden.

In [B-F-H] werden weitere verfeinerte Methoden zur Veranschaulichung von Flächen und ihrem Verlauf vorgestellt, die jedoch zum Teil sehr rechenintensiv sind: Statt eines Gitternetzes und der Höhenlinien kann man auch Kurven gleicher Krümmung oder *Geodätische* kennzeichnen. Wir werden anhand des Torus näher darauf eingehen.

14.4 Darstellungen eines Torus

Wir wollen nun etwas ausführlicher am Beispiel des Torus die verschiedenen Möglichkeiten der Flächendarstellung im $\mathbf{R}^3$ erläutern. Dazu gehen wir aus von seiner Gleichung (14.8) (vgl. Figur 14.9)

$$z(x,y) = \pm\mathbf{sqrt}(b^2-(r-a)^2), \quad r = \mathbf{sqrt}(x^2+y^2).$$

Im Schnitt der xz-Ebene erkennen wir zwei Kreise mit Mittelpunkt $(\pm a,0)$ und Radius b. Der Torus entsteht, indem man einen der Kreise um die z-Achse rotieren läßt. Die Höhenlinien sind offensichtlich durch die Gleichung $r = const$ gegeben.

In vektorieller Form kann jeder Punkt auf dem Torus dargestellt werden als $\underline{u}(x,y) = (x,y,z(x,y))^T$. Partielle Differentiation nach x und y ergibt zwei Tangentialvektoren, die die Tangentialebene aufspannen. Ihr Vektorprodukt steht dann senkrecht auf dieser Ebene und kann nach Normierung als Normalenvektor Verwendung finden: $\underline{n} = \underline{u}_x \mathbf{X} \underline{u}_y / |\underline{u}_x \mathbf{X} \underline{u}_y|$. Setzen wir zur Abkürzung wie in Abschnitt 14.3 Formeln (14.9) - (14.12)

$$p = z_x,\ q = z_y,\ g = 1 + p^2 + q^2 = |\underline{u}_x \mathbf{X}\ \underline{u}_y|^2,$$

so finden wir

$$\underline{u}_x = (1,\ 0,\ -x[1-a/r]/z)^T,\ \underline{u}_y = (0,\ 1,\ -y[1-a/r]/z)^T,$$
$$\underline{n} = (x[1-a/r]/b,\ y[1-a/r]/b,\ z/b)^T.$$

Der Normalenvektor steht senkrecht auf der Torusfläche und zeigt ins Äußere. Wir notieren noch zwei nützliche Beziehungen:

$$g = b^2/z^2,\ (xp + yq)^2 = (r - a)^2(r/z)^2.$$

Wie schon vorher gesagt, kann es durchaus von Interesse sein, Verlauf und Eigenschaften einer Fläche im Raum durch Darstellung der Kurven gleicher Krümmung plastisch augenfällig zu machen. Es kommen hierbei die *Gauß-sche* Krümmung K als Produkt und die mittlere Krümmung H als arithmetisches Mittel der maximalen und minimalen Krümmungen k_M und k_m infrage, die nunmehr für den Fall unseres Torus berechnet werden sollen. Es gilt, wie im vorigen Abschnitt in (14.12) hergeleitet:

$$K = (z_{xx}z_{yy} - z_{xy}^2)/g^2,$$
$$H = (z_{xx}(1 + q^2) + z_{yy}(1 + p^2) - 2\ z_{xy}pq)/(2g^{3/2}).$$

Zunächst differenzieren wir noch einmal:

$$z_{xx} = -(1 - a/r)/z - ax^2/(r^3z) + (1 - a/r)xp/z^2 = -(1+p^2-ay^2/r^3)/z.$$

Genauso ergibt sich

$$z_{yy} = -(1 + q^2 - ax^2/r^3)/z,\ z_{xy} = -(pq + axy/r^3)/z.$$

Schließlich finden wir

$$K = \{1+p^2+q^2-a/r-(px+qy)^2a/r^3\}/(gz)^2 = (1 - a/r)(b/z)^2/(gz)^2 =$$
$$(1 - a/r)/b^2.$$

Einsetzen der Größen p, q, z_{xx}, z_{yy} und z_{xy} in H ergibt dann

$$H = \{a/r - 2(1 + p^2 + q^2) + a(xp+yq)^2/r^3\}z^2/(2b^3) =$$
$$z^2\{a[1+(r-a)^2/z^2]/r - 2(b/z)^2\}/(2b^3) = \{a/(2r) - 1\}/b.$$

Wir zu erwarten war, hängen auch die Krümmungen H und K nur von r ab. Das Ergebnis hätte man schneller unter Benutzung der minimalen und maxi-

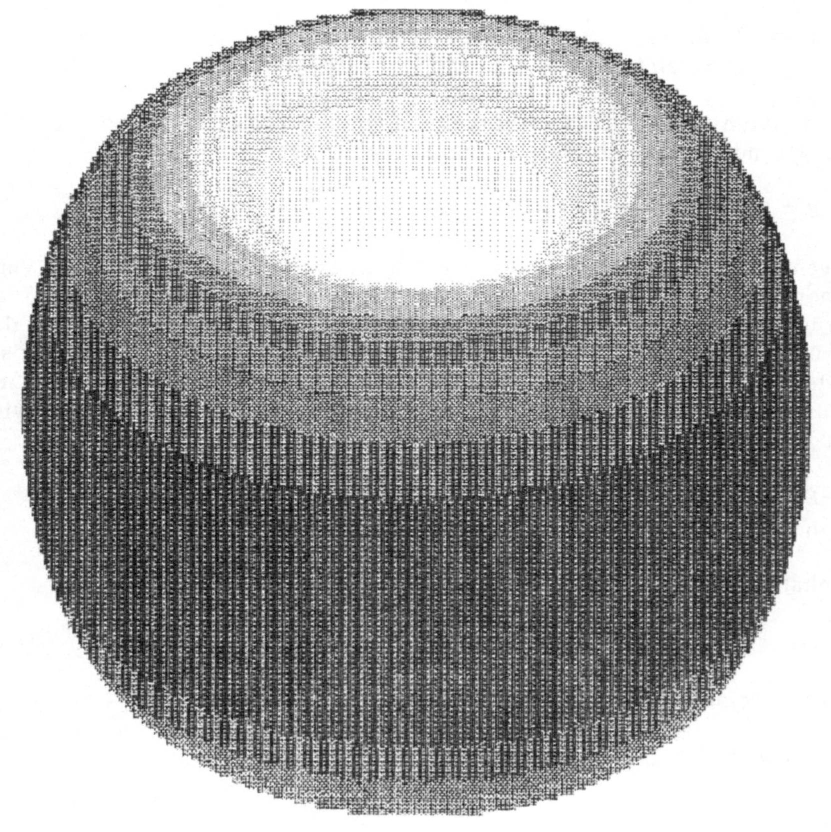

Figur 14.15

malen Krümmungen $k_m = -1/b$ und $k_M = k_m(1-a/r)$ aus der Zeichnung herleiten können. Unsere Figur 14.15 zeigt den Torus unter Markierung von sechzehn Zonen gleicher Gaußscher Krümmung.

14.5 3D-Rekonstruktion

An anatomischen Instituten stellt sich das Problem, aus histologischen Gewebeschnitten auf die räumliche Struktur eines Organs zu schließen. Wie in *H. Lotze: Das Gehirn im Computer* CP Heft 2 (1987), 28-32 berichtet, geschieht das seit hundert Jahren mit einer Wachsplattenmethode und neuerdings auch mit Styroporplättchen. Dazu werden die Schnitte vom Objektträger auf millimeterstarke Platten aus Bienenwachs projiziert, ausgeschnitten und dann zusammengesetzt. In der letzten Zeit haben sich jedoch immer mehr Graphikpakete zur 3D-Rekonstruktion durchgesetzt. Dazu digitalisiert man die Schnitte und setzt sie zu einem Drahtmodell zusammen, indem man die Gitterpunkte durch geglättete Splinekurvenbögen verbindet (vgl. Kapitel 6). Zwanzig Schnitte erlauben oft schon Näherungen bis auf zwei Prozent Abweichung. Das fertige Modell kann dann gezoomt oder gedreht, es können sogar Bildsequenzen verschiedener Ansichten erstellt werden. Gegenüber den bekannten Styropormodellen erreichte H. Lotze so bei der Herstellung eine Zeitersparnis von 75%. Neuere Entwicklungen gestatten es mit Hilfe der *Computertomographie* [N1] sogar dreidimensionale Modelle der Organe lebender Patienten herzustellen. Bei der Operationsvorplanung sind seitdem realistische Simulationen möglich, bei kosmetischen Eingriffen kann dem Patienten sogar schon das zu erwartende Resultat vorgeführt werden. Dabei zeigt es sich, daß durch Umwandlung eines Analog- in ein Digitalbild erhebliche Kontrastverbesserungen erreicht werden und so krankhafte Veränderungen wesentlich schneller zu erkennen sind. Unter- und Überbelichtungen können korrigiert werden, Aufklappungen, Wegblendungen, farbliche Differenzierungen und erleichterte Flächen- und Volumenbestimmungen spielen bei diesen neuen medizinischen Konzepten, die sich auf Methoden der Computergraphik stützen, eine wichtige Rolle.

In diesem Zusammenhang bietet es sich an, das Problem der Rekonstruktion dreidimensionaler Szenen aus Projektionen zu betrachten. Dazu stützen wir uns auf die Darstellung in [R-A]. Sei eine 4x4 Matrix vorgegeben, die perspektivische Transformation mit anschließender Projektion in die Ebene $z = 0$ bewirke. Wir benutzen homogene Koordinaten und schreiben

$$(sX,\ sY,\ 0,\ s) = (x,\ y,\ z,\ 1)T$$

bzw. in Koordinaten ausgeschrieben

$$\begin{aligned} t_{11}\,x + t_{21}\,y + t_{31}\,z + t_{41} &= sX \\ t_{12}\,x + t_{22}\,y + t_{32}\,z + t_{42} &= sY \\ t_{14}\,x + t_{24}\,y + t_{34}\,z + t_{44} &= s \end{aligned}$$

Wir setzen die letzte Zeile in die ersten beiden ein und erhalten so zwei Bestimmungsgleichungen, die Transformationsmatrix, Bild- und Urbildvektoren wechselseitig in Beziehung zueinander setzen:

$$(t_{11}-t_{14}X)\ x + (t_{21}-t_{24}X)\ y + (t_{31}-\ t_{34}X)\ z = -\ (t_{41}-t_{44})$$
$$(t_{12}-t_{14}Y)\ x + (t_{22}-t_{24}Y)\ y + (t_{32}-\ t_{34}Y)\ z = -\ (t_{42}-t_{44}).$$

Sind T und der Urbildvektor $\underline{x}$ bekannt, so können wir X und Y unter der Voraussetzung der eindeutigen Lösbarkeit aus den zwei Gleichungen ermitteln. Fragen wir nun nach der Auflösbarkeit nach dem Urbildvektor $\underline{x}$ und setzen T und (X,Y) als bekannt voraus. Dann ist das Gleichungssystem jedoch unterbestimmt, und wir müssen eine zweite Transformationsmatrix T' und den Bildvektor (X',Y') zu Hilfe nehmen. Damit haben wir dann vier Gleichungen zur Bestimmung von nur drei Unbekannten zur Verfügung. Wegen Meß- und Auswertungsfehlern ist keine lineare Abhängigkeit zu erwarten. Daher kann nicht einfach eine der Gleichungen herausgestrichen werden, und das System ist überbestimmt, eine exakte Lösung also unmöglich. Wir nennen die neue 4 x 3 Koeffizientenmatrix A, die rechte Seite $\underline{b}$ und suchen nun nach dem Urbild $\underline{x}$, das das euklidische Abstandsquadrat

$$d(\underline{x})^2 := (\underline{b} - A\underline{x})^T(\underline{b} - A\underline{x})$$

minimiert. Setzt man $\underline{\text{grad}}\ d = \underline{0}$, so ergibt sich das neue Gleichungssystem

$$A^TA\underline{x} = A^T\underline{b},$$

mit eindeutiger Lösbarkeit, wenn die Determinante $\mathbf{det}(A^TA)$ von Null verschieden ist. Leider ist die Matrix A^TA meist schlecht konditioniert, was die numerische Behandlung der Probleme erschwert.

Seien zum Schluß sechs Urbild- und sechs Bildpunkte $\underline{x}_i$ sowie $\underline{X}_i$, $i = 1, \ldots, 6$, vorgegeben. Dann muß man unsere beiden Bestimmungsgleichungen für alle Indizes i notieren und erhält so ein Gleichungssystem für die zwölf unbekannten Koeffizienten $t_{11}, \ldots, t_{41}, t_{12}, \ldots, t_{42}, t_{14}, \ldots, t_{44}$ der gesuchten Matrix T. Auch hier sind Schwierigkeiten bei der numerischen Behandlung nicht auszuschließen.

Kapitel 15

Licht und Schatten

In Kapitel 15 erläutern wir einfache Modelle zur Ausleuchtung einer dreidimensionalen Szene unter Einbeziehung der Reflexion und Brechung von Lichtstrahlen und benutzen sie zur Darstellung eines Torus am Bildschirm. Dabei spielen Strahlverlauf, Farbe und Lichtintensität eine wichtige Rolle. Weiterhin werden einfache Beispiele zum Ray-Tracing vorgestellt. Sei in diesem Zusammenhang an das Werk *Georges de la Tour's* (1593-1652) erinnert, dessen Farbschöpfungen realistischer Kerzenlicht- und Schattenszenen einer oder mehrerer Personen unerreichte Maßstäbe gesetzt haben.

15.1 Farben

Nachdem wir uns in den vorigen Kapiteln mit der Darstellung dreidimensionaler Körper beschäftigt und den Begriff der verdeckten Linien diskutiert haben, soll nunmehr der Einfluß von Licht und Schatten mit einbezogen werden. Die Oberfläche der Körper wird entsprechend ihrer Farbe und Materialeigenschaften in Abhängigkeit von den vorhandenen Lichtquellen und ihrer Intensität I eingefärbt. Dabei spielt natürlich die Blickrichtung des Beobachters eine Rolle. Jedermann sieht sofort ein, daß hier sehr komplexe Berechnungen erforderlich werden können, die Zeit benötigen, insbesondere wenn mehrere Körper und Lichtquellen die Szene bereichern. Die verwendete Rechnerkonfiguration setzt dann sofort spürbare Grenzen. Eine gängige Graphikkarte erlaubt nur die gleichzeitige Darstellung von 8 Farben in zwei Intensitäten aus einem Spektrum von 64 Farbtönen in einer Auflösung von 640 x 400 Punkten, viel zu wenig, um die angesprochenen Effekte zur Geltung zu bringen. Figur 15.1 zeigt die *CGA*-Aufschlüsselung, wenn 4 Bit Hintergrundspeicher pro Pixel zur Verfügung stehen. Das Intensitätsbit bewirkt nur eine Aufhellung des Farbtons. Die Mischungsverhältnisse zwischen den Farben sind fest.

Bit I	Bit R	Bit G	Bit B	Farbe
0/1	0	0	0	schwarz
0/1	0	0	1	blau
0/1	0	1	0	grün
0/1	0	1	1	cyan
0/1	1	0	0	rot
0/1	1	0	1	magenta
0/1	1	1	0	gelb
0/1	1	1	1	weiß

Figur 15.1

Karten mit Spezialchips erlauben, wenn man jede der drei Grundfarben Rot, Grün und Blau mit sechs Bit Hintergrundspeicher pro Pixel versieht, 262 144 verschiedene Farben. Nun enthält ein hochauflösender Schirm ca. 1 Million Pixel, alle diese Farbkombinationen werden nicht gleichzeitig Verwendung finden. So kann man ein wesentlich kleineres Schlüsselsystem zur CLUT (Color Look Up Table) von z. B. acht Bit pro Pixel verwenden und damit die Zugriffe auf die drei Grundfarbregister wesentlich beschleunigen (vgl. Kapitel 1). Natürlich sind erheblich teurere CPU's und FPU's dieser Graphikleistung adäquat. Wir wollen uns daher in der Hauptsache auf die weitverbreiteten Standardkonfigurationen mit sechzehn Farbtönen beschränken.

15.2 Beleuchtung

Welche Einflüsse sind nun bei der Ausleuchtung einer Szene zu berücksichtigen? Trifft auf die Oberfläche eines Körpers ein Lichtstrahl, so kommt es zu *Reflexionen* und *Brechungen*. Handelt es sich um Strahlungen verschiedener Wellenlängen, so erscheint die Oberfläche farbig. Zur Bestimmung der Farbe, die sich durch Kombination der Rot-, Grün- und Blaukomponenten ergibt, muß ihre Intensität ermittelt werden. Hier unterscheidet man zwei Hauptkomponenten, eine *direkte* sowie eine *indirekte*.

Die erste Komponente berücksichtigt die direkten Lichtquellen und umfaßt

* die ambiente Grundintensität,
* die Primär-Intensitäten der diffusen Reflexion der einfallenden Strahlen aller Lichtquellen,
* die Primär-Intensität der Spiegelungsreflexion,

die zweite Komponente betrifft die Vorkörper und insbesondere

* die Sekundär-Intensität des Reflexionsanteils des ankommenden Sehstrahls,
* die Sekundär-Intensität des Brechungsanteils des durch den Körper ankommenden Strahls.

So muß tatsächlich der Sehstrahl durch die ganze Szene verfolgt werden, bis er dieselbe verläßt, und dann rückwärts an allen Knotenpunkten auf Oberflächen von sichtbaren Körpern Farbe und Intensität berechnet werden. Der Strahlverlauf ist einer binären Baumstruktur (vgl. Figur 15.2) vergleichbar: Je ein Ast entspricht dem sekundären Reflexions- und Brechungsanteil. Dazu ist in jedem Knotenpunkt die direkte Intensität hinzuzufügen. Die Blätter veranschaulichen die letzten Oberflächenpunkte vor Verlassen der Szene, alle Einflüsse der unterhalb liegenden Knoten wirken sich beim Durchlaufen bis zur Wurzel aus. Je länger der durchlaufene Weg ist, umso mehr wird die Intensität abgeschwächt.

Wir wollen nun in Anlehnung an *Rogers* [R3] Möglichkeiten erläutern, die einzelnen Intensitätskomponenten mathematisch zu quantifizieren:

Die ambiente Grundintensität kann in der Form $k_a \cdot I_a$ angenommen werden. Dabei ist I_a die Grundlichtintensität der Szene und k_a der ambiente Reflexionskoeffizient an der Oberfläche. Die diffuse Reflexionsintensität wird für jede Lichtquelle l, die einen Oberflächenpunkt bestrahlt, nach dem *Lambertschen Kosinusgesetz* in der Form $I_d = k_d \cdot I_l \cdot \cos \alpha$ ermittelt. Dabei ist k_d eine materialabhängige Konstante der diffusen Reflexion, I_l die Intensität der einfallenden Lichtquelle l und α, $0 \leq \alpha \leq \pi/2$, der Einfallswinkel zwischen dem ins Äußere zeigenden Normalen- und dem zur Lichtquelle gerichteten Vektor am Auftreffpunkt. Der Winkel kann mit Hilfe des Skalar-

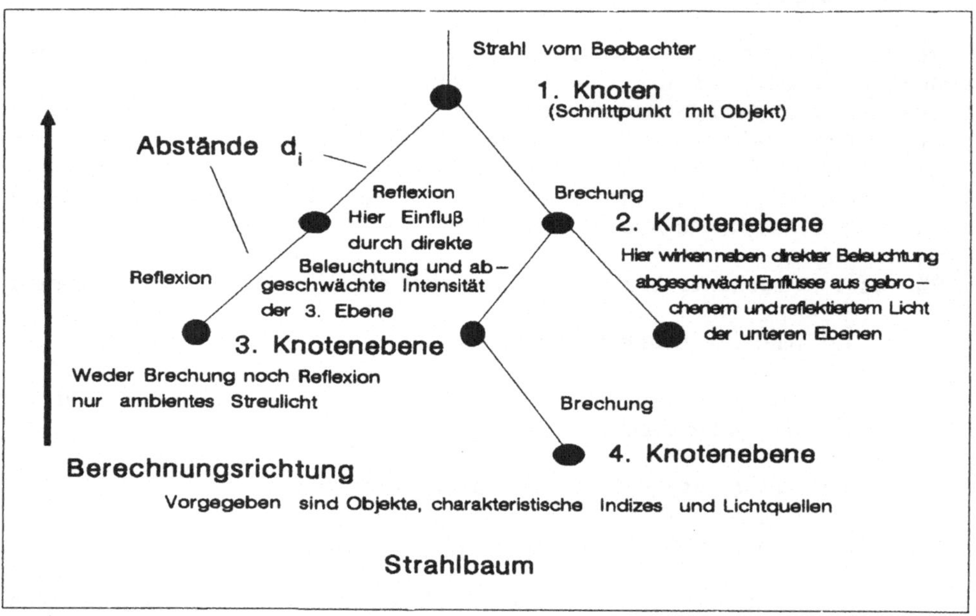

Figur 15.2

produkts (4.3) zwischen auf Eins normiertem Normalenvektor und Einheitsrichtungsvektor des Strahles berechnet werden. Wird der Winkel größer als $\pi/2$, so ist die Intensität auf Null zu setzen.

Ist die Oberfläche zum Beispiel in parametrisierter Form durch $\underline{x}(u,v)$ beschrieben, so bildet man zunächst die Tangentialvektoren $\underline{x}_{|u}$ und $\underline{x}_{|v}$ durch partielle Ableitung, sodann ihr Kreuzprodukt und erhält den Normalenvektor durch Normierung auf Länge eins (vgl. Figur 14.8). Sind mehrere Lichtquellen vorhanden, so addieren sich die Intensitäten. Die Figur 15.3 zeigt einen Torus, der von einer rechts seitlich vom Beobachter schräg oben angebrachten Lichtquelle beleuchtet ist, mit sechzehn durch Grautöne wiedergegebenen Intensitätsstufen.

Aufgabe 15.1
Berechne den ins Äußere gerichteten Normalenvektor des Torus.

Betrachten wir nun die *Spiegelungsreflexion*. Hier kommt es bei der Berechnung der resultierenden Primärintensität auf die Position des Beobachters an. Der ankommende Lichtstrahl wird an der Oberfläche des betrachteten Körpers reflektiert. Dabei liegen der Einfallsvektor $\underline{l}$, der Normalenvektor $\underline{n}$ und der Richtungsvektor $\underline{r}$ des reflektierten Strahles in einer Ebe-

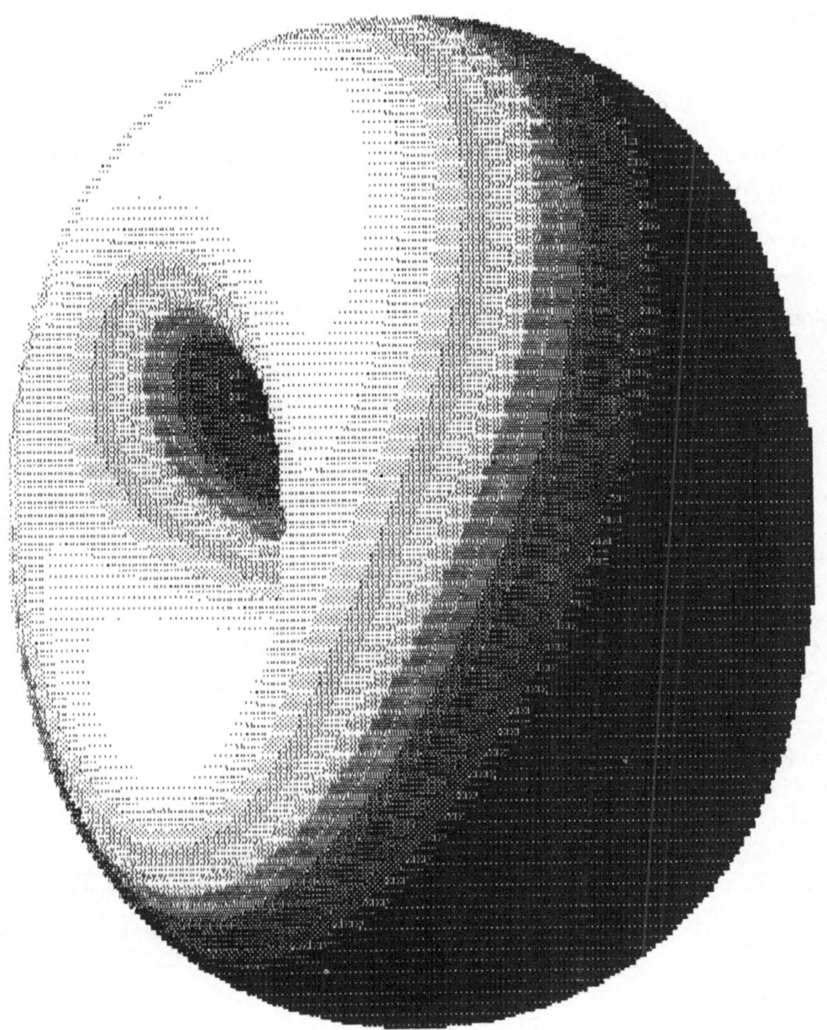

Figur 15.3

ne, und Einfalls- wie Ausfallswinkel α sind gleich groß. In Figur 15.4 ist der Reflexionsvektor mit Hilfe des Einfalls- und des Normalenvektors ausgedrückt. Dabei ist der Normalenvektor zur Länge eins normiert und zeigt ins Äußere. Zur Herleitung beachtet man die Gleichheit der Winkel, aus der die Betragsgleichheit der Skalarprodukte folgt: $(\underline{n},\underline{l}) = -(\underline{n},\underline{r})$. Alle drei Vektoren liegen in einer Ebene, und so folgt auch die Gleichheit der Vektorprodukte $\underline{n} \times \underline{l} = \underline{n} \times \underline{r}$. Benutzt man noch die Relationen

$$\underline{a} \times (\underline{b} \times \underline{c}) = (\underline{a},\underline{c})\, \underline{b} - (\underline{a},\underline{b})\, \underline{c}, \quad (\underline{n},\underline{n}) = 1,$$

so resultiert $-\underline{r} = 2\,(\underline{n},\underline{l})\,\underline{n} - \underline{l}$, wenn $\underline{r}$ und $\underline{l}$ die gleiche Länge haben. Wir wollen auch hier beide Vektoren zu Eins normiert annehmen.

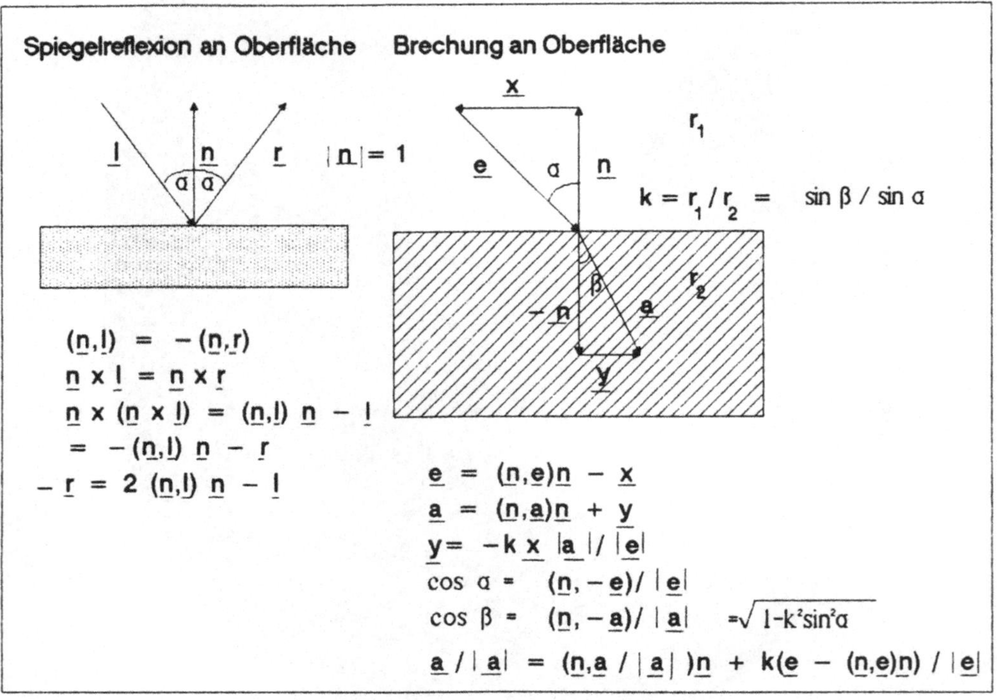

Figur 15.4

Aufgabe 15.2
Man berechne den Vektor des reflektierten Strahles $\underline{r}$ im Falle des Torus in Abhängigkeit von $\underline{l}$.

Empirische Versuche haben ergeben, daß die Intensität I_r des vom Betrachter gesehenen Lichtstrahls vom Einfallswinkel α, vom Winkel Φ zwischen Beobachter und reflektiertem Strahl mit Richtung $\underline{r}$ und von der Wellenlänge μ abhängt. *Phong Bui-Tuong* setzt I_r an mit

$$I_r = I_l\ k_r(\alpha,\mu)\ \mathbf{cos}^n\Phi. \qquad (15.1)$$

cos Φ kann als Skalarprodukt der zu Eins normierten zugehörigen Richtungsvektoren berechnet werden und wird für $|\Phi| > \pi/2$ zu Null gesetzt. Der Exponent n liegt zwischen 1 und 10. Je größer n ist, umso mehr nimmt $\mathbf{cos}^n$ den Charakter einer Peakfunktion an: die Funktion fällt außerhalb einer Umgebung von Null vom Ausgangswert 1 sehr schnell ab. Metalle und spiegelnde Flächen werden hier erfaßt. Matte, nichtmetallische Flächen wie Papier lassen kleine Werte von n angemessen erscheinen. In [R3] befinden sich Schaubilder der Kurven k_r in Abhängigkeit von Wellenlänge und Einfallswinkel für verschiedene Materialien, wie Gold, Silber, Stahl und Glas. In einem gröberen Modell wird man k_r als konstant annehmen. *Rogers* ersetzt die Intensität I_l noch durch $I_l/(K + dist)$, wobei *dist* der Abstand des Objekts vom Beobachter ist. Dadurch wird der Intensitätsabfall berücksichtigt, der bei weiterer Entfernung des betrachteten Körpers eintritt. Zusammenfassend beziffert sich die Primärintensität verschiedener Lichtquellen zu

$$I_p = k_a\ I_a + \Sigma_{j\geq 1}\ I_j(k_d\ \mathbf{cos}\ \alpha_j + k_r\ \mathbf{cos}^n\Phi_j), \qquad (15.2)$$
$$I_j = I_{l(j)}/(K_j + dist).$$

Zusätzlich muß noch die Sekundärintensität I_s bestehend aus Reflexions- und Brechungsanteil zugefügt werden. Dazu ist es jedoch erforderlich, den Strahl solange zu verfolgen, bis er die Szene verläßt, und dann rückwärts die durch Entfernungen abgeschwächten Intensitäten von den Knotenpunkten auf anderen Körpern einzubeziehen. Es wird somit

$$I_s = k_r\ I_{rv} + k_b\ I_{bv}. \qquad (15.3)$$

Hier ist k_r der schon bekannte *Spiegelungsreflexionskoeffizient*, I_{rv} ist die proportional zum Abstand des Vorkörpers abgeschwächte Intensität, die der Strahl via Reflexionsast des Strahlbaumes mitbringt, ehe er am Hauptkörper gebrochen wird und dann zum Beobachter kommt. k_b ist der *Transmissionskoeffizient*, dessen Größe von der Durchlässigkeit des Körpermaterials abhängt. I_{bv} bezeichnet die per Brechungskomponente ankommende Intensität des zweiten Vorkörpers. Natürlich können die eine oder andere Größe verschwinden, wenn der zugehörige Ast des binären Baumes fehlt.

In unseren Figuren 15.5 und 15.6 haben wir nur direkte Intensitäten berücksichtigt. Eine Lichtquelle ist schräg rechts oberhalb des Torus angenommen, der Beobachter vor dem Torus. Zunächst sind sechzehn verschiedene Graustufen verwendet. Die Auflösung beträgt 640h x 400v Punkte. Der Exponent n ist zu Eins gesetzt. Um die brüsken Übergänge abzuschwächen, ist das gleiche Bild einer Weichzeichnerprozedur in Form einer Mittelbildung beieinanderliegender Grautöne unterworfen worden.

Es steht noch die Berechnung der Richtung des gebrochenen Strahls aus, die zur Bestimmung seines globalen Verlaufes erforderlich ist. In Figur 15.4 sind auch hier die wesentlichen Schritte zusammengefaßt. Man muß jedoch erschwerend berücksichtigen, daß einfallender Vektor $\underline{e}$ und nach Bre-

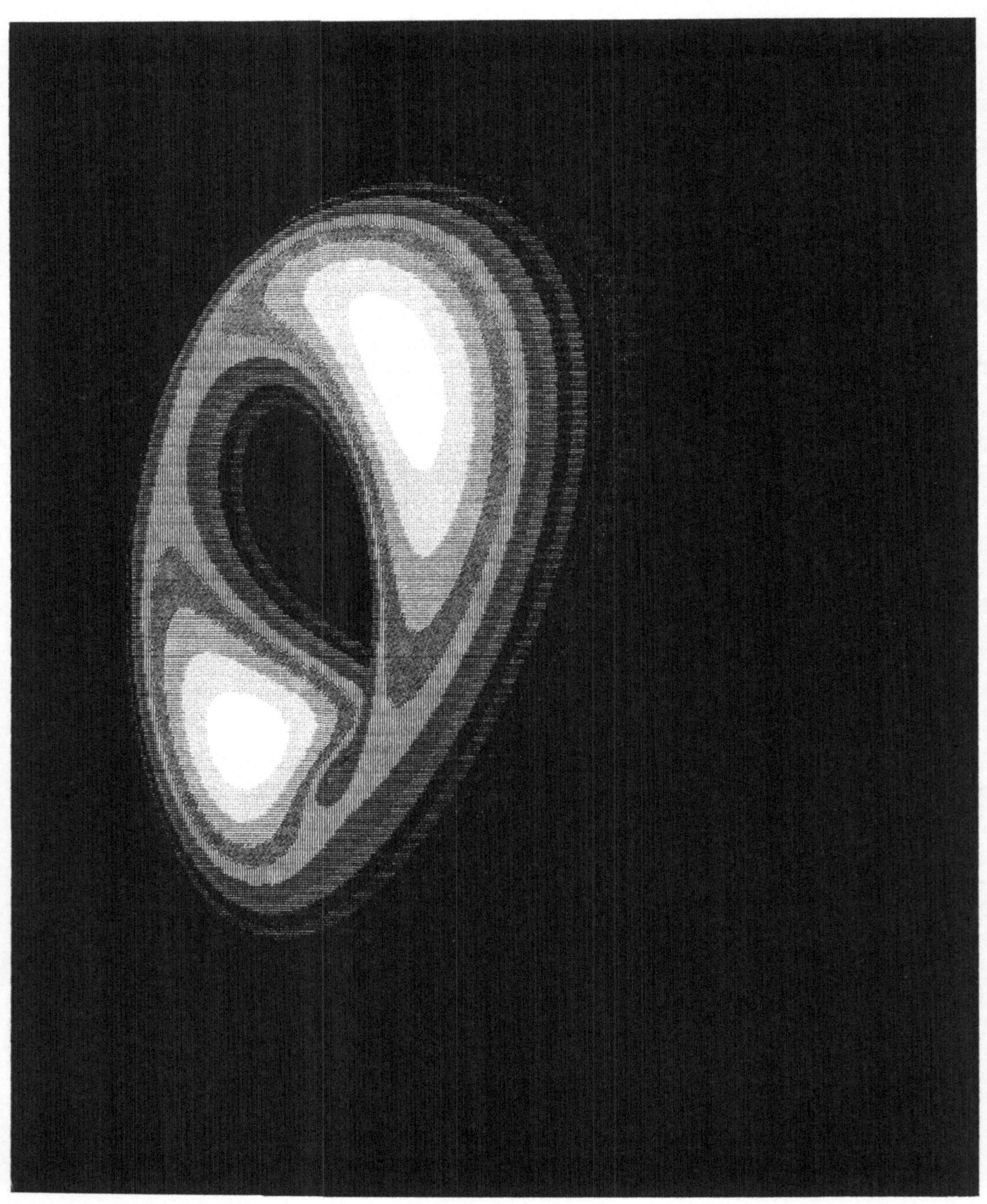

Figur 15.5

Figur 15.6

chung austretender Vektor $\underline{a}$ im allgemeinen nicht mehr die gleiche Länge haben, während $\underline{n}$ und $-\underline{n}$ beide Einheitsvektoren sind. Nach dem Brechungsgesetz gilt

$$r_1 \sin \alpha = r_2 \sin \beta,$$

wenn r_1 und r_2 die Brechungsindizes der äußeren Umgebung und des Körpers sind. Bezeichnet dann $k = r_1/r_2 = \sin \beta / \sin \alpha$ das Brechungsverhältnis, so kann man eine Beziehung zwischen den Hilfsvektoren $\underline{x}$ und $\underline{y}$ herstellen mit

$$\underline{y} = -k\, \underline{x}\, |\underline{a}| \,/\, |\underline{e}|.$$

Weiter ergibt sich

$$\cos \alpha = (\underline{n},-\underline{e})/|\underline{e}| \text{ und } \cos \beta = (\underline{n},-\underline{a})/|\underline{a}| = \sqrt{1 - k^2 \sin^2 \alpha}.$$

Normiert man die beiden Vektoren $\underline{e}$ und $\underline{a}$ auf Länge eins mit $\underline{e1} = \underline{e}/|\underline{e}|$ und $\underline{a1} = \underline{a}/|\underline{a}|$, so erhält man schließlich eine leicht zu berechnende Relation, die die Grenzfälle $k = 0$ und $\alpha = \beta$ offensichtlich enthält:

$$\underline{a1} = -\underline{n}\, (\sqrt{1 - k^2 \sin^2 \alpha} - k \cdot \cos \alpha) + k \cdot \underline{e1}\ . \tag{15.4}$$

Aufgabe 15.3
Berechne den Richtungsvektor $\underline{s}$ des gebrochenen Strahles beim Eintritt und beim Austritt am Punkte $\underline{x}$ der Oberfläche einer Kugel mit Radius R_1 und Mittelpunkt $(km_1,\ldots,km_3)$ sowie den Brechungsindizes r_1 für das Äußere und r_2 fürs Innere.

15.3 Ray-Tracing

Als Anwendungsbeispiel studieren wir eine Szene, die zwei Kugeln innerhalb eines quaderförmigen Raumes enthält. Es werden also die Randebenen, die Mittelpunkte und Radien der beiden Kugeln sowie die Position des Beobachters vorgegeben. Die sechs Wände des Raumes seien mit auffälligen Farbmustern versehen, die größere Kugel spiegelnd und die kleinere aus Glas mit einem Brechungsquotienten k=0.94. Da eine gängige Farbkarte neben acht Farben nur zwei Intensitäten erlaubt, wollen wir auf Lichtquellen verzichten und nur die dem Beobachter sichtbaren Farbmuster auf Wänden und Kugeln ermitteln. Dazu gehen wir wie folgt vor:

Den quaderförmigen Raum halbieren wir durch die Bildschirmebene. Sodann verbinden wir jedes Pixel (x,y) mit dem Beobachter und ermitteln den Richtungsvektor des Sehstrahls. Um die Abarbeitung zu beschleunigen, legen wir um jeden Körper im Raum einen ihn enthaltenden Quader. In unserem Fall mögen sich die beiden Quader nicht schneiden. Nunmehr berechnen wir den nächsten Schnittpunkt des Sehstrahls mit einer der sechs Raumebenen oder den Quadern. Liegt keiner der Kugeln im Weg, so erhält das Pixel (x,y) die Farbe des eindeutig bestimmten Schnittpunktes mit den Wänden, anderenfalls muß der Strahl in den betreffenden Quader hineinverfolgt werden. Die Berechnung der Schnittpunkte erweist sich bei ebenen Begrenzungsflächen als sehr einfach, wenn wie in unserem Fall eine der Koordinaten konstant ist. Bei allgemeinen Körpern bieten sich zwei Alternativen :

Ist die Oberfläche durch eine Gleichung in geschlossener Form gegeben, wie $F(x,y,z) = 0$, so spürt man den Punkt der Strahlgeraden auf, bei dem nach Einsetzen in die Gleichung ein Vorzeichenwechsel auftritt, denn nur Randpunkte erfüllen exakt die Gleichung. Anderenfalls sollte die Körperoberfläche durch ebene oder kubische Flächensplines angenähert werden. Im Falle unserer Kugel gilt

$$F(x,y,z) = (x - xm)^2 + (y - ym)^2 + (z - zm)^2 - rm^2 = 0.$$

Wir durchlaufen nun den umfassenden Quader unter Benutzung des dreidimensionalen *Bresenham*-Algorithmus, indem wir Punkt für Punkt auf dem Strahl fortschreiten. Ein *PASCAL*-Programm des Algorithmus befindet sich in Kapitel 9. Nur beim Eintritt wird F einmal ausgewertet und dann nur noch bei jedem Schritt durch Addition linearer Terme angepaßt. Das Verfahren ist schon bei den Kreisalgorithmen in Kapitel 2 erläutert worden. Trifft nun der Strahl auf die Kugeloberfläche, so wird er entweder reflektiert oder gebrochen. In beiden Fällen wird der neue Richtungsvektor mit den Formeln aus Figur 15.4 ermittelt und normiert. Durchläuft der Strahl die

Figur 15.7

Glaskugel, so tritt eine weitere Brechung auf. Wir benutzen für das *Ray-Tracing* den Bresenham-Algorithmus nur solange, bis der Quader wieder verlassen ist. Dann kann ein neuer Schnittpunkt des aktualisierten Strahls mit einem anderen Quader oder einer der Wände berechnet werden. Schließlich endet der Strahl auf einer der die Szene begrenzenden Randflächen, und der Punkt (x,y) nimmt die gefundene Farbe an. Figur 15.7 zeigt die Szene mit 640h x 400v Bildpunkten. Die Rechenzeit auf einem PC liegt im Stundenbereich. Weitere Erläuterungen zur Methode und ihrer Implementierung auf leistungsfähigeren Anlagen befinden sich zum Beispiel in *Fujimoto et al.* [F-T-I], *Gisser* [G1] und *Rogers* [R3]. Eine Farbtafel zu einem von *Gisser* vorgeschlagenen Beispiel einer beleuchteten schwebenden Spiegelkugel befindet sich am Ende des Anhangs A.7, das zugehörige Programm in [B-L2]. Dabei zeigt es sich, daß bei einfach geformten Körpern mit analytisch beschriebener Oberfläche und nicht zu komplexen Szenen die Berechnung der Schnittpunkte und Aktualisierung des Strahlvektors schneller vonstatten geht als die Verfolgung des Strahls mit dem 3D Bresenham-Algorithmus.

Aufgabe 15.4
Gegeben sei eine reflektierende Kugel mit dem Radius r und dem Mittelpunkt $\underline{k}=(k_1,k_2,k_3)^T$. Im Raum sei eine punktförmige Lichtquelle an der Stelle $\underline{l}$ angebracht. Man berechne die Umgrenzungskurve des Schattengebiets in der Ebene $z = 0$, das die Kugel erzeugt.

Anleitung
Man verlege den Mittelpunkt des Koordinatensystems zunächst nach $\underline{k}$ und setze $\underline{l}^* = \underline{l} - \underline{k}$. Dann bilden die die Kugel streifenden Lichtstrahlen einen Kegel. Die Berührkurve ist ein Kreis, der in der Ebene mit dem Normalenvektor $\underline{l}^*$ liegt. Der Öffnungswinkel α des Kegels ist durch die Beziehung $\cos^2\alpha = 1 - r^2/(\underline{l}^*,\underline{l}^*)$ festgelegt. Wir verlängern die Strahlen, bis sie die Ebene $z = 0$ im Punkte $\underline{p} = (p_1,p_2,0)^T$ schneiden. Für die Schnittkurve erhalten wir die folgenden Gleichung:

$$(\underline{l}^*,\underline{p}-\underline{l})^2/\{(\underline{l}^*,\underline{l}^*)(\underline{p}-\underline{l},\underline{p}-\underline{l})\} = 1 - r^2/(\underline{l}^*,\underline{l}^*),$$
$$\{(l_1-k_1)\cdot(p_1-l_1) + (l_2-k_2)\cdot(p_2-l_2) + (l_3-k_3)\cdot(-l_3)\}^2 =$$
$$\{(l_1-k_1)^2 + (l_2-k_2)^2 + (l_3-k_3)^2 - r^2\}\cdot\{(p_1-l_1)^2 + (p_2-l_2)^2 + l_3{}^2\}.$$

Die Auswertung ergibt eine Gleichung der Form (5.2)

$$a\cdot p_1^2 + c\cdot p_2^2 + 2b\cdot p_1p_2 + 2d\cdot p_1 + 2e\cdot p_2 + f = 0.$$

Dabei muß es sich, wenn es überhaupt ein Schattengebiet gibt, bei seinem Rand um eine Ellipse, Parabel oder Hyperbel handeln.

Anhang

Programme und Ergänzungen

In diesem Anhang geben wir einige wichtige Programme im *TURBO PASCAL* Quelltext für ein *IBM*-kompatibles Rechnersystem an, führen die Grundelemente zweier Graphikpakete auf und beschließen mit acht Farbtafeln das Buch.

A.1 Ein Polygonschraffur-Programm

```
program polygon_schraffur;

 const
    ordpoly1 = 20; (* > Anzahl der Polygonpunkte  *)
    ym = 199; (* maximale Ordinate *)

 type
    punkt = record
              x, y : integer;
            end;
    polygon = array[0..ordpoly1] of punkt;

 var
   p : polygon;
   n, ordpoly : integer;
   fertig : boolean;
   ch : char;

 procedure polyfill(p : polygon);
 type
    kante = record
             x, y, ymax : integer;
             xr, d : real;
            end;
    liste = array[1..ordpoly1] of kante;

 var
    L : liste;
    a : array[1..ordpoly1] of byte;
    yactuel, i, kzahl : integer;

 procedure kanten;
 var
   k, z, dx1, dy1, dx2, dy2 : integer;

procedure zuweisen(richtung, inkrement : integer ; dif : real);

 begin
   with L[z] do
   begin
    d := dif; y := p[k].y + inkrement;
   xr := p[k].x + inkrement*d; x := round(xr);
   ymax := p[k+richtung].y
   end;
   z := succ(z)
 end;
 begin
 p[0].x := p[ordpoly].x; p[succ(ordpoly)].x := p[1].x;
```

```
p[0].y := p[ordpoly].y; p[succ(ordpoly)].y := p[1].y;
(* Verketten *) z := 1;
for k := 1 to ordpoly do
  begin
  dx1 := -p[k].x + p[pred(k)].x;
  dy1 := -p[k].y + p[pred(k)].y;
  dx2 := -p[k].x + p[succ(k)].x;
  dy2 := -p[k].y + p[succ(k)].y;
  if dy1 <= 0 then if dy2 > 0 then zuweisen(1, 1, dx2/dy2);
  if dy2 <= 0 then if dy1 > 0 then zuweisen(-1, 1, dx1/dy1);
  if (dy1 > 0) and (dy2 > 0) then
     begin
      zuweisen(-1, 0, dx1/dy1); zuweisen(1, 0, dx2/dy2)
     end;
  kzahl := pred(z);
  end;
end;

procedure sortieren; (* bubble *)
var
  i, v, p : integer;

begin
p := kzahl;
repeat
  while (L[a[p]].y <> yactuel) and (p > 2) do  p := p-1;
  for i := 1 to p-1 do
    begin
    v := a[i];
    if (L[v].y = yactuel) and (L[v].xr > L[a[p]].xr) then
         begin
         a[i] := a[p]; a[p] := v
         end;
    end;
  p := p-1 ;
  until p < 2
 end;

procedure zeichnen_und_aktualisieren;
var
  i, k, x1 : integer;
  gefunden : boolean;

procedure aktualisieren(j : integer);
begin
 with L[a[j]] do
       if ymax > yactuel then begin
       y := succ(y); xr := xr+d; x := round(xr)
       end;
end;
```

```
 begin
 i := 1; k := 0;
 repeat
 i := k+1; gefunden := false;
 while  (L[a[i]].y <> yactuel) and (i < kzahl) do
   i := succ(i);
 if i < kzahl then begin
   gefunden := true; k := i+1; while  (L[a[k]].y <> yactuel)
   and (k < kzahl) do k := succ(k) end;
 if gefunden then
      begin
          x1 := L[a[i]].x; while x1 < L[a[k]].x do
          begin  if ((yactuel-x1) mod 7 = 0) then
          plot(x1, yactuel, 1); x1 := succ(x1) end;
         aktualisieren(i); aktualisieren(k)
      end
 until i >= kzahl;
 end;

 begin
 kanten; for i := 1 to kzahl do a[i] := i;
 for yactuel := 0 to ym do
   begin
   sortieren;
   zeichnen_und_aktualisieren
   end;
 end;

{ Hauptprogramm: Polygon erstellen; die eingegebenen Punkte müssen in der
 Durchlaufreihenfolge den Ecken entsprechen; Wert an ordpoly zuweisen }

begin
clrscr; n := 0; fertig := false;
while not fertig do
  begin
  n := n+1;
  write('punkt (x,y): '); read(p[n].x,p[n].y);
  writeln(' fertig (j/n)'); read(kbd,ch);
  if upcase(ch) = 'J'  then fertig := true;
  end;
ordpoly := n;       (*zeichnen *)
hires; for n := 1 to ordpoly-1 do
  draw(p[n].x, p[n].y, p[succ(n)].x, p[succ(n)].y, 1);
  draw(p[ordpoly].x, p[ordpoly].y, p[1].x, p[1].y, 1);
polyfill(p);
read(kbd,ch)
end.
```

A.2 Eine dreidimensionale Clippingroutine bei Zentralprojektion

Der Augpunkt befinde sich im Ursprung. Der Sehbereich sei durch eine Pyramide charakterisiert, die durch die sechs Ebenen

$$z = zL,\ z = zr,\ 0 \le zL < zr,$$
$$x = cz,\ x = -cz,\ y = cz,\ y = -cz,\ c > 0,$$

zu einem Stumpf begrenzt sei. Die Clippingroutine entscheidet, ob und welcher Teil einer Strecke mit Anfangspunkt *(x1,y1,z1)* und einem Endpunkt *(x2,y2,z2)* innerhalb der Pyramide liegt. Nach dem Clipping liegen der neue Anfangs- und Endpunkt *(x1,y1,z1)* bzw. *(x2,y2,z2)* innerhalb oder auf dem Rande des Pyramidenstumpfs, und die Projektion kann nun vorgenommen werden. Projiziert man zunächst und nimmt dann das klassische zweidimensionale Clipping vor, so können z. B. Geraden, die nicht innerhalb der Sichtbarkeitspyramide liegen, auf dem Schirm erscheinen. Zum besseren Verständnis ist das Kappen an den sechs möglichen Oberflächen des Pyramidenstumpfs ohne prozeduralen Abkürzungen ausgeführt. Eine elegantere Formulierung sei dem Leser zur Übung überlassen.

```
procedure swap(var a, b, da : real);

var c : real;

begin
c := a; a := b; b := c; da := -da
end;

procedure clipping3d(var x1, x2, y1, y2, z1, z2, zL, zr, c : real);
(* Pyramide z = zL, zr ; x = ±cz; y = ±cz *)

var
    x, y, z, dx, dy, dz, t, cz : real;
    a : byte;
    sichtbar : boolean;

begin
sichtbar := false; a := 0; dx := x2 - x1; dy := y2 - y1; dz := z2 - z1;
if dz < 0 then
    begin swap(x1, x2, dx); swap(y1, y2, dy); swap(z1, z2, dz) end;
  if z1 >= zL then a := succ(a) else
    if z2 >= zL then
    begin
    t := (zL - z1)/dz;
    x := x1 + t*dx; y := y1 + t*dy; z := zL; cz : = c*z;
    if (x - cz <= 0) and (x + cz >= 0) and (y - cz <= 0)
    and (y + cz >= 0) then
      begin
      x1 := x; y1 := y; z1 := z; sichtbar := true
```

```
          end
        end;
      if z2 <= zr then a := succ(a) else
        if z1 <= zr then
        begin
        t := (zr - z1)/dz;
        x := x1 + t*dx; y := y1 + t*dy; z := zr; cz : = c*z;
        if (x - cz <= 0) and (x + cz >= 0) and (y - cz <= 0)
        and (y + cz >= 0) then
          begin
          x2 := x; y2 := y; z2 := z; sichtbar := true
          end
        end;
    if dy + c*dz < 0 then
        begin swap(x1, x2, dx); swap(y1, y2, dy); swap(z1, z2, dz) end;
      if y1 + c*z1 >= 0 then a := succ(a) else
        if y2 + c*z2 >= 0 then
        begin
        t := (-y1 - c*z1)/(dy + c*dz);
        x := x1 + t*dx; y := y1 + t*dy; z := z1 + t*dz; cz := c*z;
        if (x - cz <= 0) and (x + cz >= 0) and (z >= zL) and (z <= zr)
        then
          begin
          x1 := x; y1 := y; z1 := z; sichtbar := true
          end
        end;
      if y2 - c*z2 <= 0 then a := succ(a) else
        if y1 - c*z1 <= 0 then
        begin
        t := (-y1 + c*z1)/(dy - c*dz);
        x := x1 + t*dx; y := y1 + t*dy; z := z1 + t*dz; cz := c*z;
        if (x - cz <= 0) and (x + cz >= 0) and (z <= zr) and (z >= zL)
        then
          begin
          x2 := x; y2 := y; z2 := z; sichtbar := true
          end
        end;
    if dx + c*dz < 0 then
        begin swap(x1, x2, dx); swap(y1, y2, dy); swap(z1 ,z2, dz) end;
      if x1 + c*z1 >= 0 then a := succ(a) else
        if x2 + c*z2 >= 0 then
        begin
        t := (-x1 - c*z1)/(dx + c*dz);
        x := x1 + t*dx; y := y1 + t*dy; z := z1 + t*dz; cz := c*z;
        if (y - cz <= 0) and (y + cz >= 0) and (z >= zL) and (z <= zr)
        then
          begin
          x1 := x; y1 := y; z1 := z; sichtbar := true
          end
        end;
```

```
    if x2 - c*z2 <= 0 then a := succ(a) else
      if x1 - c*z1 <= 0 then
      begin
      t := (-x1 + c*z1)/(dx - c*dz);
      x := x1 + t*dx; y := y1 + t*dy; z := z1 + t*dz; cz := c*z;
      if (y - cz <= 0) and (y + cz >= 0) and (z <= zr) and (z >= zL)
      then
        begin
        x2 := x; y2 := y; z2 := z; sichtbar := true
        end
      end;

  if sichtbar  or (a = 6) then
    begin
    projection(x1, y1, z1, x2, y2, z2);
   (* ergibt den neuen Anfangs- und Endpunkt (xa, ya) und (xe, ye) der
      gekappten Strecke auf dem Schirm *)
    draw(xa, ya, xe, ye, farbe)
    end;
  end;
```

A.3 Ein Peanokurven-Programm

```
program Peanokurve;

type
    richtung = 0..3;
    (* Ost, Nord, West, Süd *)
    intervall = 0..8;
    skala = 2..162;
    coordinate = 0..319;

const
    schritt : array[0..4] of skala = (2, 6, 18, 54, 162);

var
  direc : array[richtung,intervall] of richtung;
  segment : array[intervall] of boolean;
  xa, xp, ya, yp : coordinate;
  ch : char;


procedure richtungsmatrix_erstellen;

var
  i : richtung;
  k : intervall;
```

```
begin
k := 0;
while k <= 4 do
  begin
  for i := 0 to 3 do
    begin
    direc[i,k] := (i + (k mod 2) + 2*(k div 3)) mod 4;
    direc[i,8-k] := direc[i,k]
    end;
  k := succ(k)
  end;
(* Matrix der Richtungen des Segments k nach Rotation um i*π/2 *)
for k := 0 to 8 do segment[k] := false
end;

procedure segment_streichen;

var
  k : intervall;

begin
 repeat
 gotoxy(5,5); write('Wollen Sie ein Segment streichen? j/n ');
 read(kbd,ch); if upcase(ch)='J' then
  begin
   repeat
   gotoxy(5,7);
   write('Geben Sie seine Nummer 0..8 an ');
   clreol; read(k);
   until k in [0..8];
  segment[k]:=true (* Flag setzen *)
  end;
 until upcase(ch)<>'J'
end;

procedure schritt_machen(u : richtung; delta : skala);

var
  h, v : integer;

begin
  case u of
  0: begin h := delta; v := 0 end;
  1: begin h := 0; v :=-delta end;
  2: begin h :=-delta; v := 0 end;
  3: begin h := 0; v := delta end
  end; (* of case *)
  xp := xa; xa := xp + h;
  yp := ya; ya := yp + v
end;
```

```
procedure bildschirm;

begin
graphcolormode; xa := 80; ya := 100;
  (* CGA-Modus *)
end;

procedure zeichnen(k : integer; u : richtung);

var
  v : richtung;
  z : intervall;
  delta : skala;

begin
if k = 0 then for z := 0 to 8 do
         begin
         v := direc[u,z];
         delta := schritt[0];
         schritt_machen(v,delta);
         if not segment[z] then draw(xp,yp,xa,ya,1)
         end
      else
     for z := 0 to 8 do
   begin
   v := direc[u,z];
   if segment[z] then
     begin
     delta := schritt[k];
     schritt_machen(v,delta)
     end
   else
     zeichnen(k-1,v);
   end;
end;


begin
clrscr; richtungsmatrix_erstellen; segment_streichen; bildschirm;
zeichnen(3,0); (* Größte Rekursionstiefe hier 3 *)
read(kbd,ch); textmode
end.
```

A.4 Ein Hidden Line-Programm

```
program PLOT3D ;
{$R+}
{ geräteabhängige Konstanten }
```

```
const NX = 1000 ; NY = 1000 ; { Pixel in X und Y Richtung }
      XOFFSET = 500 ; YOFFSET = 500 ; XSCALE = 100 ; YSCALE = -100 ;

var UG, OG : array[0..NX] of integer ;
    PENSTATE, XP, YP : integer ;
    xa, xb, dx, ya, yb, dy : real ;
    NLINESX, NLINESY, PIXELSTATE : integer ;
    TMPX, TMPUG, TMPOG : integer ;
    XL, YL, XR, YR : integer ;

{-----------------------------------------------------------------}

{ Plotter Ansteuerung , maschinenabhängig }

procedure moveto(X,Y : integer) ;

begin
{ bewegen nach X,Y }
end ;

procedure drawto(X,Y : integer) ;

begin
{ zeichnen nach X,Y }
end ;

{-----------------------------------------------------------------}

function f(x,y : real) : real ;   { zu zeichnende Funktion }

begin
f := -x*x-y*y ;
end;

{-----------------------------------------------------------------}

procedure update(X : integer) ;   { UG,OG Update }

begin
UG[TMPX] := TMPUG ; OG[TMPX] := TMPOG ;
TMPX := X ;
TMPUG := UG[X] ; TMPOG := OG[X] ;
end;

procedure pixel(X,Y : integer) ;

begin
{ zeichnen, wenn sichtbar }
{ Dieser Teil ist für Pixelgraphik zu ändern in :
* if (Y > OG[X]) or (Y < UG[X]) then
```

```
•       setpixel(X,Y);
}
if (Y > OG[X]) or (Y < UG[X]) then
  begin
if PENSTATE = 0 then
    begin
    PENSTATE := 1 ; moveto(X,Y) ;
    end ;
  end
 else
  begin
  if PENSTATE = 1 then
   begin
   PENSTATE := 0 ; drawto(X,Y) ;
   end ;
  end ;

{ Ende des Punktzeichnens }

if PIXELSTATE = 1 then  { Erster Punkt eines Linienzuges }
  begin
  PIXELSTATE := 2 ; TMPX := X ; TMPUG := UG[X] ; TMPOG := OG[X] ;
  end ;
  if X <> TMPX then update(X) ;
  if Y > TMPOG then TMPOG := Y ;
  if Y < TMPUG then TMPUG := Y ;
end ;

procedure line(X1,Y1, X2,Y2 : integer) ; { Bresenham }

var R, XADD, YADD, DXP, DYP : integer ;

begin
XP := X1 ; YP := Y1 ;
R := 0 ; DXP := abs(X2-XP) ; DYP := abs(Y2-YP) ;
if X2 > XP then XADD := 1 else XADD := -1 ;
if Y2 > YP then YADD := 1 else YADD := -1 ;
pixel(XP,YP) ;
if DXP > DYP then
  while XP <> X2 do
    begin
    XP := XP + XADD ; R := R + DYP ;
    if R >= DXP-R then begin YP := YP+YADD ; R := R-DXP ; end ;
    pixel(XP,YP) ;
    end
 else
  while YP <> Y2 do
    begin
    YP := YP + YADD ; R := R + DXP ;
    if R >= DYP-R then begin XP := XP+XADD ; R := R-DYP ; end ;
```

```
    pixel(XP,YP) ;
    end ;
if PENSTATE = 1 then
  drawto(XP,YP) ; { Rest einer Linie zeichnen }
end ;

procedure clear ;

var I : integer ;

begin
for I := 0 to NX do begin
  UG[I] := 30000 ; OG[I] := -30000 ; end ;
end ;

procedure dogrid ;

var LINEX, LINEY, XSCREEN, YSCREEN, X1, Y1 : integer ;
    xgrid, ygrid, zgrid : real ;

begin
dx := (xb-xa)/(NLINESX-1) ;
dy := (yb-ya)/(NLINESY-1) ;
ygrid := ya ;
for LINEY := 1 to NLINESY do
  begin
  xgrid := xa ;
  PENSTATE := 0 ;
    for LINEX := 1 to NLINESX do
    begin
    zgrid := f(xgrid,ygrid) ;

    { Projektion x,y,z -> XSCREEN,YSCREEN }

    XSCREEN := round(XOFFSET+XSCALE*(xgrid-0.6*ygrid)) ;
    YSCREEN := round(YOFFSET+YSCALE*(0.5*xgrid+0.3*ygrid+zgrid)) ;

    if LINEX = 1 then
      begin
      PIXELSTATE := 1 ;
      if LINEY <> 1 then line(XL,YL, XSCREEN,YSCREEN) ;
      XL := XSCREEN ; YL := YSCREEN ;
      X1 := XSCREEN ; Y1 := YSCREEN ;
      end
     else
      begin
      line(X1,Y1, XSCREEN,YSCREEN) ; X1 := XSCREEN ; Y1 := YSCREEN ;
      end ;
      xgrid := xgrid + dx ;
      end ;
```

```
if LINEY = 1 then
      begin
      XR := XSCREEN ; YR := YSCREEN ; update(XSCREEN) ;
      end
     else
      begin
      line(X1,Y1, XR,YR) ; XR := X1 ; YR := Y1 ; update(XR) ;
      end ;
    ygrid := ygrid + dy ;
  end ;
end ;


begin
clear ;
xa := -1.0 ; xb := 1.0 ; NLINESX := 10 ;
ya := -1.0 ; yb := 1.0 ; NLINESY := 10 ;
dogrid ;
end.
```

A.5 Ein 2D-Graphikpaket am Beispiel von Turbo Pascal 4.0

Wir wollen hier am Beispiel eines modernen Graphikmoduls die Kernroutinen zusammenstellen, die die Erstellung von zweidimensionalen Graphiken ermöglichen. Wir behalten die originalen englischen Bezeichner bei, da sie im allgemeinen die Funktion der Prozedur schon beschreiben.

Technischer Teil

Das Paket enthält die notwendigen Treiberroutinen für eine Vielzahl der verbreiteten Graphikkarten. Der Typ der Karte wird automatisch erkannt und die Ansteuerung entsprechend modifiziert. Sechzehn Farben der additiven RGBI-Palette mit den Schlüsseln 0 bis 15 und zwölf Füllmuster stehen zur Disposition, vier Vektorzeichensätze sind implementiert:

Die sechzehn Farben sind:

0 = Schwarz
1 = Blau
2 = Grün
3 = Türkis (Cyan)
4 = Rot
5 = Lila (Magenta)
6 = Braun
7 = Hellgrau
8 = Dunkelgrau (Helles Schwarz)
9 = Hellblau
10 = Hellgrün
11 = Helles Türkis

12 = Hellrot
13 = Rosa
14 = Gelb
15 = Weiß

Folgende Linienarten und Breiten werden angeboten:

SolidLn = 0; durchgezogen
DottedLn = 1; gepunktet
CenterLn = 2; Strich Punkt
DashedLn = 3; gestrichelt
UserBitLn = 4; benutzerdefiniert (mit "Pattern" bei SetLineStyle)

NormWidth = 1; normale Breite (1 Pixel)
ThickWidth = 3; drei Pixel

Für das Clipping von Linien sind zwei Boolesche Konstanten vorgesehen:

ClipOn = True;
ClipOff = False;

Zwölf vordefinierte Füll-Muster für Get/SetFillStyle sind implementiert:

EmptyFill = 0; Füllen mit der Hintergrundfarbe
SolidFill = 1; Füllen mit der Zeichenfarbe
LineFill = 2; Füllen mit Linien
LtSlashFill = 3; Füllen mit Querstrichen ///
SlashFill = 4; Füllen mit dicken Querstrichen
BkSlashFill = 5; Füllen mit dicken \\\
LtBkSlashFill = 6; Füllen mit Backslashes \\
HatchFill = 7; leicht schraffiert
XHatchFill = 8; überkreuzend schraffiert
InterleaveFill = 9; abwechselnde Linien
WideDotFill = 10; dünn verteilte Punkte
CloseDotFill = 11; dicht verteilte Punkte
UserFill = 12; benutzerdefiniertes Muster

Möglichkeiten für den Speicherblocktransfer in den Bildschirmspeicher in Verbindung mit vorhandenen Bytes:

NormalPut = 0; Überschreiben
XORPut = 1; Ausschließendes Oder
OrPut = 2; Oder
AndPut = 3; Und
NotPut = 4; Negation

Die folgenden Textfonts sind vorgesehen:
(Set/GetTextStyle)
DefaultFont = 0; 8x8 Bits pixelweise definiert

Der Herkulesmodus 14x9 Bits ist ersetzt durch Vektorzeichensätze:

TriplexFont = 1;
SmallFont = 2;
SansSerifFont = 3;
GothicFont = 4;

Schreibrichtungen:

HorizDir = 0; von links nach rechts
VertDir = 1; von unten nach oben
UserCharSize = 0; benutzerdefinierte Zeichengröße

Justierungsmöglichkeiten (horizontale / vertikale Justierung mit SetText-Justify):

LeftText = 0; linksbündig
CenterText = 1; zentriert
RightText = 2; rechtsbündig
BottomText = 0; unten abschließend
TopText = 2; oben abschließend

Folgende Datenstrukturen finden Verwendung:

```
const
   MaxColors = 15;
 type
   PaletteType = record
        Size : Byte;
        Colors : array[0..MaxColors] of ShortInt;
     end;

   LineSettingsType = record (* Linientyp und Dicke *)
        LineStyle : Word; (* 0..65535*)
        Pattern : Word;
        Thickness : Word;
     end;

   FillSettingsType = record (*vordefiniertes Füll-Muster *)
        Pattern : Word;
        Color : Word;
     end;

   FillPatternType = array[1..8] of Byte; (*benutzerdefiniertes
                                              Füll-Muster *)

   PointType = record
        x, y : Integer;
     end;
```

```
ViewPortType = record (* Sichtbares Fenster *)
    x1, y1, x2, y2 : Integer;
    Clip : Boolean;
  end;

ArcCoordsType = record (* Kreisbogen *)
    x, y : Integer;
    xstart, ystart : Integer;
    xend, yend     : Integer;
  end;


TextSettingsType = record (* Textgestaltung *)
    Font : Word;
    Direction : Word;
    CharSize : Word;
    Horiz : Word;
    Vert : Word;
  end;
```

Vordefinierte Prozeduren und Funktionen

Fehlerbehandlung:

```
function GraphErrorMsg(ErrorCode : Integer) : String;
function GraphResult : Integer;
```

Erkennung der Graphikkarte, Setzen, Initialisieren und Aufheben der Graphikmodi:

```
procedure DetectGraph(var GraphDriver, GraphMode : Integer);

procedure InitGraph(var GraphDriver : Integer;
                    var GraphMode : Integer; PathToDriver : String);

function RegisterBGIFont(font : Pointer) : Integer;
function RegisterBGIDriver(driver : Pointer) : Integer;
procedure SetGraphBufSize(BufSize : Word);
procedure GetModeRange(GraphDriver : Integer; var LoMode, HiMode :
                                                        Integer);
procedure SetGraphMode(Mode : Integer);
function GetGraphMode : Integer;
procedure GraphDefaults;
procedure RestoreCrtMode;
procedure CloseGraph;
```

Bildschirm, Zeichenfenster und Bildspeicherseiten:

```
procedure ClearDevice;
```

procedure SetViewPort*(x1, y1, x2, y2* : **Integer**; *Clip* : **Boolean***)*;
procedure GetViewSettings*(***var** *ViewPort* : *ViewPortType)*;
procedure ClearViewPort;
procedure SetVisualPage*(Page* : **Word***)*;
procedure SetActivePage*(Page* : **Word***)*;

Pixelkoordinaten und Bereich, Punktsetzen, Bildausschnitte:

function GetX : **Integer**;
function GetY : **Integer**;
function GetMaxX : **Integer**;
function GetMaxY : **Integer**;

procedure PutPixel*(x, y* : **Integer**; *Pixel* : **Word***)*;
function GetPixel*(x, y* : **Integer***)* : **Word**;
function ImageSize*(x1, y1, x2, y2* : **Integer***)* : **Word**;
procedure GetImage*(x1, y1, x2, y2* : **Integer**; **var** *BitMap)*;
procedure PutImage*(x, y* : **Integer**; **var** *BitMap*; *BitBlt* : **Word***)*;

Linien:

procedure LineTo*(x, y* : **Integer***)*;
procedure LineRel*(dx, dy* : **Integer***)*;
procedure MoveTo*(x, y* : **Integer***)*;
procedure MoveRel*(dx, dy* : **Integer***)*;
procedure Line*(x1, y1, x2, y2* : **Integer***)*;
procedure GetLineSettings*(***var** *LineInfo* : *LineSettingsType)*;
procedure SetLineStyle*(LineStyle, Pattern, Thickness* : **Word***)*;

Polygone und Füllen:

procedure Rectangle*(x1, y1, x2, y2* : **Integer***)*;
procedure Bar*(x1, y1, x2, y2* : **Integer***)*;
procedure Bar3D*(x1, y1, x2, y2* : **Integer**; *Depth* : **Word**; *Top* : **Boolean***)*;
procedure DrawPoly*(NumPoints* : **Word**; **var** *PolyPoints)*;
procedure FillPoly*(NumPoints* : **Word**; **var** *PolyPoints)*;
procedure GetFillSettings*(***var** *FillInfo* : *FillSettingsType)*;
procedure GetFillPattern*(***var** *FillPattern* : *FillPatternType)*;
procedure SetFillStyle*(Pattern* : **Word**; *Color* : **Word***)*;
procedure SetFillPattern*(Pattern* : *FillPatternType*; *Color* : **Word***)*;
procedure FloodFill*(x, y* : **Integer**; *Border* : **Word***)*;

Kreise, Kreisauschnitte und andere Kurven:

procedure Arc*(x, y* : **Integer**; *StAngle, EndAngle, Radius* : **Word***)*;
procedure GetArcCoords*(***var** *ArcCoords* : *ArcCoordsType)*;
procedure Circle*(x, y* : **Integer**; *Radius* : **Word***)*;
procedure Ellipse*(x, y* : **Integer**;
StAngle, EndAngle : **Word**;
xachse, yachse : **Word***)*;

procedure GetAspectRatio*(***var** *Xasp, Yasp* : **Word***)*;
procedure PieSlice*(x, y* : **Integer**; *StAngle, EndAngle, Radius* : **Word***)*;

Farben und Paletten:

procedure SetBkColor*(Color* : **Word***)*;
procedure SetColor*(Color* : **Word***)*;
function GetBkColor : **Word**;
function GetColor : **Word**;
procedure SetAllPalette*(***var** *Palette)*;
procedure SetPalette*(ColorNum* : **Word**; *Color* : **ShortInt***)*;
procedure GetPalette*(***var** *Palette* : *PaletteType)*;
function GetMaxColor : **Word**;

Textausgabe:

procedure GetTextSettings*(***var** *TextInfo* : *TextSettingsType)*;
procedure OutText*(TextString* : **string***)*;
procedure OutTextxy*(x, y* : **Integer**; *TextString* : **string***)*;
procedure SetTextJustify*(Horiz, Vert* : **Word***)*;
procedure SetTextStyle*(Font, Direction* : **Word**; *CharSize* : **Word***)*;
procedure SetUserCharSize*(MultX, DivX, MultY, DivY* : **Word***)*;
function TextHeight*(TextString* : **string***)* : **Word**;
function TextWidth*(TextString* : **string***)* : **Word**;

(Quelle: Handbuch Turbo Pascal 4.0. Heimsoeth, München 1988)

A.6 Das graphische Kernsystem (GKS)

Im Bestreben, ein Hardware-unabhängiges 2D- und 3D-Graphikpaket zu schaffen, das leicht von einem System zum anderen portierbar ist und das in die verschiedenen Hochsprachen eingebunden werden kann, wurde *GKS* entwickelt. Nähere Einzelheiten finden sich in [D2] und für die 3D-Implementierung in [P-C]. *GKS* besitzt eigene Sprachelemente, die jeweils aus einem Befehlswort mit den zugehörigen Parametern bestehen. Die folgenden vier Elemente sind grundlegend:

- **Polyline***(Anzahl_Daten, X_Matrix, Y_Matrix)* (* Polygon *)
- **Polymarker***(Anzahl_Daten, X_Matrix, Y_Matrix)* (* Punktfolge *)
- **Fill area***(Anzahl_Daten, X_Matrix, Y_Matrix)* (* geschlossenes Polygon, Füllen *)
- **Text***(xcoord, ycoord, string)*

Die GKS-Primitiven können Attribute haben, die vor ihrem Aufruf gesetzt werden, zum Beispiel

- **Set Polyline Index***(n)* etc.

So sind durchgezogene, gestrichelte usw. Linien und verschiedene Muster und Farben möglich. Beim Befehl **Text**() sind Zeichengröße, Schriftrichtung, Farbe etc. veränderbar. Mit dem Kommando

* **Set Viewport**(*Nummer, X_unten, Y_unten, X_oben, Y_oben*)

wird ein Bildschirmfenster, mit

* **Set Window**(*Nummer, x_unten, y_unten, x_oben, y_oben*)

ein Fenster in Weltkoordinaten definiert.

Mehrere Grundelemente kann man in einem **Segment** zur Erzeugung komplexere Objekte zusammenfassen. Wie schon bei der Besprechung der *Display-Files* näher erläutert, werden die Objekte mit Hilfe von *Transformationsbefehlen* lokalisiert, verschoben, rotiert und neu skaliert. Die entsprechenden Parameter sind natürlich zu setzen, und die Abbildung ist auszuwerten, um die neuen Koordinaten der Körperecken zu finden. Der Benutzer kann mit *GKS* über die verschiedensten Eingabegeräte wie Maus, Lichtgriffel, Graphiktablett, Klaviatur und A/D Wandlern in Verbindung treten. Seine Eingaben verarbeitet der Rechner, und die Ergebnisse werden in einem geräteunabhängigen *Metafile* [H-J-O] niedergelegt, der portierbar ist und mit einem geeigneten Gerätetreiber auf einem Gerät eigener Wahl ausgegeben wird.

A.7 Farbtafeln

Im Farbanhang sind einerseits einige in den vorhergehenden Kapiteln angesprochenen Figuren in einer Farbversion wiedergegeben, aber es sind auch neue Bilder enthalten. Nach einer hier in Grautönen vorgestellten Farbanimation zu Kapitel 7 findet man:

Zu Kapitel 7:
1) Fraktalhalbkugel und Grundebene in alternativer Färbung
2) Ebenenausschnitte in zwei Färbungstechniken
3) Detailbild und 3D-Fraktal

zu Kapitel 8:
4) Vergleich von Grautönungstechniken:
links: Dither-Algorithmus, rechts: Magische Quadrat-Methode
5) Farbe als dritte Dimension und Häuser (zu Kapitel 13)

zu Kapitel 12:
6) Beispiele zur Anaglyphentechnik

zu Kapitel 14:
7) 3D-Fläche

zu Kapitel 15:
8) Spiegelkugel

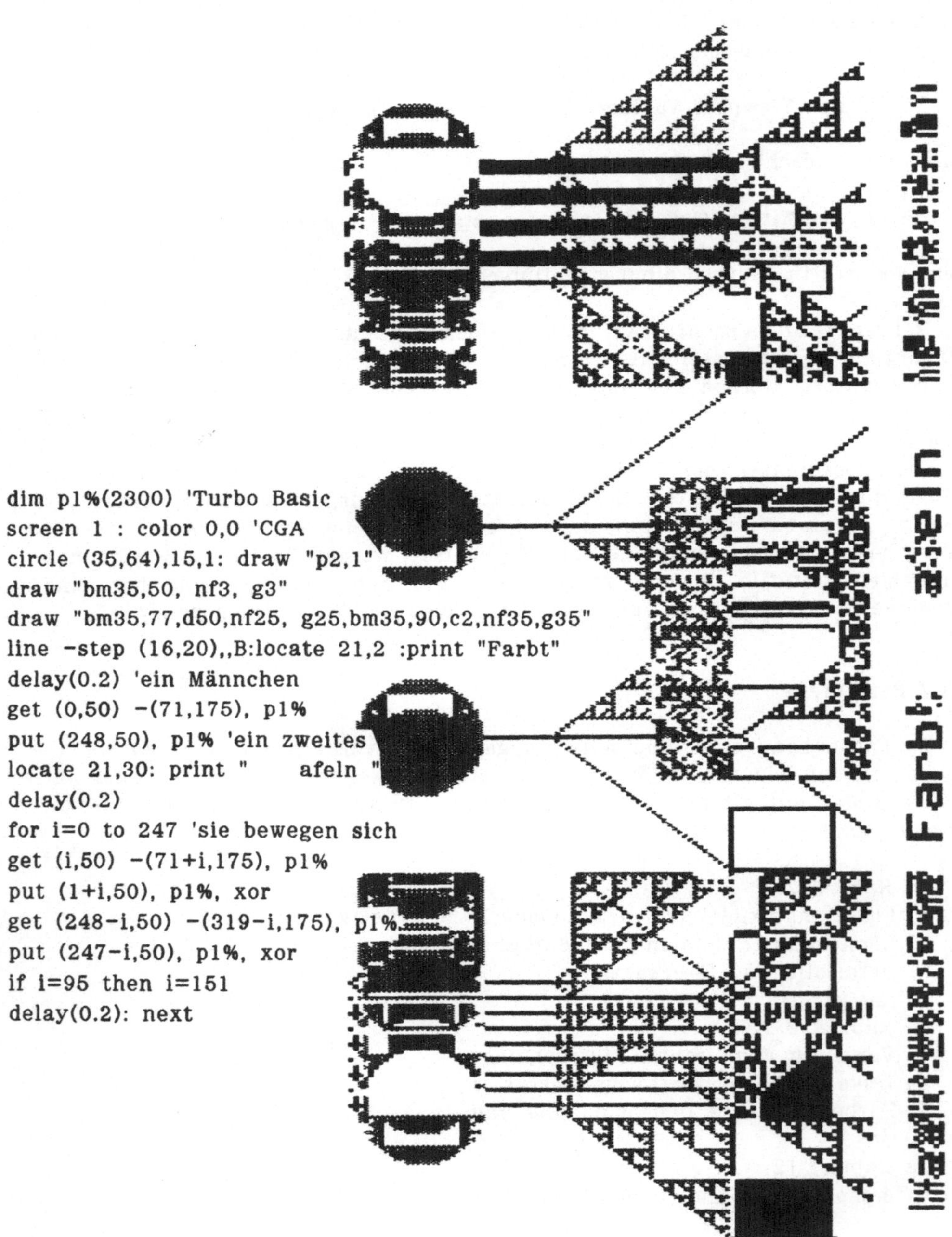

```
dim p1%(2300) 'Turbo Basic
screen 1 : color 0,0 'CGA
circle (35,64),15,1: draw "p2,1"
draw "bm35,50, nf3, g3"
draw "bm35,77,d50,nf25, g25,bm35,90,c2,nf35,g35"
line -step (16,20),,B:locate 21,2 :print "Farbt"
delay(0.2) 'ein Männchen
get (0,50) -(71,175), p1%
put (248,50), p1% 'ein zweites
locate 21,30: print "      afeln "
delay(0.2)
for i=0 to 247 'sie bewegen sich
get (i,50) -(71+i,175), p1%
put (1+i,50), p1%, xor
get (248-i,50) -(319-i,175), p1%
put (247-i,50), p1%, xor
if i=95 then i=151
delay(0.2): next
```

Animation zu Kapitel 7.2

Farbtafel 1

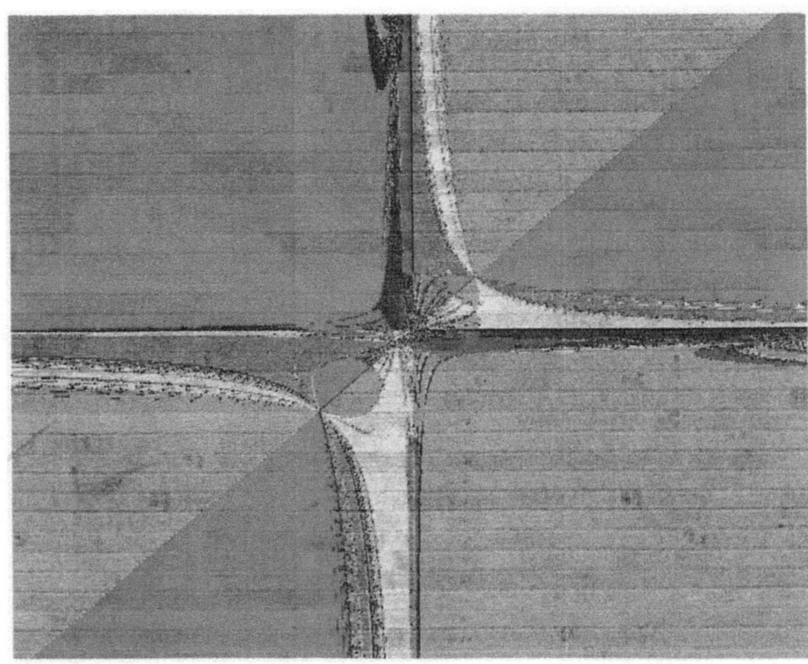

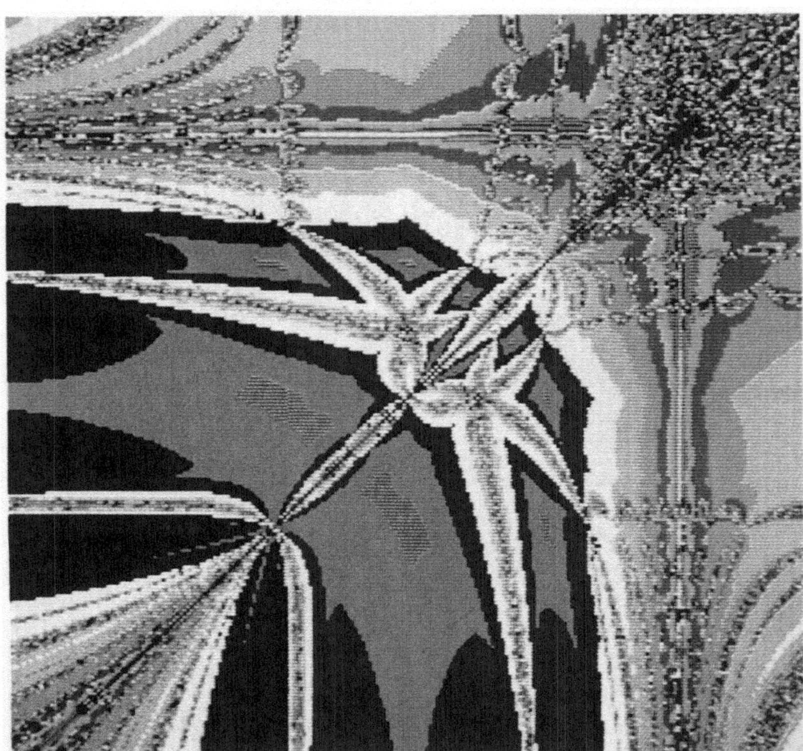

Farbtafel 2

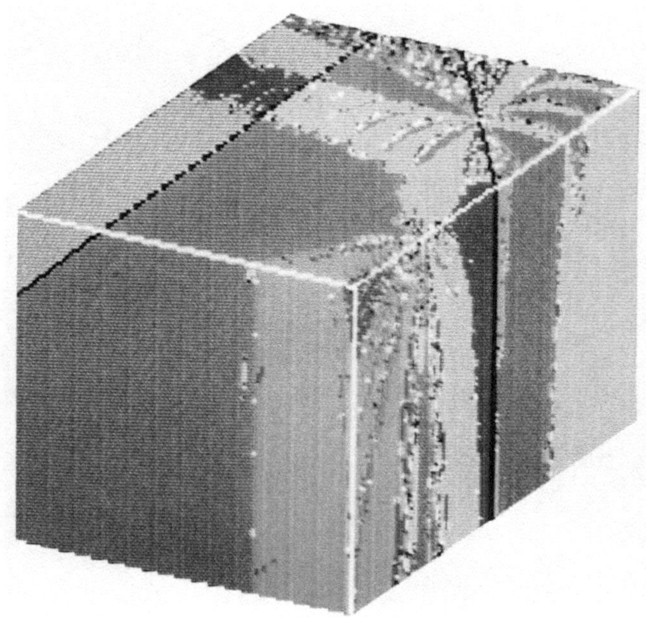

Farbtafel 3

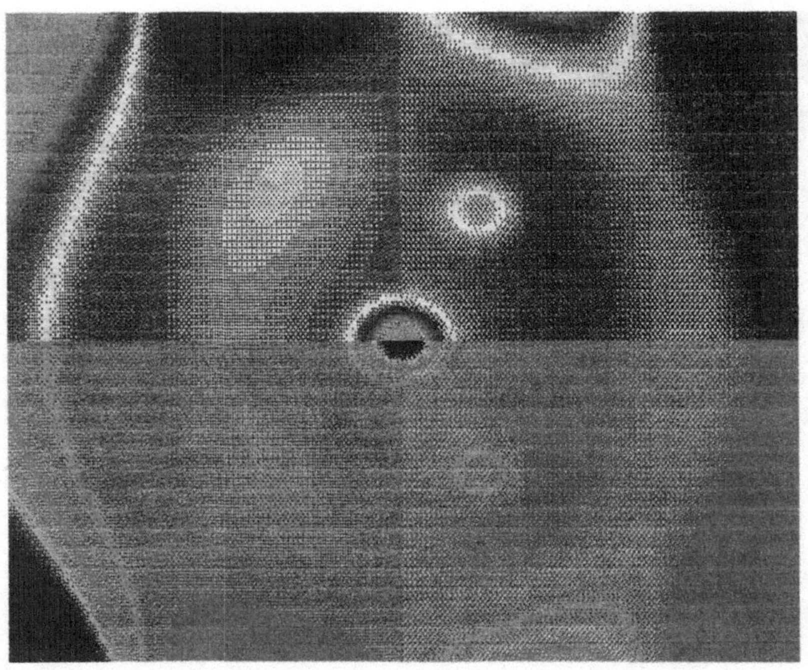

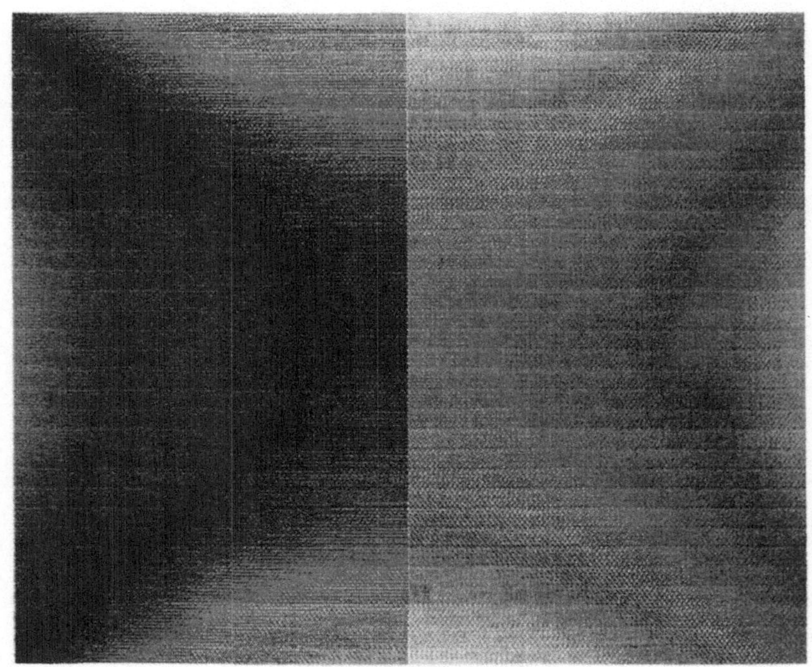

Farbtafel 4

Farbtafel 5

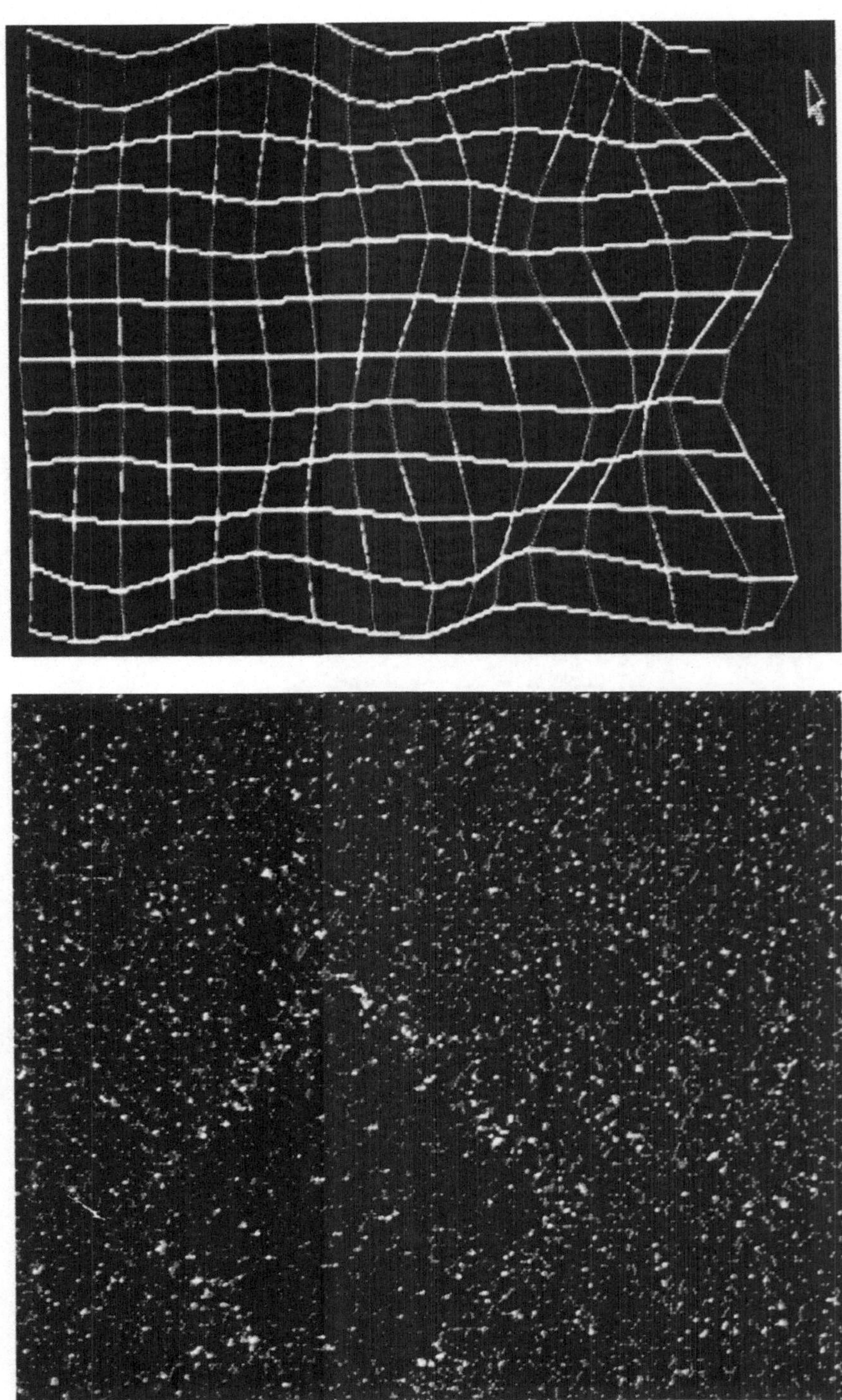

Farbtafel 6

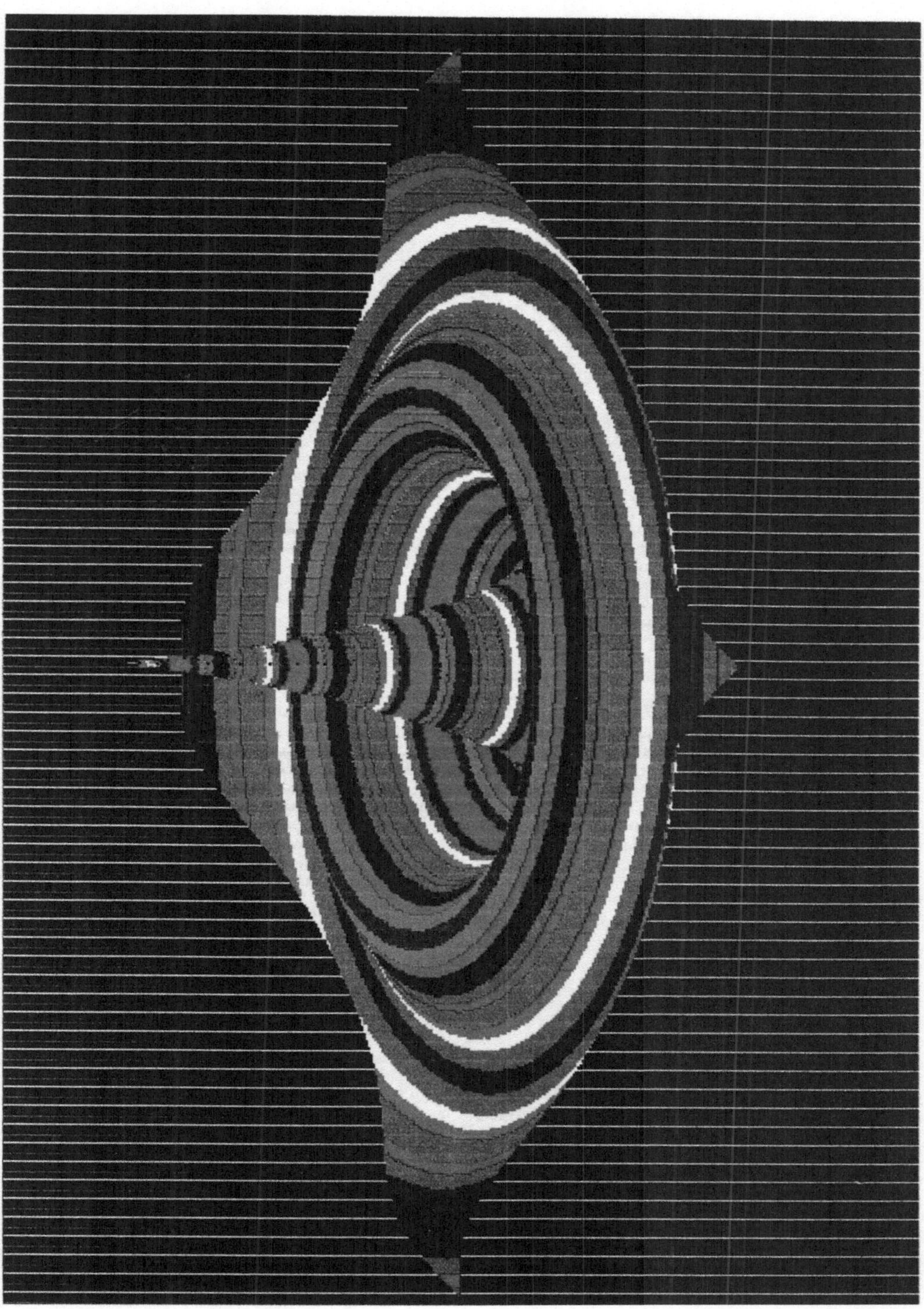

Farbtafel 7

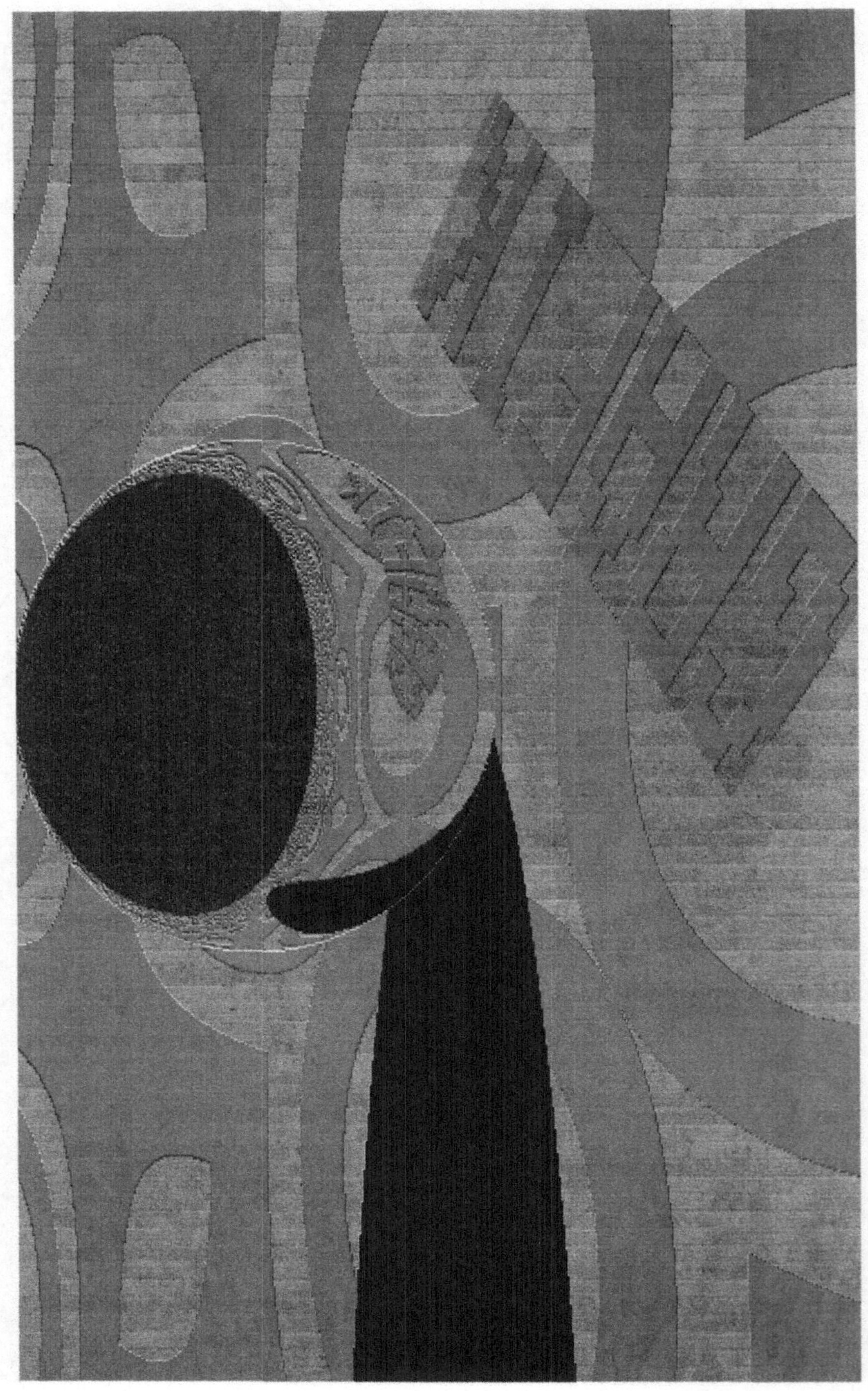

Farbtafel 8

Literaturverzeichnis

[B1] Bézier, P. E.: Emploi des machines à commande numérique. Masson, Paris 1970

[B2] Blanchard, P.: Complex Analytic Dynamics on the Riemann Sphere. BAMS 11, 85-141 (1984)

[B3] Boese, G.: Mathematik und Algorithmen für Computergraphik. (Vorlesungsmanuskript). Bildungszentrum der Siemens AG, München 1985

[B4] de Boor, C.: On Calculating with B-Splines. J. Approximation Theor. 6, 50-62 (1970)

[B5] de Boor, C.: A practical Guide to Splines. Springer, Berlin-Heidelberg-New York 1978

[B6] Bresenham, J. E.: Ambiguities in Incremental Line Rastering. IEEE CG&A 7, 31-40 (Mai 1987)

[B7] Berger, M.: Computergrafik mit Pascal. Addison-Wesley, Bonn 1988

[B-B] Behnke, H., Bachmann, F. und Fladt, K.: Grundzüge der Mathematik, IIA: Geometrie. Vandenhoeck&Ruprecht, Göttingen 1967

[B-F] Böttcher, P., Forberg: Technisches Zeichnen. Teubner Verlag, Stuttgart 1982

[B-F-H] Beck, J. M., Farouki, R. T., Hinds J. K.: Surface Analysis Methods. IEEE CG&A 6, 18-36 (Dezember 1986)

[B-L1] Beaufils, P., Luther, W.: Algorithmes. Sybex, Paris 1985/87

[B-L2] Beaufils, P., Luther, W.: Turbo-Pascal. Eyrolles, Paris 1987

[B-L3] Boese, G., Luther, W.: Stetige, nirgends differenzierbare Funktionen und nicht rektifizierbare Kurven. Math. Sem. Ber. 30, 228-254 (1983)

[B-N] Brakhage, K-H., Nitschke, M.: Ein zweidimensionales CAG-System zur Ingenieurausbildung in Darstellender Geometrie. Institut für Geometrie und Praktische Mathematik der RWTH Aachen 1987/88

[B-S] Bielig-Schulz, G., Schulz, Ch.: 3D-Graphik in PASCAL. Teubner, Stuttgart, 1987

[C1] Coxeter, H. S. M.: Unvergängliche Geometrie. Birkhäuser, Basel 1963

[D1] Dekking, F. M.: Variations on Peano. Nieuw Arch. Wiskunde (3) 28, 275-281 (1980)

[D2] DIN 66252 - Graphisches Kernsystem GKS, Teil 1 und 2. Beuth, Berlin 1983

[D3] Dürer, A.: Underweysung der messung mit dem zirckel und richtscheyt in linien ebnen und corporen. Nürnberg 1525. Entnommen aus: Druckgraphik (2), 1471 bis 1528. Pawlak, Herrsching

[E1] Earnshaw, R. A. (ed.): Fundamental Algorithms for Computer Graphics. Springer, Berlin, Heidelberg, New York 1985

[E-S] Encarnaçao, J., Straßer, W.: Computer Graphics. Oldenbourg München, Wien 1986

[F1] Fedtke, S.: Pascal. Vieweg, Braunschweig, Wiesbaden 1987

[F-H] Farouki, R. T., Hinds, J. K.: A hierarchy of geometric forms. IEEE CG&A 5, 51-78 (Mai 1985)

[F-T-I] Fujimoto, A. Tanaka, T. Iwata, K.: Accelerated Ray-Tracing System. IEEE CG&A 6, 16-26 (April 1986)

[G1] Gisser, M.: Spiegel-Grafik, c't 1/86, 104-108 (1986)

[G2] Graf, U.: Darstellende Geometrie. Quelle & Meyer, Heidelberg 1978

[G3] Grohe, H.: Otto- und Dieselmotoren, 8 ed.. Vogel, Würzburg, 1987

[G-S] Giering, O., Seybold, H.: Konstruktive Ingenieurgeometrie, 3. ed. Hanser, München 1987

[H-J-O] Henderson, L., Journey, M., Osland C.: The Computer Graphics Metafile. IEEE CG&A 6, 24-32 (August 1986)

[I1] Ibach, P.: Flächenfüllalgorithmen. MC 7/87, 63-65 (1987).

[K1] Kahane, J. P.: Brownian Motion and Classical Analysis. Bull. London Math. Soc. 8, 145-155 (1976)

[L1] Lotze, H.: Das Gehirn im Computer. Computer Persönlich Heft 2, 28-32 (1987)

[L-F] Lelong-Ferrand, J., Arnaudiès, J. M.: Cours de mathématiques (3): Géometrie et cinématique. Dunod, Paris 1977

[LNRY] Luther, W., Niederdrenk, K., Reutter, F., Yserentant, H.: Gewöhnliche Differentialgleichungen. Vieweg, Braunschweig, Wiesbaden 1987

[L-O] Luther, W., Ohsmann, M.: Die bildliche Darstellung von Potentiallinien auf Mikrocomputern mit hochauflösender Graphik. CAL 2, 18-22 (1985)

[M1] Mandelbrot, B.: Fractals. Freeman, San Francisco 1977

[M2] Markau, B.: 3D-Läufer. CPC International 2 (Mai-Juni 1986), 92-98; 108 (1986)

[M-K] Müller, E., Kruppa, E.: Lehrbuch der Darstellenden Geometrie. Springer-Verlag, Wien 1961

[N1] Natterer, F.: The Mathematics of Computerized Tomography. Teubner, Stuttgart 1986

[N-S] Newman, W. M., Sproull R. F.: Grundzüge der interaktiven Computergraphik. McGraw-Hill, Hamburg 1986

[N-W] Niemeyer, H., Wermuth, E.: Lineare Algebra. Vieweg, Braunschweig, Wiesbaden 1987

[O-A-T] Ota, Y., Arai, H., Tokumasu, S., Ochi, T.: An Automated Finite Polygon Division Method for 3D Objects. IEEE CG&A 5, 60-70 (April 1985)

[P1] Perrin,J.: Les Atomes. Alcan, Paris 1927.

[P-C] Puk, R. F., Mc Connell, J. I.: GKS-3D: A Three-Dimensional Extension to the Graphical Kernel System. IEEE CG&A 6,42-49 (August 1986)

[P-K] Plastock, R. A., Kalley G.: Computergrafik. Schaum's Outline. McGraw-Hill, Hamburg 1987

[P-R] Peitgen, H. O., Richter, P. H.: The Beauty of Fractals. Springer, Berlin-Heidelberg-New York 1986

[R1] Rehbock, F.: Geometrische Perspektive. Springer, Berlin-Heidelberg-New York 1979

[R2] Reutter, F.: Darstellende Geometrie I, II, 10. Auflage. Braun, Karlsruhe 1972

[R3] Rogers, D. F.: Procedural Elements for Computer Graphics. McGraw-Hill, New York 1985

[R-A] Rogers, D., Adams, J. A.: Mathematical Elements for Computer Graphics. McGraw-Hill, New York 1976

[S1] Schlöter, M.: Serie: Vom Punkt zur dritten Dimension 1-8. Pascal 2, (März-November 1987)

[S2] Späth, H.: Spline-Algorithmen zur Konstruktion glatter Kurven und Flächen, 4. Aufl. Oldenbourg, München-Wien 1986

Sachwortverzeichnis